エンロン事件とアメリカ企業法務
―― その実態と教訓 ――

高柳 一男 著

中央大学出版部

はじめに

　アメリカ最大規模の経営破綻として世界中に衝撃を与えたエンロン倒産から3年半が経過した。その間，ワールド・コム，タイコなど大企業が次々に不祥事を露呈して，コーポレート・アメリカの信用が内外で著しく低下する。エンロンは，設立後10年で世界のトップ企業に躍進するが，2000年10月に不適正会計が発覚すると，わずか1年で砂上の楼閣のように崩壊する。長年，エンロンを会計監査してきたアンダーセン・グループも解体に追い込まれる。
　エンロン崩壊の理由は，単なる粉飾決算に留まらない。エンロン帳簿の簿外化を狙って複雑な投資組合（SPE）を構築し巧妙に利用する。その結果，企業会計システム，コーポレート・ガバナンス，ディスクロージャー，株価，役員報酬，政治献金，税務，カリフォルニア電力価格，金融機関の投融資，証券アナリストの株価評価など多方面で，次々に不正疑惑が露呈する。
　エンロン上級幹部が次々にFBIに逮捕され，後ろ手に手錠をかけられた被疑者が弁護士に付き添われ連邦治安裁判所に連行される姿が，メディアを通じて生々しく報道される。司直の手は，企業組織の階層に沿って部下から上司へと及び，ついに経営トップの元CEOおよび前会長が起訴される。エンロン株主や従業員が数百億ドル規模の損害賠償を求めて，クラス・アクションなど数百件に上る民事訴訟を提起する。エンロン事件を教訓として，司法，行政および立法面で各種の再発防止措置が講じられる。"エンロン"という名は，更正後の会社の名から消えても，反面教師として後世まで語り継がれることであろう。
　エンロンのアグレッシーブなビジネス・モデルは，世界的に著名なロー・フ

ァームとアメリカ有数の企業法務部門とのパートナリングという理想的な企業法務によって，その適法性が支えられるはずであった。ところが，予防法務機能が期待したように働かず，①エンロンの社内外の弁護士がSPEの構築と運営に法的お墨付きを付与，②ゼネラル・カウンセルがコンフリクトを警告した社内意見に耳を貸さず，自らの出身母体であるロー・ファームを起用，③エンロン社内弁護士がSPEから個人的に利得，③アーサー・アンダーセン社内弁護士がエンロン書類の破棄を主導し証拠を隠滅，④カリフォルニアのエネルギー危機当時，エンロンの社内外弁護士が電力価格操作と脱税スキームの構築を支援，などの疑惑が次々に浮上する。エンロン社内外弁護士やロー・ファームの責任のほとんどが未だ法的立証には至ってはいないものの，倫理的および社会的責任は明らかに問われている。

　従来の企業不祥事においては，企業経営者が主役，会計士，証券アナリスト，政治家などが脇役として槍玉に挙げられてきた。エンロン事件では，エンロンの不適切なSPEの構築と運営に手を貸した法律家に対しても世間の批判の矛先が向けられた。ロー・ファームや社内弁護士が刑事捜査や民事訴訟のターゲットにされる。シェイクスピアの戯曲以来，法律家への揶揄には慣れっこになり，数々のローヤーズ・ジョークを軽く受け流してきた法律家の側としても，今回の批判については真摯に受け止めざるを得なかった。すなわち，①予防法務の欠如，②社内外弁護士の癒着関係，③緊張感を欠く弁護士のローヤリング，④エンロンの興隆と崩壊過程における膨大なリーガル・コスト，⑤社内外弁護士の使命感と倫理感の欠如，このような点で合衆国議会や行政機関だけでなく，アメリカ商業会議所など民間からも批判が相次ぐ。

　エンロン事件の反省から弁護士のゲートキーパーとしての役割が強調される。サーベンス・オックスレー（SOX）法が異例の速さで立法化され，弁護士の役割についての307条が設けられる。SOX法の委任を受けたアメリカ証券取引委員会（SEC）は，連邦規則集205章を新たに施行して2世紀にわたる州法レベルでの弁護士自治に制限を加える。ABA弁護士行動モデル規程が改訂され，弁護士は守秘義務の例外として企業不正情報について終局的には取締役会への

報告が義務づけられる。これらの措置は，弁護士の秘匿特権，守秘と報告という相反する義務，連邦規則の域外適用などの面で，外国の法曹界にも波紋を広げる。

　法律家批判は，社会正義の実現と弁護士職務の公益性という重要な使命を担っている法律家に対して社会の期待が大きいことの証左でもある。企業法務に関連する法律および法慣行の国際的ハーモナイゼーションが進むなか，エンロン事件は，法律家への警鐘であった。

　本書の目的は，エンロンの経営破綻に係わった法律家の犯人探しではない。エンロン事件を通じてアメリカ企業法務の実態を把握し，その教訓を汲み取ろうとすることにある。その試みが，法治社会を指向するわが国の企業法務の将来方向に対する示唆ともなれば，これに勝る喜びはない。

　末筆となったが，本書の出版を勧めてくださった中央大学法学部の山内惟介教授，企画・編集・校正にわたりご支援をいただいた中央大学出版部副部長の平山勝基氏に衷心よりお礼を申し上げたい。思えば，企業法務部在籍当時，桑田三郎教授から中央大学出版部からの上梓を勧められたまま，忙しさにかまけて25年の歳月が経過した。このたび桑田先生の薫陶を受けられた山内先生の推薦を得て現在，非常勤（兼任）講師を勤める中央大学の出版物として実現できたのは，因縁浅からぬ思いであり嬉しい限りである。

2005年5月17日　母の命日に

　　　　　　　　　　　　　　　　　　　　　　　　高　柳　一　男

〔初版第2刷によせて〕

　エンロン訴訟の進展に対応するため，若干の加筆，資料編「エンロン事件のリーガル・カレンダー」の補充，本文の誤字脱字の修正など，紙面および時間上の制約の範囲内で行った。エンロン倒産後5年半が経過し，経営者，投資銀行，金融機関，そして法律家など専門職業人の法的責任についても，次第に明らかとなり，エンロン事件の実体と教訓について総括できる時期になりつつある。将来，もし改版する機会があれば，大幅な改訂を考えたい。　　　　　　　　　　　　　　　　（2007年7月吉日）

目　　次

はじめに

第Ⅰ章　エンロン事件の概要 …………………………………… 1

1. エンロン事件の特徴　1

2. エンロン経営破綻の要因　5
   (1) コーポレート・ガバナンスの形式と実体の乖離　5
   (2) コーポレート・コンプライアンスの機能不全　6
   (3) 経営トップ間のコミュニケーション不足とイエス・マン社内文化　7
   (4) 取締役および経営執行幹部の報酬システムの不透明性　8
   (5) リーガル・リスク・マネジメント体制の不備　9
   (6) プロフェッショナル・サービス機能のコンフリクト　10

3. エンロン事件再発防止への動き（司法・行政・立法）　14
   (1) 司法による対応　14
   (2) 行政による対応　15
   (3) 立法（合衆国議会）による対応　15
   (4) 法曹団体による対応　16
   (5) 民間団体による対応　17

4. エンロン事件の企業法務へのインパクト　18
   (1) 法律家へのインパクト　18
   (2) プロフェッショナル・ファームへのインパクト　20
   (3) 企業法務部門へのインパクト　22

第Ⅱ章　エンロン経営破綻"前"の法律家 ……………… 25

1. エンロンの社外弁護士（ロー・ファーム）　26
   (1) エンロンのメイン・ロー・ファーム（ヴィンソン・アンド・エルキンス）　26
   (2) エンロンの準メイン・ロー・ファーム（ブレイスウエル・パターソンおよび

　　　　　アンドリュー・アンド・クース）　*28*
　　　　(3)　その他のエンロン社外弁護士(カークランド・アンド・エリスほか)　*28*
　　　　(4)　ファーム組織からみたヴィンソンとカークランドの相異　*29*
　　2．エンロンの社内弁護士（エンロン法務部門）　*31*
　　　　(1)　部門組織および法務要員　*31*
　　　　(2)　ゼネラル・カウンセルと法務部門マネジメント　*33*
　　　　(3)　エンロン法務部門において事件に係わった対照的な人物　*36*
　　3．アンダーセン・グループの法務体制　*38*
　　　　(1)　アンダーセン・リーガルとアーサー・アンダーセン　*38*
　　　　(2)　テンプル氏（アーサー・アンダーセンのシニア・カウンセル）　*39*
　　4．エンロンの取締役兼務の法律家（Lawyer-Director）　*40*
　　　　(1)　社外弁護士兼務の社外取締役（Outside Lawyer-Outside Director）　*41*
　　　　(2)　社内取締役兼務のゼネラル・カウンセル（General Counsel-Inside Director）　*42*

第Ⅲ章　エンロン経営破綻"後"の法律家　*47*
　　1．エンロンおよびアンダーセンの社外弁護士（ロー・ファーム）　*47*
　　　　(1)　エンロンのメイン・ロー・ファーム（ヴァイル・ゴッチャル）　*48*
　　　　(2)　エンロンの準メイン・ロー・ファーム　*49*
　　　　(3)　エンロン業務に関与のアンダーセン・グループの主な社外弁護士　*49*
　　　　(4)　エンロンを当事者とする主な"民事"事件の法律家　*50*
　　　　(5)　エンロン経営幹部個人の弁護士　*54*
　　2．エンロンおよびアンダーセンの社内弁護士（法務部門）　*55*
　　　　(1)　法務部門の組織階層　*56*
　　　　(2)　法務リストラ後のエンロン社内弁護士　*58*
　　　　(3)　アンダーセン・グループ破綻後の社内弁護士　*59*
　　3．エンロン事件担当のその他弁護士　*60*
　　　　(1)　社外取締役の弁護士　*60*
　　　　(2)　エンロン債権者委員会のロー・ファーム　*62*
　　　　(3)　エンロン従業員委員会のロー・ファーム　*63*

4．エンロン事件捜査の司法当局　*63*
　　　（1）検察官（エンロン・タスクフォース）　*63*
　　　（2）FBI捜査官（FBIエンロン・チーム）　*64*
　　5．エンロン訴訟の裁判所および裁判官　*65*
　　　（1）エンロン"刑事"事件の管轄　*65*
　　　（2）エンロン"民事"事件の管轄　*66*
　　　（3）倒産事件の管轄裁判所、裁判官および独立検査官　*67*
　　　（4）バッソン・レポート　*68*

第Ⅳ章　エンロン訴訟の概要と問題点 ························· *73*
　　1．民 事 訴 訟　*75*
　　　（1）訴訟類型　*78*
　　　（2）訴訟形式　*80*
　　　（3）エンロン民事事件のフォーラム・ショッピング　*82*
　　　（4）多様なエンロン民事訴訟　*84*
　　　（5）二大クラス・アクションの請求理由と被告　*88*
　　　（6）エンロン民事訴訟の被告　*91*
　　　（7）エンロン・クラス・アクションの訴訟判決　*94*
　　　（8）エンロン訴訟関連文書の取扱い　*94*
　　　（9）エンロン民事訴訟（クラス・アクション）スケジュール　*96*
　　2．刑 事 訴 訟　*97*
　　　（1）エンロン関連刑事訴訟　*97*
　　　（2）刑事訴訟手続　*100*
　　　（3）エンロン刑事事件のフォーラム・ショッピング　*101*
　　　（4）エンロン事件の関与者に対する刑事訴追　*104*
　　　（5）エンロンの経営トップに対する刑事捜査　*104*
　　　（6）アーサー・アンダーセンのエンロン関連文書破棄事件　*113*
　　　（7）ナイジェリア発電用艀プロジェクト不正取引事件　*120*
　　　（8）EBSブロードバンド不正取引事件　*121*
　　3．行政機関によるアクション　*122*

       (1) SECクレーム（証券詐欺，インサイダー取引等の疑惑）　*123*
       (2) その他の行政機関によるクレーム　*124*
    4．倒産・更正申立手続　*127*
       (1) 会社更正申立（Chapter Eleven）　*127*
       (2) 管轄裁判所（連邦破産裁判所）　*129*
       (3) 倒産関連訴訟（bankruptcy litigation）　*130*
       (4) エンロンのリストラクチャリング（再建計画）　*131*
       (5) 倒産・更正リーガル・コスト　*133*

第Ⅴ章　エンロン事件の紛争処理 ·························· *139*
    1．エンロン事件の民事紛争処理（訴訟 v. 調停・和解）　*139*
       (1) 主な民事和解案件　*140*
       (2) 民事紛争処理（ADRを含む）　*143*
       (3) 二大クラス・アクションについての調停勧告　*148*
       (4) クラス・アクションについての和解　*149*
    2．証券（取引）法違反の刑事紛争処理　*150*
       (1) 経営幹部に対する刑事訴追と有罪容認（司法取引）　*151*
       (2) ファストウ氏（エンロン元CFO）夫妻の有罪容認／司法取引　*156*
       (3) メリル・リンチの起訴猶予契約　*158*
       (4) 弁護士およびロー・ファームに対する刑事訴追の動向　*159*
       (5) アーサー・アンダーセンの刑事訴訟対応戦略　*160*

第Ⅵ章　エンロン事件における弁護士の役割と責任 ········· *165*
    1．エンロン事件における弁護士の役割　*166*
       (1) 弁護士の助言行為（ローヤリング）　*166*
       (2) SPEの構築と運営についての法的な検討と助言　*168*
       (3) カリフォルニア電力取引についての弁護士の助言行為　*168*
       (4) コンフリクト関係にある弁護士の起用（「ワトキンス書簡」）　*169*
    2．エンロンに法的サービスを提供した弁護士の"民事"責任　*172*
       (1) 依頼者（顧客）に対する責任　*172*

(2)　依頼企業（顧客）のステーク・ホルダーに対する責任　*175*
　　(3)　弁護士倫理規程上の責任　*178*
　　(4)　弁護士の社会的責任　*179*
　　(5)　従たる行為者としての責任　*180*
　　(6)　弁護士責任論からみたヴィンソンとカークランドの違い　*182*
　3．エンロン事件の被疑者による免責特権の主張　*183*
　　(1)　弁護士・顧客関係における秘匿特権（Attorney-Client Privilege）　*184*
　　(2)　自己負罪拒否特権（Fifth Amendment）　*185*

第Ⅶ章　エンロン事件の反省：弁護士規制の強化　*189*

　1．弁護士規制強化の背景　*189*
　2．サーベンス・オックレー法（SOX法）およびSEC連邦規則　*190*
　　(1)　弁護士の報告義務についての立法経緯　*190*
　　(2)　SEC連邦規則に対する各国法曹界の"概念的"コメント　*192*
　　(3)　SEC連邦規則についての"個別的"議論の経緯　*193*
　　(4)　施行済みのSEC連邦規則の概要　*196*
　　(5)　騒々しい辞任（Noisy Withdrawal）に関する
　　　　SEC連邦規則（案）の骨子　*201*
　3．ABA弁護士行動モデル規程の改訂　*205*
　　(1)　ABAルールの位置づけ　*205*
　　(2)　ABAモデル規程（2000年版）改訂論議の経緯　*206*
　　(3)　弁護士の守秘義務と報告責任　*208*
　　(4)　ABAモデル規程2003年版　*210*
　　(5)　弁護士行動（倫理）規程の適用（社内弁護士 v. 社外弁護士）　*211*
　4．弁護士の守秘と報告義務についての諸規則の比較　*212*

第Ⅷ章　エンロン事件の企業法務への教訓　*217*

　1．弁護士・顧客関係　*218*
　　(1)　社外弁護士（ロー・ファーム）と依頼企業　*218*
　　(2)　弁護士秘匿特権（守秘義務）　*219*

(3) 弁護士選定のコンフリクト・チェック　*220*
   (4) 社内弁護士の基本スタンス　*222*
   (5) 「弁護士に相談した」との抗弁の有効性　*223*

2．法務部門マネジメント　*225*

   (1) 企業法務の名宛人　*225*
   (2) ゼネラル・カウンセルとCEOとの関係　*227*
   (3) 法務部門における人事および指揮命令系統　*230*
   (4) 部門リーガル・リスク管理　*232*

3．プロフェッショナル・ファーム・マネジメント　*236*

   (1) ファーム組織（LLP v. General Partnership）　*236*
   (2) MDP対応　*239*
   (3) 弁護士責任訴訟における和解傾向　*240*

4．企業組織と弁護士　*240*

   (1) 取締役と弁護士の企業に対する責務　*241*
   (2) 弁護士兼取締役（Lawyer-Director）　*241*
   (3) 経営執行幹部としての ゼネラル・カウンセル　*242*

5．コーポレート・ガバナンスへの法律家の関与　*243*

6．コーポレート・コンプライアンスへの法律家の取り組み　*246*

7．コンフリクト問題への対応　*249*

   (1) コンフリクトの意義　*250*
   (2) コンフリクトの態様　*250*
   (3) エンロンにおけるコンフリクト対応　*251*
   (4) コンフリクト行為への事前および事後対応　*252*

【資料】　エンロン事件リーガル・カレンダー

エンロン事件の一般参考文献資料

事項・人名索引

図表一覧 ＜目次＞

図表 1	エンロン事件の諸要因と対応の関連図	4
図表 2	ヴィンソンとカークランドの概要	30
図表 3	エンロン法務部門の概要	32
図表 4	エンロン関連"民事"訴訟の主な法律家	50
図表 5	エンロン業務に関与したエンロン社内弁護士	55
図表 6	エンロン民事訴訟の当事者相関図	76
図表 7	エンロン関連訴訟の主要な"民事"事件例の概要	84
図表 8	主なエンロン"刑事"訴訟の概要	97
図表 9	エンロン執行幹部に対する刑事訴追状況	105
図表10	主な"民事和解"案件の概要	140
図表11	エンロン刑事事件の有罪容認・司法取引	150
図表12	弁護士の独立性に対する圧力	165
図表13	弁護士の役割についての合衆国議会証言	171
図表14	エンロンに助言した弁護士の責任関係と準拠法規	173
図表15	エンロン社内外弁護士の倫理義務	175
図表16	ヴィンソンとカークランドの相違点	183
図表17	弁護士の役割についてのSEC連邦規則制定の経緯	193
図表18	弁護士の企業内組織階段方式報告義務	199
図表19	「騒々しい辞任方式」と「代替方式」	204
図表20	企業不正の場合の弁護士守秘義務の例外	213
図表21	法的サービス（助言・代理）の名宛人	226

第 I 章
エンロン事件の概要

　エンロン事件は，自ら創出した虚構に近いビジネス・モデルに起因して多くのトラブルを発生させ，政治，経済，経営，倫理などの面でさまざまな問題点を浮き彫りにした。エンロンの経営破綻後1年余の間に，ワールド・コム（World Com），アデルフィア（Adelphia），タイコ（Tyco），グローバル・クロッシング（Global Crossing），イムクローズ（ImClose），クエスト（Quest）など[1]，有力企業の不祥事が次々に発覚し，コーポレート・アメリカの信用が内外で著しく低下する結果となった。なかでも，事件の複雑性と影響力の大きさで他に類をみないエンロン事件は，産業界と政界・官界との関係，簿外債務手段の投資組合，証券アナリストの評価姿勢，SEC（証券取引委員会）の監視機能，会計法人がもつ監査機能とコンサルティング機能との利益相反，アンダーセンとエンロンによる関係書類の破棄，取締役会および監査委員会のチェック体制，エンロン役職員の報酬システム，役員による自社保有株の売却など，多岐にわたる問題が湧出する。かくして，企業不祥事の防止（企業改革）にとってアメリカ企業史上，最も教訓に富む事件となり，海外にも波紋を広げることになった。

1．エンロン事件の特徴

　このように複雑なエンロン事件を解明し教訓を得るには，動機となった事実

を確認しその後の事態の進展を把握する作業が重要である。エンロンの興隆，破綻，更正の過程を時間軸で辿ると，エンロン事件の特徴が次のように浮かび上がる。

① 負債総額630億ドル，水増し所得額5億8,600万ドル，株価下落額450億ドル，損失隠し10億ドル，401(K)年金損失額21億ドル，破綻前従業員数3万人が2年間で13,000名に縮小，債権者数24,000社，資産総額500億ドルから120億ドルに減少，5万名の損失株主に対する推定和解金額80～100億ドル，アメリカ企業史上最大規模の倒産である。

② 世界40カ国において事業展開していたエンロンの経営破綻は，主としてコーポレート・ガバナンスの面で，国際的に大きなインパクトを与える。

③ エンロン本社の売上・利益額を膨張させ損失額を隠蔽するために，LJM2を始め約3,000ユニットの特殊目的企業体（SPE：Special Purpose Entity），すなわち有限責任投資組合（limited liability investment partnership）を用いて複雑な簿外債務（OBS：Off-Balance Sheet）を仕組んだことが経営破綻の主要因となる。

④ 事件関係者が政治家，経営者，社外取締役，401(K)年金株主，従業員，会計士や弁護士などの専門職業家，証券アナリスト，銀行家，損保会社，カリフォルニア州電力供給関係者など広範囲に及ぶ。

⑤ 全米規模で天然ガス・パイプライン会社として発足したエンロンの設立（1985年）からトップ企業まで15年，業績ピークから経営破綻まで1年，正しい経理情報の開示から倒産まで1カ月，株価の最高値から実質ゼロまで1年というように，新興企業の急速な興隆と崩壊ぶりが顕著である。

⑥ エンロン関連の大小訴訟が数百件（2003年末で既に：民事訴訟72件，刑事訴訟30件，当事者対抗手続180件など），ほかにエンロン提起の訴訟を含めると関連訴訟が1,000件に達する。民事，刑事，倒産，行政の各種訴訟費用と倒産処理のためのリーガル・コストも史上空前の規模に達する。

⑦ 16年間エンロンの会計顧問を務め，1990年代に1週間につき100万ドルの収入を得てきたアーサー・アンダーセン（Arthur Andersen）を軸とする

アンダーセン・グループは，不正監査疑惑により信用を失墜してビッグ・ファイブの一角から脱落，実質的に破綻する。

⑧ 企業不祥事に対する社会的非難の矛先が法律家（不祥事防止に消極的だった社外弁護士および社内弁護士）にも向けられた結果，弁護士規制の強化へと発展する。

⑨ エンロンのメインのロー・ファームであるヴィンソン・アンド・エルキンス（Vinson & Elkins）は，エンロンとの30年にわたる取引で，癒着に近い関係が形成される。準メインにも同様な傾向がみられる。

⑩ アメリカの新興企業エンロンの成長・崩壊過程では30～40歳代の幹部登用が目立ち，企業不祥事の処理過程では50歳代のベテラン幹部が登用される。

⑪ エンロン事件を捜査する検察は，被疑者の有罪答弁・司法取引（2006/12/末現在18件）によってホワイト・カラー犯罪の立証の困難を克服しようと，事件の全容解明を目指す。

⑫ 事件に係わるエンロン経営幹部と事件処理を担当する主要人物（エンロン経営幹部，エンロンおよびアーサー・アンダーセンの社内弁護士，エンロン訴訟を担当する判事，検事）に女性エリートの躍進が目立つ。

以上のように，エンロン事件は，簿外債務による不正会計処理，インサイダー取引，関係書類の意図的な破棄，カリフォルニアの電力価格操作，脱税，不透明な政治献金など，次々に疑惑が露呈してスキャンダルの様相を呈し，世間の批判が急速に高まっていく。エンロンが当事者でない刑事，民事および行政事件のエンロン関連訴訟も含めれば膨大な件数に達する。

エンロン事件ではまず，経営トップ，監査法人，内部監査人，金融機関が批判の矢面に立つ。ここまでは従来パターンだが，今回，鋭い批判の矛先は社内および社外の弁護士にも向けられ，アメリカのメディアは，論説欄やニュース記事において挙って弁護士を批判した。例えば，エンロン破綻直後にニューヨーク・タイムズ紙（2002/1/28）は，「エンロン・スキャンダルにおいて事件の調査対象は会計士から法律家に向かった。アメリカ国民の生計，投資および年

[図表1] エンロン事件の諸要因と対応の関連図

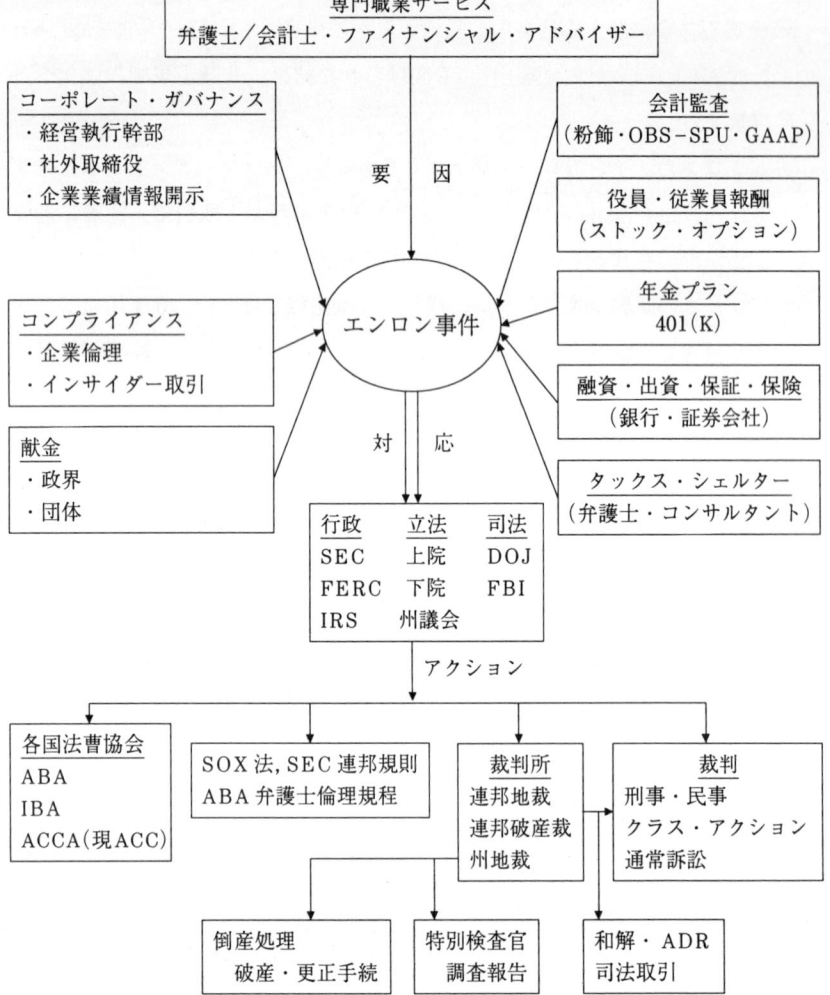

(注) SEC (U.S. Securities Exchange Commission), FERC (Federal Energy Regulatory Commission), IRS (Internal Revenue Services), DOJ (Department of Justice), FBI (Federal Bureau of Investigation), ABA (American Bar Association), IBA (International Bar Association), ACCA (American Corporate Counsel Association), ACC (Association of Corporate Counsel), ADR (Alternate Dispute Resolution), OBS-SPU (Off-Balanced Sheet-Special Purpose Entity), GAAP (Generally Accepted Accounting Practice).

金を脅かすような詐欺的行為が発生した場合には，法律専門職は犯罪者に組するのではなく，国民の味方であることを確信させる方策を講じるべきである」と論説する。このコメントは，大多数のアメリカ国民の気持ちを代弁しているようであり，合衆国議会はエンロンの社内外弁護士やアーサー・アンダーセンの社内弁護士を各種委員会の公聴会に召喚し証言を求める。

エンロンの活動に関与した経営者，管理職，会計士，法律家の多くが自己負罪拒否特権 (Fifth Amendment) あるいは弁護士秘匿特権 (attorney-client privilege, work-product privilege) を援用しており，事件の解明には時間がかかる。また，民事訴訟，刑事訴追，連邦破産裁判所検査官の調査が進展するにつれて，事件を和解や司法取引によって解決しようとする動きが次第に活発になる。

図表1に，複雑で大規模なエンロン事件を構成する諸要素とその対応を要約し，次節において事件の具体的内容について検討することにしたい。

2. エンロン経営破綻の要因

エンロンの経営破綻は，表面的にみれば，パイプライン事業から未経験な新規分野 (structured finance, broadband service, web-based commodity global trading など) へとビジネス・モデルを性急に転換したことが直接の要因である。しかし，その背景を精査してみると，破綻要因は単純ではなく次のような問題点が複合している。これら複雑多岐な問題点が相乗した結果，新興企業にありがちな単なる経営の放漫に留まらずエンロン・スキャンダルという悲劇へと発展したのである。

(1) コーポレート・ガバナンスの形式と実体の乖離

エンロン取締役会のもとには，監査委員会，指名委員会，報酬委員会，コンプライアンス委員会およびファイナンス委員会の5つが置かれていた。業績ピーク時の取締役会は，17名[2]の取締役から構成され，社内取締役 (inside director) は Chairman (取締役会会長)，CEO (最高経営責任者) および COO (最高執行責

任者)のみで，他はすべて社外取締役 (outside director) であった。社外取締役の布陣は，企業トップ経験者，学識経験者，行政経験者などバランスがとれ，国籍もアメリカのほか，イギリス，香港，ブラジルなど国際色豊かな人材から構成されていた。

エンロンの経営は，社外からの評価も高く2000年には，経営専門誌"Chief Executive"によってアメリカ企業のベスト・ファイブ・ボードに選ばれ，Fortune誌によって"Fortune 500"のアメリカ国内売上高7位にランクされ，同誌の「アメリカで最もinnovativeな企業」に5年連続で指名されたほどである。エンロンの監査委員会規定 (audit committee charter) は，経営破綻直前まで"モデル規定"として他のアメリカ企業の参考にされていた。このように万全とも思える企業統治システムをもち，外部機関から良好な企業評価を与えられていたにも拘らず，その実体は企業のガバナンス機能が働かず企業情報のディスクロジャーが抑えられていた。その結果，株主，従業員，債権者，そして社会に多大な犠牲を強いることになり，その責任の追及が司直の手に委ねられる事態に陥ったのである。

合衆国議会の上院委員会は，2002年7月に「エンロン崩壊における取締役会の役割」と題する報告書を公表する[3]。報告書は，「情報が与えられず経営陣と外部監査人に欺かれた」と議会証言したエンロンの社外取締役の主張に対して，①財務・会計上の数々の警告情報を無視しチェック機能を発揮しなかった，②不適切な会計手続を看過した，③各種コンフリクト行為について，エンロン・マネジメントや外部会計士に対するチェックが甘かった，④過度な役員報酬の支払を容認した，と反論している。また，連邦破産裁判所検査官の第一次バッソン・レポート (2002/9/22) は，「取締役会は，義務を果たすために正しい手立てと機構をもっていたが，取引の複雑さを理解できなかったために，経営執行部を監督できず有効なチェック機能を果たせなかった」と批判する。

(2) コーポレート・コンプライアンスの機能不全

CFO (Chief Financial Officer) のファストウ (Andrew S. Fastow) 氏がエンロ

ン側のCFOおよびSPE（LJM1およびLJM2）側のゼネラル・パートナーとして，取引者の双方を代理できるという利害が衝突する地位に就いて，20数回の取引を行ったことがエンロン悲劇の始まりであった。エンロン取締役会および監査委員会は，ファストウ氏の就任に対して，エンロン倫理規程（Code of Ethics）の適用除外を2回（1999/6/28および10/12開催の取締役会）にわたって承認していた。承認に至った背景には，① 審議に充分な情報が開示されなかった，② 開示されても社外取締役に評価する時間と能力が欠けていた，③ 社外の会計事務所と弁護士事務所の検討に依存した，④ 本件を審議した社外取締役の団体組織がエンロンから企業献金ないしコンサルタント料を受け取っていた，このために社外取締役による監督機能が働かず，コーポレート・コンプライアンス（corporate compliance）が適切に機能しなかったためであろう。

(3) 経営トップ間のコミュニケーション不足とイエス・マン社内文化

エンロン経営の実権は，① 創業者であり16年半にわたり会長兼CEO（Chairman and Chief Executive Officer）を務めたレイ（Kenneth Lay）氏，② 6年間の社長兼COO（President and Chief Operating Officer）と僅か6カ月間のCEOを務めたスキリング（Jeffrey Skilling）氏，③ CFOを4年間務めたファストウ氏，および④ CAO（Chief Accounting Officer）を4年間務めたコーセィ（Richard Causey）氏，4名の経営トップによって握られていた。また，これら経営トップが相互の執行を牽制し合うこともなかった。社内では報酬と地位を得るための売上および利益至上主義による徹底した競争が貫かれ，株価上昇が昇進の大きな評価基準となっていた。反面，レイ会長は，創業者にありがちな個人的気配りに秀でており，厳格と温情がないまぜとなったイエス・マン社内文化（yes-man culture）が形成されていたという。

アンダーセンの会計士からエンロンの財務役（Treasurer）に転じ"やり手会計士"として鳴らしたグリッサン（Ben Glissan）氏は，証券詐欺罪を認めて5年の刑の服役中に，カーキー色の囚人服に身を包んで検察側の証人として同僚の裁判に出廷する。個々の幹部を責めることには応じなかったが，「エンロン

の攻めの経営は,プライドを奮い立たせるとともに,腐敗を増殖し,組織的な詐欺行為を黙認した」と証言する。このような社内環境のもとで批判的意見を述べる役職員は極めて限られていた。監査委員の6名の社外取締役や法の番人であるゼネラル・カウンセル (General Counsel) にしても,エンロンのアグレッシーブな活動をチェックするための権限,能力および気概を欠いていた。

(4) 取締役および経営執行幹部の報酬システムの不透明性

エンロンには,1999年10月時点で,D&O保険 (Director and Officer Insurance：役員損害賠償保険) の対象となる取締役 (Directors) 14名,その他のオフィッサー (Officers) 42名, Executive Vice President (EVP) 10名, Vice President (VP) 400名の経営執行幹部 (executives) が在籍していた。このうち,法務部門の幹部職は,EVP：1名, VP：3名である。

これらのエンロン幹部に対する報酬は,① 給与 (salary), ② 賞与 (bonus), ③ 株式 (stock option) といった欧米企業に一般的な方式を採るほか,恩典 (benefits) として ④ 個人融資 (personal loan), ⑤ 現物支給 (payment in kind), ⑥ コンサルタント料 (consulting fee) などが採用されていた。なかには,社用ジェット機の持分権の譲渡,高級スポーツカーの支給など弾力的な方式も含まれていた。また,一般従業員に対して設けた株式の売却禁止期間中 (blackout period) に,経営幹部による売り抜けが可能であったりして,報酬の支給や個人借入金の返済方法の基準が不透明であった。レイ前会長9,400万ドル (1999-2001),スキリング元CEO 200万ドル (1999) の借入金は,取締役会報酬委員会の承認だけでエンロン株 (ストック・オプション) により返済されていた。

エンロン取締役の2000年度の報酬は,総額3.1億ドルで1人当たり平均3,500万ドルでアメリカ企業の平均額の約2倍といわれる。同年度における上級幹部職200人に対する1人当たりの平均報酬額は,70万ドル (給与,ボーナス,ストック・オプションから構成) といわれている。レイ前会長の収入は,報酬1.03億ドル,株式売却収入4,900万ドル,他に返済をエンロン株で行うとの条件で会社より融資7,700万ドルを受けている。レイ氏の1998年度の報酬は1,500万ド

ルであるから2年で約10倍にアップした。同期間にスキリング元CEOも1,200万ドルから1億3,900万ドルと10倍以上のアップである。

ゼネラル・カウンセルのデリック（James V. Derrick Jr.）氏の報酬（1997-2000）は，給与（salary）のほか，ストック・オプションおよびボーナスからなり，平均年収は基本給：10万ドル，ボーナス：30万ドル，およびストック・オプション：300万ドルと報じられている。この報酬額は，アメリカのトップ企業のゼネラル・カウンセル報酬額として，飛びぬけた金額ではないが，高額報酬に属するようだ[4]。

(5) リーガル・リスク・マネジメント体制の不備

エンロンに法務機能やコンプライアンス機能が充実していればリーガル・リスク・マネジメントによってSPE方式に潜在するポテンシャル・リスクを洗い出し，コンフリクト・チェックを行って事前に対応策を講じることも可能であったはずである。

ところが，一流といわれたエンロン法務部門とそのマネジメントは，メイン・ロー・ファームのヴィンソン・アンド・エルキンスに強く依存していたために，コンフリクトを調整する洞察力に欠けていた。この弱点は，11年間ゼネラル・カウンセルを務めたデリック氏が合衆国議会の公聴会[5]で自ら証言したことでもある。デリック氏は，「SPEの検討は，コンフリクトがあるヴィンソンでなく，別のロー・ファームを起用すべき」との社内提言に耳を貸さず，自身の出身母体であるヴィンソンを起用し続けたのである。

エンロンは，倒産の1カ月半前にテキサス大学ロー・スクール学長のパワーズ（William Powers）氏をエンロン社外取締役に招聘する。そして，エンロン取締役3人による特別調査委員会の委員長に据えて破綻要因の究明を行う。委員会がまとめた「パワーズ・レポート」（"Powers Report"）[6]は，「エンロン経営破綻は，経営トップ，監査委員会，コンプライアンス委員会，社内弁護士，社外弁護士および社外監査人の共同責任」であると結んでいる。パワーズ・レポートは，経営破綻を皆で渡った者全員の責任としたことで社内調査委員会の限

界を示すが、それだけ原因が輻輳している証左ともいえよう。しかし、特別調査委員会が起用したロー・ファーム（Wilmer, Cutler & Pickering）の担当パートナー弁護士のマクルーカス（William McLucas）氏は「ヴィンソンは、法律専門家としての客観的かつ批判的な助言を欠いていた」とエンロンの社外ロー・ファームを批判している。

(6) プロフェッショナル・サービス機能のコンフリクト

エンロンは、エンロンの興隆から破綻に至る期間、大勢の職業専門家から職業専門サービス（professional service）の提供を受けた。エンロン事件の要因の1つは、これら職業専門家の側に機能面でのコンフリクトを内包したままプロフェッショナル・サービスが提供されたことにある。

社内外の専門家によるプロフェッショナル・サービスは、①助言、②代理、③監査、④鑑定、⑤分析評価などの形態をとって依頼者（顧客）に提供される。法律家、会計士、銀行家、有価証券引受人などの専門家は、企業の設立と運営を主体となって行う役職員に対する支援機能（supporting function）が主業務であり、多くの場合に主たる行為者（primary player/ actor）に対する実行補助者（secondary player/ actor）である。この区別は、専門家の過誤業務（malpractice）、企業犯罪（white-color crime）あるいは証券詐欺（securities fraud）についての法的責任を問う上で重要である。連邦証券（取引）法[7]は、企業不正を助力した補助者を免責しているからである。この点についてはⅥ章2節(5)において詳説する。

上記の職業専門家によるそれぞれのプロフェッショナル・サービスにおいて明らかになった機能面のコンフリクトには、次の事項が挙げられる。

(A) 会計士・監査法人（監査 v. コンサルティング）

ビッグ・ファイブのような会計監査法人は、監査業務とコンサルタント業務という2つの分野の業務を取り扱ってきた。コンサルティングは、とりわけ利益率が高いビジネスである。アーサー・アンダーセンの場合、訴訟および仲裁による3年間の紛争[8]を経て、2000年にコンサルタント業務をアクセンチュ

ア (Accenture) として分離独立させたが，なお全収入金額の1～2割程度をコンサルタント業務に依存していた。コンサルタント業務については業法の適用はなく，助言者の責任も曖昧である。しかし，自らコンサルティング・サービスを提供した企業の業務について会計監査をするとなると当然にコンフリクトが生じる。アーサー・アンダーセンのエンロン収入（1999年）は，コンサルタント業務2,700万ドル，監査業務2,500万ドルであった。

会計事務所の扱う監査業務とコンサルティング業務の境が必ずしも明確でないために，それぞれの業務を企業組織として分離するよう法的に義務づけるべきとの議論は従来からあった。SEC歴代長官のなかでもレビット（Arthur Levitt）氏は分離論者，ピット（Harvey Pitt）氏は兼業肯定論者である。ピット氏自身，多くの大企業の社外弁護士を務めていた。ピット長官が僅か15カ月の短命で辞任に追い込まれた後，2003年2月に正式就任したドナルドソン（William Donaldson）とその後継長官たちが，SEC行政にどのような舵取りをするのか注目される。

SOX法は，エンロン事件の反省から監査企業に対してコンサルティングの提供を制限することを打ち出した。リーガル・サービスもコンサルティングの範疇とされ，MDP（Multi Disciplinary Practice）ファームは"同一"顧客企業に対して監査業務とリーガル・サービスの双方を提供することが制限される。監査業務から分離されたコンサルティング会社が新MDPファームとしてリーガル・サービスをも提供することが妥当か否かなど，課題が残される。

(B) 銀行（融資 v. 投資）

投資銀行，商業銀行などの金融機関は，エンロンのビジネス・モデル（コーポレート経営およびSPEによるプロジェクト運営など）に融資，投資，保証，パートナーシップなど多方面から深く係わった。そのために，11行が株主クラス・アクションの被告となるなど，エンロン訴訟の当事者となるケースが多数にのぼる。大型例として，それぞれ10億ドル規模の貸出債権（うち半分程度が無担保）をもつモルガン・チェース（J. P. Morgan Chase）およびシティグループ（CitiGroup），ならびにナイジェリアの発電用艀プロジェクトなど幾つかの大型

で複雑なプロジェクト・ファイナンスに参画したメリル・リンチ(Merrill Lynch)が挙げられる。これらのプロジェクトの問題点については，Ⅴ章1節(2)(D)および(E)において詳説する。

合衆国議会（下院）常設調査委員会(Senate Permanent Subcommittee on Investigations)の内部スタッフは，2002年7月に「銀行はエンロンのSPE虚偽取引に加担した」との検討結果を公にした。議会筋では，投資銀行と商業銀行との間にあった大恐慌以来の壁を3年前に取り払ったものの，再規制の必要性ありとの議論まで飛び出したほどだ。ニューヨーク州の司法長官（Attorney General Elliott Spitzer）のもとでも検討が開始される。2002年9月の合衆国議会（下院）財務委員会の公聴会にはモルガン・チェース，シティグループおよびメリル・リンチが召喚され，SPEの構築と運営にどのように助力したかについて証言を求められる。その後も金融機関に対する聴聞会は再三繰り返される[9]。

(C) 証券会社（証券アナリスト v. 証券の売買仲介 v. ボンド引受）

ウオール街の証券アナリストの多くは，大手の証券仲介会社(brokerage firm)に雇われている。これら有力な16名のアナリストのうち11名までがエンロン崩壊の直前の11月8日まで"買い"と評価していたという。アナリストが所属する投資銀行や証券会社は，取引先であるエンロンの株式について証券売買を仲介し証券の発行を代行として推奨していた。これらアナリスト4名(CitiGroup, Lehman BrothersおよびJ. P. Morgan Chaseの3社）が2002年2月26日に始まった合衆国議会の公聴会に召喚されるが，①エンロンの虚偽の財務報告にミスリードされた，②所属する金融機関がエンロンと取引していてもアナリストの独立性を損なうものではないと，異口同音に証言した。しかし，このようなアナリスト証言の信憑性には社会の疑問の眼差しが向けられる。

例えばメリル・リンチは，エンロンのCFOとLJM2投資組合（出資金3億8,700万ドル）の代表という2役を兼ねるファストウ氏の依頼を受けて，メリルの顧客（年金組合，資産家など）から2億6,500万ドルの資金を調達し，自らも500万ドルの投資を行い，1,000万ドルの融資を引き受ける。そのほか，97名のメリル幹部が個人的に1,760万ドルの投資を行う。メリルは，エンロンや

LJM2 との取引で ① 引受人（underwriter）として3,800万ドルのボンドを発行 (1999-2001)，② 資金調達者 (fund-raiser) として480万ドルを調達，③ 投資家 (investor) として500万ドルを出資，④ 持分参加 (partner) として1年間 (1999) に22.5%の収益を受領，⑤ 融資者 (lender) として2000年度に1,000万ドルとシンジケートを通じて6,500万ドルの融資，⑥ アナリスト (analyst) として1998年末までエンロン株を推奨，⑦ エンロンの相手方 (counter-party) としてエンロンのエネルギー・デリバティブ商品を取り扱う。このように少なくとも7つの帽子を被っていた[10]。このような多重役割の相互間には，コンフリクト関係が潜在することは否定できず，コンフリクトを如何にマネージできたかが問題となる。エンロン事件を契機に，同一証券会社が証券分析と証券の売買仲介やボンドの引受など利益相反業務を遂行する場合に備える防火壁（Chinese walls）の重要性が一層強調されるようになる。こうした潜在的コンフリクトについては，Ⅷ章7節において改めて検討したい。

(D) 企業格付機関（格付評価 v. コンサルティング）

ムーディーなど主要な企業格付機関（corporate credit-rating agencies）[11]は，エンロンの巨額債務の発表があっても格付の引き下げをなかなか行わず，エンロンの破産・更正申立の4日前になってようやく投資レベル（triple B plus）からジャンク・レベルに引き下げる。これら企業格付機関は，エンロン社債の評価業務とコンフリクトが生じるおそれのあるコンサルティング・サービスをエンロンに対して提供していたという。

(E) 弁護士（社内弁護士 v. 社外弁護士）

企業経営者に対する弁護士機能がもつ支援性ないし補助性については，社外弁護士の場合には"企業外法務"として，比較的容易に区分できる。ただ，社外弁護士が自身の意思によって行動した場合には実行者として主体性をもつことがあり得る。一方，社内弁護士による"企業内法務"は，経営執行を担当するラインに対するスタッフ機能と位置づけられるため，支援性と補助性をもつようにみえる。が，現実にはスタッフの役割は実行者のポテンシャルによって定まるという面があり，社内弁護士は企業の経営や運営にあたる役職員の依頼

(instruction) に従って行動するのみならず，自身の意思によって行動することがある．とくにプロジェクトに参画して戦略法務を展開するなど，自身の意思と判断によって行動するような場合には，主たる行為者（primary player）となる．この弁護士の主体性（primary）と補助性（secondary）の区別は，法律家の責任を問う場合の重要なメルクマールとなる．Ⅵ章2節(5)において改めて論じることとしたい．

30年にわたりエンロンのメイン・ロー・ファームであったヴィンソン・アンド・エルキンスは，エンロン法務部門（Enron Law Department）との関係を深め，①エンロン依存度7.8％，②エンロン担当弁護士100名，③エンロンからの年間収入2,700万ドル，④エンロンへの転職弁護士20名以上，といった親密すぎる関係が形成されていたことからみて，コンフリクト業務の選別の判断力がお互いに鈍っていたようだ．

3. エンロン事件再発防止への動き（司法・行政・立法）

行政，司法および立法の各当局と民間企業の関連団体は，エンロン倒産事件に端を発した一連の企業不祥事に対処するために，コーポレート・アメリカの危機を救うべく素早く動いた．その迅速な対応には次の措置が挙げられる．

(1) 司法による対応

司法省にはトンプソン（Larry Tompson）司法副長官[12]をエンロン事件の総責任者に定め，検察にエンロン・タスクフォース（リーダー：Leslie Cadwell 連邦検事，2004/2からAndrew Weissmanが昇格）を設置し，FBIはヒューストンのエンロン本社ビルの1フロアすべてを使って腰を据えた捜査体制を敷いた．連邦破産裁判所，連邦地方裁判所，州地方裁判所，巡回控訴裁判所などの管轄裁判所においてエンロン事件の審理が進行する．

民事事件としてはエンロンの株主と従業員による2件の大型クラス・アクションを軸に数百件という膨大な数の訴訟が提起され，刑事事件としてはエンロ

ン倒産後3年間で刑事訴追が33件に上る。これら訴訟の詳細についてはⅣ章およびⅤ章において詳説する。

(2) 行政による対応

まず,ホワイト・ハウスは,エンロン倒産直後に設置した2つの特別タスクフォース(年金規則と企業情報開示基準の検討についての委員会)による討議を踏まえて,エンロン倒産の翌月(2002/1/29)にはブッシュ大統領による「企業責任の改善についての10項目プラン」[13]を発表し,投資家への情報開示,経営執行幹部の説明責任,独立・強力な監査システムの構築などの課題を掲げる。このブッシュ・プランは,同年7月に企業改革法として成立したサーベンス・オックスレー法(Sarbanes-Oxley Act of 2002:通称"SOX法")の試金石となる。

SEC(Securities Exchange Commission:証券取引委員会)は,証券市場と上場企業の監督官庁としてエンロンの不正行為を糾弾するなど株式公開企業(public companies)に対する監視を強化する一方で,SOX法に基づいてストック・オプションの透明化(情報公開,売却時期),経営者の罰則強化などの措置を矢継ぎ早に講じる。SOX法は,コーポレート・ガバナンス改革のほか,弁護士の役割について307条を設け,その具体的実施をSECに委任し,SECは弁護士の職業専門家としての行動基準についてのSEC連邦規則205章を制定する。詳細についてはⅦ章2節において検討する。他方,SECによるエンロン捜査は,弁護士,会計士およびパラリーガルの合計20名のスタッフにより編成し,検察と密接な協力のもとで進められる。

(3) 立法(合衆国議会)による対応

エンロン倒産の直後,合衆国議会(上院と下院)は,エンロン事件の真相解明と対応のため,13の委員会[14]において公聴会を開始する。エンロンおよびアンダーセンの幹部のほか,広く各界の権威者や関係者を召喚し証言を求める。召喚者のなかにはヴィンソン・アンド・エルキンスやエンロン法務部門の幹部も含まれる。これら公聴会における証言を踏まえて取り纏められた各種の合衆

国議会委員会報告書[15]が公表される。

合衆国議会の公聴会による直接の成果は，コーポレート・ガバナンスの改革を軸にするSOX法の制定であった。この企業改革法は，迅速に仕上げられたこともあって，拙劣な規定ぶりとの批判も多かったが，コーポレート・アメリカ（Corporate America）の信用回復に素早く動いたアメリカ社会の一応の良心を示したともいえる。そのほか，エンロンの脱税疑惑によって連邦法人税法の改正，エンロン企業年金プランの崩壊によって企業年金法の改正，などの動きが活発化する。

また，合衆国議会は，ヴィンソン・アンド・エルキンスやカークランド・エリス（Kirkland & Ellis）といったエンロン社外弁護士がエンロン幹部によるSPEを使った不正行為を知っていたはずであるとの疑いをもち，法律専門職（legal profession）に対して不正行為の報告を義務づけようと動く。その結果，最低限の義務として企業不正を知った弁護士の「企業内」報告義務（up-the corporate ladder reporting）をSOX法307条に規定し，施行のための具体的な連邦規則の制定をSECに委ねる。このような立法化の動きは，過去2世紀の間"州法"ベースで続いてきた弁護士規律を公開会社（publicly traded companies）については"連邦法"による規制に移行させようとするものであり，Ⅷ章で詳説するように弁護士自治[16]を脅かす立法であるとして喧喧諤諤の議論を呼ぶことになる。

(4) 法曹団体による対応

アメリカの法曹団体は，エンロン事件を契機として法律家に対する世間の批判が高まったことに危機感を深める。これに呼応して各国の法曹協会も，企業不正に対処すべき法律家のゲートキーパー（gate-keeper：門番）としての役割について真剣に議論に取り組むことになる。ABA（American Bar Association：アメリカ法曹協会）およびACCA（American Corporate Counsel Association：アメリカ企業内弁護士協会，2003年にACC：Association of Corporate Counselに名義変更）は言うに及ばず，IBA（International Bar Association：国際法曹協会）などの国際

的な法曹団体がSOX法やSEC連邦規則（案）に対して批判的意見を表明する。当初は対岸の火事とみていたLSEW (Law Society of England and Wales：イギリス法律協会）も議論に積極参画する。

これら外国の法曹団体が，①内部検討，②外部への提言，③SOX法およびSEC連邦規則（案）に対する意見開陳，などの作業を通じて弁護士の役割について意見表明を行う。日弁連（日本弁護士連合会）も「組織犯罪関連立法対策ワーキンググループ」を中心にゲートキーパー問題を検討し，SEC連邦規則（案）に対して批判的意見をSECに提出した。これら議論の詳細についてはⅦ章2節(2)および(3)において詳説する。

注目すべきは，一連の企業不祥事を事前に防げなかった原因の1つに弁護士の積極的関与が不足していたとの自己反省がこれら法曹団体の議論の底流にあることだ。例えばABAは，SOX法の立法化過程で作成した「企業責任についてのABA中間報告書」[17]において，「社内および社外の弁護士は，①企業の最善の利益となるよう社外取締役および会計士と協力する積極的な行動が不足していた，②不正行為を知ったときには，取締役会への報告を含めた是正措置を講じるべきである」と述べている。その後，2004年以降に入っても，IBA，ABA，ACAなどの法曹団体がエンロン事件の教訓を主要議題に掲げて議論を重ねている。

わが国でも司法改革が進展し社内外の弁護士数が増加して企業活動に多く関与するようになれば，企業法務におけるゲートキーパー問題はより現実的な課題となるであろう。弁護士法30条の改正（企業等に就職する場合に必要な弁護士会の承認を届出へ）の動きは，弁護士が企業内に活動の場を格段に広げる時期の到来が近いことを示唆している[18]。

(5) 民間団体による対応

エンロンなど一連の不正会計事件における直接の責任者は，まず経営トップを始めとする経営執行幹部，次に会計監査を担当する公認会計士である。公認会計士を束ねる団体のAICPA (American Institute of Certified Public Accountants：

アメリカ公認会計士協会）が，足元の火災ということでいち早く対応に着手する。企業経営者の団体であるNACD（National Association of Corporate Directors：全米取締役協会），ASCS（American Society of Corporate Secretaries：アメリカ秘書役協会）などの民間企業団体がエンロン事件の教訓を踏まえて，数々の検討作業や提言を行う。民間の"企業"団体のうち，最も早い提言は，NACDが2002年1月31日に公表した「NACDの取締役アクション・リスト9項目」[19]である。これら団体の代表者がエンロン倒産直後より合衆国議会の各種公聴会に召喚され証言[20]を求められる。2003年に入ってACCとNACDが合同調査[21]など連携を深めたのもエンロン事件など一連の企業不祥事への反省と対応からである。

上記のNACDアクション・プランは，取締役や経営トップに宛てられたものであるが，多数の取締役が法律家（lawyer-director）であるアメリカ企業社会の実情を考慮すると，企業内法律家にとっても示唆に富む。そして程なく，これらのうちの大部分がSOX法など企業改革関連法案に取り込まれることになる。

4. エンロン事件の企業法務へのインパクト

エンロン事件は，既に述べたとおりアメリカの国内外の法曹界に大きなインパクトを与え，欧米において企業法務の問い直しが始まった。そのインパクトについて次のように要約できるであろう。

(1) 法律家へのインパクト

最も議論が白熱したのは，弁護士の「顧客に対する守秘義務」と「顧客の不正行為を知った場合の報告責任」との相克という伝統的な課題である。とくに，弁護士が企業の不正行為についての情報に接した場合に，如何に対処すべきかが改めて問われる。依頼人に対する守秘義務を継続するべきか，それとも企業の健全な発展のために「例外」として然るべき機関（"企業内"では組織階層に沿

って経営上層部，終局的には取締役会あるいは株主総会，"企業外"ではSECなど当局）に報告すべきか，守秘と報告のどちらを優先すべきかの問題である。

　6世紀のユスチニアス法典以来，法曹職は社会に法律を遵守させるため法の番人としての使命を担っており，その使命を達成する手段としての守秘性は，独立性とともに弁護士のアイデンティティを形成してきた。守秘義務が担保されなければ，弁護士に相談にくる者はいなくなり，ひいては法の遵守が危機に瀕するとの伝統的な議論である。弁護士職務の守秘性と独立性は，英米において紆余曲折を経ながらも弁護士秘匿特権（attorney-client privilege）として発展・確立した。秘匿特権が由来したディスカバリー制度がなく「他人の秘密を預かる者の守秘義務」という一般原則に留まっているヨーロッパ大陸においても，「弁護士秘匿特権」という英語の普及が定着する[22]。

　一方，19世紀の産業革命，20世紀の技術革新と交通通信手段の発達，21世紀に入っての電子化のさらなる進展など，産業や社会が変革するなかで，企業の犯罪や不正行為の形態が複雑化し規模が拡大する。その間，弁護士への依頼人である顧客（clients）は個人から組織ないし法人へ，弁護士事務所の経営が個人からロー・ファームへ，企業内法務が個人弁護士からロー・デパートメント（法務部門）へ，このようなシフトが進行する。このように法務環境が変革してゆくなかで，企業不祥事が続発する。法律家はホワイト・カラー犯罪を防止するために，ゲートキーパーとして積極的な役割を担うべきとのアメリカ社会の要請が強まる。

　エンロン事件の反省として，後に詳説するとおり①エンロン社外取締役の「パワーズ・レポート」，②合衆国議会の上院・下院合同の「租税委員会報告書」，③連邦破産裁判所検察官の「バッソン・レポート」などによって法律家の姿勢が厳しく批判される。

　こうした社会的背景のもとで，2002年7月にSOX法（Section 307：professional responsibility for attorneys）が成立し，2003年1月にはSEC連邦規則（Section 205：Professional Conduct for Attorneys）が制定される。さらにNYSE上場基準（Section 303A）の改定，ABA弁護士行動モデル規程（Rule 1.6：

Confidentiality of Information, Rule 1.13: Organizations as a Client）の改訂へと進む。これら法律や規則の内容と立法趣旨についてはⅦ章において詳説する。

SOX法成立1年を経過した時点での株式公開会社の遵守コスト（compliance costs）は，従来の2倍に跳ね上がり，とくに中小企業の経営に深刻な影響を与える。リーガル・コストについても，人件費，社内委員会規程や役職員行動規範の改訂のための費用，監査委員会等による独立弁護士の起用，役員賠償保険料の高騰などで，従来の2倍にも達するという。

(2) プロフェッショナル・ファームへのインパクト

リーガルやアカウンティングなど専門職業サービスの提供を受ける顧客が個人顧客（individual client）から企業顧客（corporate client）へと移動する過程において，専門職業サービスを供給する側では，20世紀初頭より弁護士や会計士という個人からロー・ファームあるいはアカウンティング・ファームと呼ばれるファーム組織へのシフトが加速する。

20世紀末になると，リーガルとアカウンティングのサービスを同一のファームが手掛けるMDP（Multi-Disciplinary Practice）が出現する。MDPサービスは，利用者の側からみるとワン・ストップ・サービス，すなわち，1カ所の事務所に赴けば，法律や会計などすべての専門サービスの提供を受けられるという利便性があり，アメリカ企業内弁護士協会（ACC）も支持表明をしているように，概ね歓迎されているようである。他方，サービス供給の側からみれば，アカウンティング・ファームは支持，ロー・ファームは賛否があい半ばし，議論が白熱している。地域的にみれば，ヨーロッパはイギリスを含めMDPに比較的寛容であるが，アメリカはフィラデルフィアやニューヨークなど限定的[23]ながら容認している州と容認を拒否している州とがある。MDPの是非論はエンロン事件と後述するアンダーセン・グループの崩壊を契機として新たな展開を迎えようとしている。Ⅷ章3節(2)において改めて触れたい。

エンロンに対する不正監査疑惑によって実質的に破綻したアンダーセン・グループは，2001年9月の業績ピーク時点では，世界84カ国，8万5,000人の従

業員，1,700名のパートナー，93億ドルの収入を有するMDPファームであった。シカゴに本拠を置くアーサー・アンダーセンが中軸となりアンブレラ組織としてスイスに設立したアンダーセン・ワールドワイド (Andersen Worldwide SC：AWSC) の一翼には世界36カ国から3,500名の弁護士を動員できるアンダーセン・リーガル (Andersen Legal Network) というリーガル・サービス・プロバイダーを抱えていた[24]。

2002年3月にアーサー・アンダーセン (アメリカ) が連邦司法省から起訴されると，"アンダーセン"ブランドの信用が失墜して，2,300社あった法人顧客が3分の1以下に激減する。エンロンのお膝元ヒューストンにある事務所の1,700名の従業員が500名に減り，2003年10月現在で訴訟担当とシカゴのトレーニング・センター運営のための要員250名となり，さらに2005年4月には僅か200名に減員する。そしてアンダーセン・リーガルも，アンダーセン・ワールドワイドとともに解体に追い込まれる。

また，1977年にスイス法に基づいて設立されたアンダーセン・ワールドワイドは，ゼネラル・パートナーシップ (General Partnership) であるために，①エンロンの株主や従業員に対する民事賠償責任がパートナー個人にも及ぶ，②外国のアンダーセン・グループ組織にも及ぶ。この2つのリスクを回避するためにアーサー・アンダーセンを除くアンダーセン・グループは，エンロン訴訟 (クラス・アクション) の原告であるエンロン株主との和解を選択する[25]。エンロンの社外ロー・ファームのうち，ヴィンソン・アンド・エルキンスはLLP (Limited Liability Partnership)，カークランド・エリスはイリノイ州の弁護士法によるゼネラル・パートナーシップである。エンロン事件の影響によって，弁護士損害賠償責任保険 (professional liability insurances) の付保条件 (適用範囲，保険料，足切り) が厳しくなった状況において，今後のロー・ファームの経営と組織形態のあり方が改めて問われることになる。この点については，Ⅷ章3節(1)において触れたい。

(3) 企業法務部門へのインパクト

20世紀前半から,リーガル・サービスのかなりの部分が社外の弁護士あるいはロー・ファームから社内の法律家へと大幅にシフトし始め,20世紀中頃より社内の弁護士が組織化されるにつれて,リーガル・サービス供給の重点が社内弁護士個人から法務部門へとシフトする。無論,法的助言や法的審査を行うのは弁護士個人であるが,その個人が法務部門という社内組織に組み入れられ,その組織の支援と規律のもとに法律実務 (in-house practice) を行う。

エンロンは,アメリカのCorporate Legal Times誌が行ってきたCLT 1999年実態調査 (survey) によれば社内弁護士数268名の全米で16位の法務部門を有していた。この規模は,ヒューストンにあるロー・ファーム規模でみてもトップ6にあたる。ヒューストンは,ニューヨーク,シカゴ,ワシントンDC,ロス・アンジェルス,ダラスなどとともに大規模ロー・ファームが多い都市である。このような全米有数の企業法務部門をもってしてもエンロン不祥事を防止できなかった。社外弁護士との関係,コーポレート・ガバナンスおよびコンプライアンスに対する取り組み,組織運営,社内文書の保管,Eメール通信など,さまざまな課題について企業法務の再検討が求められることになる。この点は,Ⅷ章において詳説する。

1) 経営破綻時の推定資産規模の史上ランキングでみると,1位:World Com (1039億ドル),2位:Enron (634億ドル),6位:Global Crossing (302億ドル),8位:Adelphia Communications (215億ドル)。
2) 経営破綻直前の取締役数は14名 (うち,社内取締役はChairman兼CEOおよびCOOの2名)。経営破綻から会社更生手続に入った時点 (2001/12/2) で12名 (うち,監査委員会6名),2002年3月末で7名に減員。
3) Report on "Role of the Board of Directors in Enron's Collapse", by U. S. Senate Committee on Governmental affairs (July 8, 2002).
4) 高柳一男『国際企業法務』―グローバル法務のベンチマーキング―,商事法務研究会刊 (2002年),126頁参照。
5) House Commission of Energy and Commerce: Sub-Committee Oversight and Investigations, March 14, 2002.
6) "Report of Investigation" by Special Investigation Committee of the Board of Directors of Enron Corp.; William C. Powers Jr. Chair, Raymond S. Troubh and

Herbett S. Winokur, Jr. with Counsel of Wilmer, Cutler & Pickering, February 1, 2002.
7) 証券市場,証券取引等を規制する法律としては,Securities Act of 1933, Securities Exchange Act of 1934 等がある。本書では,「証券(取引)法」と総称する。
8) 1989年に独立採算になったアーサー・アンダーセンのコンサルティング部門(Andersen Consulting)は,90年代に入って急成長し,監査と税務のコア・ビジネスを行う親企業との対立関係が次第に深まる。対立は,数十億ドルの損害賠償請求という激しい紛争に発展し,訴訟を経て仲裁手続に移行した。2000年の仲裁判断の結果,①10億ドルの和解金の支払,②"アーサー・アンダーセン"という名義使用の中止,と引き換えにアクセンチュアが独立する。
9) 上院調査常設委員会がシティ・グループおよびモルガン・チェースの幹部を召喚(2002/12/9)し,エンロンと行った複雑な"structured finance"取引の合法性についての聴聞会が重要である。2000年から2001年にかけてエンロンと行った会計・税務の取引(Sundance, Bacchus, Fishtail, Slapshotとよばれる各プロジェクト)は,エンロンによる投資家を欺く取引に銀行が手を貸したとする疑惑について審議される。
10) Merrill Lynch: See no Evil?, Business Week (September 16, 2002) p. 61参照。
11) Moody's Investors Service, Standard & Poor's Corp. および Fitch のビッグ・スリー。
12) アッシュクロフト(John Ashcroft)司法長官は,エンロンから政治献金を受けていたため,合衆国議会からの指摘(Rep. Henry A. Waxman's letter to Attorney General John Ashcroft dated January 10, 2002)を受け,自ら忌避(recusation)し捜査への直接関与を控える。
13) President's Plan to Improve Corporate Responsibility and Protect America's Shareholders–President's Ten-Point Plan (January 29, 2002).
14) 下院:エネルギー・商業委員会,商業・科学・運輸委員会,財務委員会など;上院:エネルギー委員会,上院:政府活動委員会,銀行・ハウジング・都市問題委員会など;両院合同:租税委員会など。詳細はⅦ章1節参照。
15) 合衆国議会委員会報告書には ① Report on "Role of the Board of Directors in Enron's Collapse" by U. S. Senate Committee on Governmental Affairs (July 8, 2002), ② Report on Financial Oversight of Enron: The SEC and Private-Sector Watchdogs by Senate Committee on Governmental Affairs (October 8, 2002), ③ Report on tax-sheltering transactions by the House -Senate Joint Committee on Taxation (February 2, 2003) などがある。
16) 弁護士自治:弁護士が外部の介入なしに① 資格の付与,② 弁護士の指導・監督,③ 弁護士の懲戒,④ 弁護士会の運営,などの規律を自律的に行うこと。
17) "ABA Preliminary Report on Corporate Responsibility (July 27, 2002).
18) 弁護士法30条の改正と企業内弁護士問題については,大阪弁護士会シンポジウム「企業に進出する弁護士の将来」(2003/9)参照。
19) NACDの取締役アクション・リスト9項目① 財務諸表の報告に関する実務を理解する,② 企業およびボードの複雑性を認識し,妥当な範囲でその複雑性を軽減する,③ 企業退職年金プランを保護する,④ コンフリクトに関する企業方針と規則を制定し遵守する,⑤ 不適正なインサイダー取引を行わない,⑥ 監査人の独立性を保証する,⑦ 書類保存

の社内規則を制定，改定，遵守する，⑧不適正な会計報告を見抜き是正させるために，ボードを教育し権限を付与する，⑨誠実さと責任をもつ社内風土を醸成し，企業倫理を規範書と実例集に明文化することによって確立すること，である。
20) 合衆国議会からの民間企業団体代表に対する最も早い召喚は，2002年2月6日開催の「下院エネルギー・商業委員会」におけるNACDのRoger W. Raber氏（President and CEO）による証言である。同氏は，エンロン事件の教訓として，"注意"と"忠実"の双子の義務をもつ取締役のガバナンスにおける役割を強調し，①取締役の独立性，②取締役への情報の伝達，③取締役の誠実性，についての認識の重要性を指摘する。
21) ACC／NACD合同調査の1つに，"General Counsel As Risk Manager Survey"（2003年および2004年に実施）がある。2004年調査結果（Survey Results 2004）によれば，SOX法は，①企業文化の向上に有益であった，②内部告発は良好なコーポレート・ガバナンスを促進した，③ステーク・ホルダー，取締役，経営トップおよび行政当局との関係を改善した，として施行後2年を経過したSOX法に一定の評価を加えている。また，社内外弁護士についてSOX法は，①ゼネラル・カウンセルと取締役に対して企業活動のすべての面に注意を向けさせた，②弁護士の階段式報告義務によってコーポレート・カウンセルと取締役会との討議環境を改善しコンプライアンスに寄与した，③ゼネラル・カウンセルが，すべての取締役会に出席することは，企業リスク・マネジメントの向上に役立つ，と取締役およびゼネラル・カウンセルからの回答を得た。
22) 弁護士秘匿特権についての欧米の判例，企業内法律家への適用是非論などについては，高柳「前掲書」59～65頁を参照。
23) 容認するにしてもリーガルとアカウンティングのサービスが統合された組織と要員を擁して共同の責任と勘定において利益シェアする方式（fully integrated partnership）は認めず，同一企業体にそれぞれのサービスについての組織，要因，責任，勘定を分離し損益をシェアしない方式（limited partnership）に限定する。この点については，高柳「前掲書」239～243頁参照。
24) アンダーセン・ワールドワイドおよびアンダーセン・リーガルについては，II章3節(1)およびその注17および18を参照。
25) 連邦破産裁判所の承認を条件に2002年8月27日成立，和解金は4,000万ドル，ほかにエンロン債権者が提訴したクレームの解決費用として2,000万ドル，合計6,000万ドル。

第 II 章
エンロン経営破綻"前"の法律家

　法的サービスは,弁護士職の生成以来,個人としての資格と名声のもとに提供されてきた。19世紀末に生成したロー・ファームは,複数の弁護士がパートナーシップを形成し運営にあたるが,個々のパートナー弁護士が法律家としてのアイデンティティを保持しつつ経済的利益を享受するシステムである。1950年代に入ると規模が拡大し,アソシエイト (associates) 弁護士を雇用するようになり,1970年代に飛躍的に発展する。ロー・ファーム運営は,20世紀後半に入ると世界中に広まる[1]。

　アメリカでは,"社会の隅々まで弁護士を"のとおり,個人,企業を問わず弁護士を多用する。企業は,社外弁護士のほか企業内に弁護士を雇用し,1企業あたりの社内外弁護士がかなりの数に上る。エンロンが倒産以前に使用したロー・ファームには,メイン (primary, chief) としてヴィンソン・アンド・エルキンス,サブ・メイン (secondary) としてブレイスウェル・アンド・パターソン (Bracewell & Patterson) およびアンドゥリュー・アンド・クース (Andrew & Kurth) で,すべて地元ヒューストンに本拠をもつロー・ファームである。

　ヴィンソンからみれば,エンロンは年収4億5,500万ドルの約8％を占める最大の顧客であった。アーサー・アンダーセンのエンロンからの総収入5,000万ドル（監査分：2,300万ドル,非監査サービス分：2,700万ドル）の全体に占める比率が1％に満たなかったのに比べると,ヴィンソンのエンロン依存率は非常に

高い。一般に1顧客企業あたりの依存率が5％を超えると，ロー・ファームの経営や顧客との癒着のリスクに要注意の状況になるといわれる。

1．エンロンの社外弁護士（ロー・ファーム）

経営破綻前のエンロンは，常用，アド・ホックを含めて400以上のロー・ファームを使っていた。このファーム数は，アメリカの大企業としてもかなり多い。例えば，デュポン（E. I. DuPont de Nemours and Company）は，嘗て350以上のロー・ファームを使用していたが，パートナリング（partnering）方式の採用によって50以下に減らす。デュポンは，癒着関係に陥りがちなパートナリングに一定の規律を設けるため，2001年に「デュポン・リーガル・モデル」[2]を公表して社外弁護士の管理を透明化した。エンロンとヴィンソン・アンド・エルキンスとの関係は，実質的には一種のパートナリングに近かったが，具体的にどのような協業がなされていたかについては，公表されておらず，必ずしも明らかでない。

(1) エンロンのメイン・ロー・ファーム（ヴィンソン・アンド・エルキンス）

エンロンが30年にわたり常用してきたロー・ファームは，テキサス州ヒューストンに本拠を置くヴィンソン・アンド・エルキンスである。CLT調査[3]よれば，1999年度には652名の弁護士（うち，パートナー弁護士：300名）を有し全米規模で第24位にランクされるほどの大規模ファームであった。テキサス州において最も利益をあげ，1970年代から他のロー・ファームに先駆けてプロ・ボノ活動や女性，黒人，マイノリティの採用を先駆的に手掛けたことでも知られる。

ヴィンソンでは，5～6名のパートナー弁護士が75％以上の時間をエンロン関連の仕事に費やし，100名の弁護士がエンロンに対してマン・アワー（MH）を費用請求しており，数名の弁護士がエンロンの事務所に専従（full time）していた。エンロンおよび66のSPEと依頼関係をもち，1997年から2001年（エ

ンロン経営破綻時)までのエンロンからの収入は，1億6,220万ドルに上る。

　ヴィンソンとエンロンとの蜜月時代は，ヴィンソンがエンロン株主および債権者によって訴訟提起されたことを契機として，2002年3月に終焉を迎える。エンロンからの弁護士報酬約860万ドルが未収，エンロン最大債権者の一員となる。エンロンの経営破綻によって信用が低下したヴィンソンは，一時的に収入，要員，消費マン・アワー，利益といった諸要素がいずれも減少[4]したが，1年後には一時回復する。が，今後の業績への影響については株主クラス・アクションなどヴィンソンに対し提起された一連のエンロン訴訟[5]の推移が鍵を握る。エンロン対策が重要となったヴィンソンは，エンロン問題についての対外発表者を2名のパートナー弁護士 (Harry Rosener & John Murchison 氏) に絞って，その他の弁護士に緘口令を敷く。

　エンロンのゼネラル・カウンセルに11年在職し，エンロン倒産3カ月後に辞任したデリック (James V. Derrick Jr.) 氏は，ヴィンソンの元エンロン担当パートナー弁護士であった。そして，同じくヴィンソンから転職したゼネラル・カウンセル代理 (Deputy General Counsel) のウォールス (Robert H.Walls Jr.) 氏が，デリック氏の退社により後任に指名される。

　1991年にエンロン入りしたデリック氏のほか，過去10年間にエンロン担当のアソシエイト弁護士20名以上がエンロン法務部門のカウンセル (counsel) に転職している。また，エンロン担当パートナー弁護士をデリック氏から引き継いだディルク (Joseph Dilg) 氏がヴィンソンの経営トップ (managing partner) に昇進し現在に至る。ともにパートナー弁護士で，ヴィンソンのエンロン担当の前任者と後任者であったデリック氏とディルク氏とは，2002年3月14日にエンロン・スキャンダルを糾明する合衆国議会の公聴会に揃って証人として召喚され，奇しくも対峙することになる。ヴィンソンの主要なエンロン担当弁護士としてディルク氏のほか，3氏 (Ronald T. Askin (partner), Michael P. Finch (partner) および Max Hendrick III (litigation partner)) が，株主クラス・アクション，従業員クラス・アクション等の被告に名を連ねることになる。

(2) エンロンの準メイン・ロー・ファーム（ブレイスウエル・パターソンおよびアンドリュー・アンド・クース）

エンロン弁護士の準メイン（secondary outside counsel）として，ブレイスウェル・アンド・パターソン（Bracewell & Patterson）とアンドリュー・アンド・クース（Andrew & Kurth）の2つのファームであったことは既に触れた。CLT調査によれば2000年ベースの弁護士数は，ブレイスウェル：289名（全米115位），アンドゥリュー：249名（全米143位）で，いずれも大規模ロー・ファームである。

ブレイスウェルは，エンロンとの関係をエンロン倒産2カ月後に解消する。理由はエンロンに対する多額債権者の代理人弁護士を務めるためと報じられた。1割の弁護士がエンロンの仕事に従事していたブレイスウエルにとってエンロンは，全収入の約5％を依存し過去2年の間，最大の顧客であった。他方，アンドゥリューは，エンロンとの関係を継続するというブレイスウエルとは反対の行動をとる。継続の理由は，従来の信頼関係を維持するためと報じられた。そして，エンロンの倒産・更正の法律問題を扱うロー・ファーム団の一員となる。

エンロンとの関係を断ったブレイスウェルは，インサイダー取引などの疑惑で株主等から訴えられたエンロンの前ゼネラル・カウンセルのデリック氏個人の弁護を引き受ける。ガンター（J. Clifford Gunter III）氏を主任弁護士（lead lawyer）にデリック夫人のパットマン（Carrin Patman）氏も加わったブレイスウエル弁護団（defense team）が被告弁護を担当する。そしてまずは2003年4月24日，株主クラス・アクションの一部請求について，訴えの却下（訴訟判決）をヒューストンの連邦地裁より引き出す。この点については，Ⅳ章1節(7)において再説する。

(3) その他のエンロン社外弁護士（カークランド・アンド・エリスほか）

既述したように，エンロンもしくはエンロンのSPEが倒産前に起用したロー・ファームは，常時使用（regular retainer）のヴィンソン，ブレイセルおよ

びアンドゥリューに加えて，カークランド・アンド・エリス（Kirkland & Ellis）の場合のようにケース・バイ・ケースで起用したファーム，そのほかワン・ショットで起用したファームを含めると400を超える[6]。連邦破産裁判所のバッソン検査官は，これらエンロン本社もしくはエンロンSPEに起用されたファームのなかから国内外の45のファームを調査対象とし，ディスカバリー手続をかける。エンロン使用の頻繁度と案件の重要度に応じてある程度ファーム数を絞ったものと推測される。

(4) ファーム組織からみたヴィンソンとカークランドの相異

エンロンからアド・ホックで登用されたカークランドと常用のヴィンソンとを比べてみると，図表2に示すとおりになる。最も顕著な相異は，組織形態（general partnership v. LLP）である。

両ファームは，Ⅳ章1節(5)(A)で詳説するように，エンロン訴訟のなかで最大規模の株主クラス・アクションの被告となる。カークランドは，エンロンとの直接取引はなかったが，LJMなどエンロンSPEに助言したとして，エンロン株主から訴えられる。エンロン元CFOのファストウ氏がシカゴのコンチネンタル銀行時代に取引していた縁で，エンロンSPE（LMJ）設立時の1999年に登用され，SPE取引について法的助言を行った。取引歴は僅か2年であった。

エンロンの社外弁護士のなかで，ヒューストンのヴィンソンはLLP，シカゴのカークランドはゼネラル・パートナーシップ（GP）である。エンロンの会計・監査ファームでは，アーサー・アンダーセンがLLP，アンダーセン・リーガル（アンダーセン・ワールドワイド）がゼネラル・パートナーシップであった。GPは，LLPと比べエンロン訴訟への対応が不利であったため，エンロン事件を契機としてロー・ファームのLLPへの改組問題が再び浮上する。この点については，Ⅷ章3節(1)において改めて採り上げる。

[図表2]　　　　　　　　ヴィンソンとカークランドの概要

	ヴィンソン・アンド・エルキンス	カークランド・アンド・エリス
本　社 （組織形態）	Houston, Texas（Limited Liability Partnership : LLP）	Chicago, Illinois（General Partnership）
事務所所在地	Houston, Austin, Dallas, New York, Washington D.C., Beijing, London, Moscow, Singapore	Washington D. C., New York, Los Angels, London
設　立	1917年に James Elkins および William Vinson のパートナーシップで発足	1908年設立の事務所を1915年に Kirkland & Ellis のパートナーシップに拡大して発足
専門分野	Corporate, Tax, Energy, Litigation, Antitrust など。とくに世界のPower Sector で実績大	Litigation, Corporate, Intellectual Property and Technology, Bankruptcy, Tax
弁護士総数	860名（2001）	900名（2001）
全米規模および米国内の弁護士数	2000年度652名（米国人弁護士：621, 外国人弁護士：31）で24位；ヒューストンで2番目の規模；4分の1が女性, 8％がマイノリティ（minority）	2000年度725名（米国人弁護士：705, 外国人弁護士：20）で20位；シカゴで5番目の規模
エンロンからの収入	2001年：386万＄／Yで全収入額の約8％, 過去5年間で1.5億ドル, エンロン倒産直後500万ドルが未収, 66のSPEを担当	エンロンSPE（LJM, LJM2など）を通じてのケースごとの Counseling で依頼件数は多くない
マネージング・パートナー	2002/2まで Harry Reasoner 2002/2より Joseph Dilg	Douglas O. McLemore
エンロン担当のパートナー弁護士	1991年まで Jim Derrick 1991-2001/12まで Joseph Dilg 2002/1より Rom Askin 2002/2：エンロンとの取引関係消滅	Michael Edstall

（以上, エンロン経営破綻時）

2. エンロンの社内弁護士（エンロン法務部門）

　企業法務は，社内および社外の弁護士によって実務が行われる。とりわけ，社内弁護士と法務部門の役割が重要である。エンロンの法務部門に所属する社内弁護士の状況はどのようになっていたのであろうか。既に述べたとおり，エンロンの前身であるHNG社時代を含めて30年にわたるエンロンとヴィンソンとの親密すぎた関係が気になる。長すぎた蜜月時代のため法的助言に必要な客観性と批判力が鈍ってしまったとの指摘があるからである。

(1) 部門組織および法務要員

　アメリカ企業の法務部門要員は，①企業内法律家，②パラリーガル，③秘書，以上から構成され，企業内法律家のすべてが弁護士資格保持者である。まず，エンロン法務部門について，図表3によって概要をみてみよう。

　図表3に示すとおり，エンロン法務部門の組織形態は，要員配置については社内弁護士が主要なビジネス・ユニット（子会社，独立事業部を含む）ごとに分散配置されている点で分散型といえる。一方，指揮命令系統（reporting line）からみれば，ビジネス・ユニットに配属された社内弁護士がユニットの長に直接報告（direct reporting）するという点では，同じく分散型であるが，本社ゼネラル・カウンセルに間接報告（indirect/dotted reporting）し，企業内弁護士の人事権は本社ゼネラル・カウンセルにある点では集中型の要素もある。株主クラス・アクションの被告となったエンロン前ゼネラル・カウンセルのデリック氏を弁護するガンター氏は，「エンロン法務部門は極めて分散型組織であり，ゼネラル・カウンセルの目が行き届かなかった」と釈明している。

　アメリカ企業法務部門では，概ね集中型が典型的な管理方式として採用されている。グローバル企業についても同様である。エンロン法務部門の組織は，本社のOffice of General CounselおよびCorporate Law Departmentのもとに，①地域子会社（Enron North America Corp. Enron Europe, Enron South America LLC, Enron India LLCなど），②オペレーション・ユニット（Enron Energy Services,

[図表3]　　　　　　　　エンロン法務部門の概要

項　　目	概　　要
1. 企業内弁護士数	1999年268名（米国弁護士：211名，外国弁護士：57名）で，法務部門の全米規模で16位（2000年：171名：37位に後退）。その後，法務リストラ(注)が進み減員
2. ゼネラル・カウンセル	執行副社長（Executive Vice President : EVP）；取締役（Board member）ではないが，マネジメント委員会（Management Committee），執行委員会（Executive Committee）および企業方針策定委員会（Corporate Policy Committee）のメンバーで，取締役会にもオブザーバーとして出席
3. 指揮命令系統	① ゼネラル・カウンセルはCEOに，② 各カウンセル（in-house counsel）は法務部門内職位に従って上司に ③ ビジネス・ユニット（子会社を含む）へ配属されたcounselはビジネス・ユニットの長および本社法務部門のゼネラル・カウンセルの双方に，それぞれレポート
4. 職務権限	全ての契約（letter of intent, memorandumを含む）は，相手方に提示する前に，弁護士が検討し，調印する前にイニシャルする。社外弁護士の選任は，ゼネラル・カウンセルの専権事項
5. 要員配置	18の主要ビジネス・ユニット毎にゼネラル・カウンセルをもち，カウンセルはヒューストン本社および主要なビジネス・ユニット（子会社を含む）ごとに分散配置
6. 部門内職位	General Counsel → Deputy General Counsel → Associate General Counsel → General Counsel of each Business Unit → Assistant General Counsel → Senior (Legal) Counsel → Legal Counsel → Senior Attorney → Attorney；別にChief Litigation Counselを設けGeneral Counselへ直属
7. 副社長（Vice President）	全社で約400名，うち本社法務部門で6名；うち1名が執行副社長（EVP : Executive Vice President），1名が上級副社長（SVP : Senior Vice President）
8. 経営上級職（senior officers）	エンロン全社で23名，うち法務部門3名

（注）　Corporate Legal Times Survey (Kirkpatrick & Lockhart Survey, August 2001) などを参照。
　　　法務リストラ：1985年：10名，97年：155名，98年：250名，99年：268名と急増したが，エンロン社経営破綻直前より2000/8：171名（全米37位），2001/末：155名と急減した。エンロンUKの法務部門ではピーク時の30名が5名（2001/12）に減員。しかし，会社更生の仕事量が増えたため再雇用を実施する。

Enron Transportation Services など),③プラクティス・ユニット (litigation unit など) に分権化され,約15の組織のそれぞれにゼネラル・カウンセルを配置していた。主要子会社の数社では Managing Director がゼネラル・カウンセルを兼務していた。

分散型か集中型か[7]は,企業組織のなかで法務機能をどのように位置づけるかについてのマネジメント方針による。エンロンの場合には,ゼネラル・カウンセルの上下を結ぶ指揮命令系統が職務権限に基づいて機能していたか否かが問われる。この点についてはⅢ章2節(1)で改めて検証する。

(2) ゼネラル・カウンセルと法務部門マネジメント

エンロン法務部門の最高責任者は,ゼネラル・カウンセル (General Counsel) であり,実質的に最高法務責任者 (CLO : Chief Legal Officer) に位置づけられる。

(A) デリック氏(エンロンのゼネラル・カウンセル)

エンロン本社の執行副社長兼ゼネラル・カウンセル (Executive Vice President and General Counsel) であったデリック氏は,エンロン設立6年後の1991年,それまで20年間勤務したヴィンソン・アンド・エルキンスのエンロン担当パートナー弁護士(パートナー昇格は1997年)から転職した弁護士である。企業方針策定会議 (Corporate Policy Committee) および経営執行委員会 (Executive Committee) のメンバーとしてエンロンの経営統治機構において重要な地位にあった。1999年に Executive Vice President に昇格した当時,エンロンの業績は最盛期で,法務部門に常勤する弁護士数についても図表3に示すとおり268名(アメリカ弁護士:211名,外国弁護士:57名)のピークを迎えており,全米で16位の規模であった。その後,業績悪化に伴う法務リストラによって減員するが,連邦破産法11章 (Chapter Eleven) の会社更正手続に入ったために業務量が増大し,皮肉なことに弁護士数が一時増加したが,後に再減少する。

デリック氏は,エンロン倒産3カ月後の2002年3月1日付でエンロンを退社する。後任には,次席の Senior Vice President and Deputy General Counsel のウォールス氏が昇格。そのウォールス氏もエンロン入社前にはヴィンソンの

パートナー弁護士であった。

　欧米の企業では，ゼネラル・カウンセルの5割（ヨーロッパ）または9割（アメリカ）がCEOまたはChairman直属である[8]。ゼネラル・カウンセルの指揮命令系統，すなわち組織上の報告先（所属）は，エンロンの場合はCEO直属（direct reporting to CEO）である。ゼネラル・カウンセルが経営トップに直属することは，法務が実務レベルから脱して戦略レベルでも機能していることを示唆し，社外弁護士との差別化が可能となる。反面，経営トップに違法ないし不適切な行為があった場合には，指揮命令系統からみて対処が難しくなる。弁護士として遵守すべき倫理規範と企業内の職務権限との間で板ばさみとなるからである。「カウンセルの職務の名宛人は，経営トップ個人ではなく，企業自体である」を基本として行動することが求められ，上司との対立が解消しなければ業務の辞退・辞任（withdrawal）ないし辞職（resignation）も覚悟しなければならない。この点についてはⅥ章2節(1)(B)において改めて触れることとしたい。

　デリック氏は，前会長のレイ氏，元CEOのスキリング氏，元CFOのファストウ氏など経営トップと同じように，大量のエンロン株を売り抜けたとするインサイダー取引疑惑によって株主クラス・アクションなど幾つかの民事訴訟において損害賠償を請求される。そのうち，株主クラス・アクションにおいては，ヒューストン連邦地方裁判所（ハーモン判事）は，公判（trial）を開くことなく2003年4月22日に証拠不充分として，訴えを却下（dismissal）し被告から外す。この点については，Ⅵ章2節(2)(B)において触れる。このほか，デリック氏は，モンゴメリー訴訟[9]においてエンロン債権者から被告に追加され損害賠償を請求されている。デリック氏に対するインサイダー取引疑惑の"刑事"捜査は，当初，訴追の対象と報道されたりしていたが，起訴を免れる。

　インサイダー取引疑惑については，Ⅵ章1節(4)で詳説するようにエンロン事件のヒロインとしてその行動が世間から賞賛されたワトキンス（Sharron Watkins）上席副社長ですら，レイ会長に面談しSPEの違法会計について警告した翌日（2001/8/21）にエンロン株を売却し4万8,000ドルを取得していた。彼女の弁護士のヒルダー（Philip Hilder）氏によれば，この株式売却について

SECおよび司法省が検討した結果，違法性は認められなかったという。

　ゼネラル・カウンセルに対する刑事訴追については，エンロン経営破綻直後に企業不祥事が露見したタイコ（Tyco）社のゼネラル・カウンセルのベルニック（Mark A. Belnick）氏がCEOおよびCFOとともに，逮捕・起訴（2002/9/12）となり話題になる。ベルニック氏に対する容疑は，400万ドルの自らへの融資を隠蔽するための文書偽造など6つの罪状に基づく。その後の公判でベルニック氏は陪審員評決（2004/7/15）により無罪放免となり，この陪審員評決の是非をめぐってこれまた話題となる。他方，アメリカ最大の薬品販売会社 Rite Aid のゼネラル・カウンセルで取締役副会長のブラウン（Franklin C. Brown）氏が，粉飾決算など35の罪状で起訴（2002/6）となり，陪審員の有罪評決（2003/10/17）を受けている。刑事裁判のほか，ベルニック氏は，解雇されたタイコ社から損害賠償等の民事訴訟，SECからインサイダー取引等を理由に民事訴訟，ブラウン氏は，SECから会計詐欺を理由に民事訴訟を提起されている。エンロン事件以後，ゼネラル・カウンセルに対する責任追及は厳しくなりつつある。

(B) エンロン法務部門のシニア・マネジメント

　ゼネラル・カウンセルのもとにはスタッフ組織として Office of the General Counsel が設けられ，デリック氏とウォールス氏が所属しエンロン全体の企業内法務を統括していた。部門ライン組織としては① Corporate Law Department（Vice President and Associate General Counsel のロジャース（Rex R. Rogers）氏がヘッド），② Litigation Unit などの機能組織，③ Enron Energy Service, Enron Global Finance といった事業ユニット，④ Enron North America Corp., Enron Europe Limited, Enron Broadband Services, Inc. 等の子会社にそれぞれゼネラル・カウンセルおよびリーガル・スタッフを配置した。エンロン・グループの中軸会社でエンロン法務部門に所属する社内弁護士の3割近くを占めていた北米エンロン社（Enron North America Corp.）およびエンロン卸売事業部（Enron Wholesales Services）のゼネラル・カウンセル兼マネジング・ディレクターを務めたヘェディケ（Mark E. Haedicke）氏は，一時はデリック氏の後継者と目されていた[10]。また，ファストウ氏直属でSPEの構築に係わった事業ユ

ニットの Enron Global Finance (EGF) を担当したモドゥ (Kristina Mordaunt) 氏→セフトン (Scott Sefton) 氏→ミンツ (Jordan Mintz) 氏の歴代の部門ゼネラル・カウンセルであった3人は，本社ゼネラル・カウンセルのデリック氏およびSEC担当のロジャース氏とともに，連邦破産裁判所バッソン検査官による「バッソン・最終レポート」[11]において，過誤法務の責任があると指摘される。バッソン・レポートの詳細は，Ⅲ章5節(3)および(4)に述べる。

(3) エンロン法務部門において事件に係わった対照的な人物

善玉であれ悪玉であれ，事件には必ず主役と端役のプレーヤーが登場する。エンロン業務で特異な動きをみせた社内カウンセルのうち対照的な2人の端役プレーヤーについて触れてみたい。

(A) モドゥ氏（事業部門ゼネラル・カウンセル）

シニア・カウンセルでEBS (Enron Broadband Services, Inc.) の Managing Director and General Counsel であったモドゥ (Kristina Mordaunt) 氏は，エンロン本社のゼネラル・カウンセルの後継に意欲をもつ"やり手弁護士"として社内から羨望の眼でみられていた。彼女は，(i)後に不正会計で起訴されたファストゥ元CFO，(ii)ファストゥ氏の補佐役で後に司法省と司法取引を行ったコッパー (Michael Kopper) 氏，この両氏が取り組んだ疑惑のSPE (Southampton) に深く係わり，個人的にも5,800万ドルの投資をして僅か3カ月後に100万ドルを自身の口座に入金した。2002年8月，コッパー氏の個人財産 (2,300万ドル) が差押られた際，モドゥ氏と夫の個人財産 (167万ドルの預金と35万ドル相当の住宅) が差押られる。EBSのゼネラル・カウンセルを務めるモドゥ氏は，ファストゥ氏とデリック氏の双方に対して報告 (dual reporting) 義務があった。彼女は，個人的利得についてデリック氏に報告した後，2001年11月にエンロンを解雇される。

(B) ミンツ氏（事業部門ゼネラル・カウンセル）

他方，エンロンのシニア・カウンセルで Enron Global Finance (EGF) の Vice President & General Counsel でありファストゥ氏の配下であったミンツ

(Jordan Mintze) 氏は，2000年10月に北米エンロン社からEGFユニットへ転属されて以来，一連のSPE取引の法的妥当性について疑問をもっていた。そこで，ファストウ氏（ミンツ氏の上司）およびデリック氏（Senior Counselとしてのミンツ氏の上司）のいずれの承認も得ることなく，ヴィンソン・アンド・エルキンスとは異なるフライド・フランク（Fried, Frank, Harris, Shriver & Jacobson）[12]にSPEの法的妥当性について意見を徴求する。エンロン法務部門の規則「エンロン倫理規程」[13]によれば，社外弁護士の選任はゼネラル・カウンセルの専権事項であるが，このミンツ氏の行動をどのように評価すべきであろうか。Ⅶ章で詳説するように，エンロン事件発生後に施行となったSOX法およびSEC連邦規則205章は，これに対する回答を後付けすることになる。

　合衆国議会（下院）エネルギー・商業委員会の公聴会[14]に自発的に召喚を申し出たミンツ氏は，フライド・フランクから「一連のSPE取引は停止して見直すべきとの助言を得た」と証言する。早速，議会委員会は，タウジン（Billy Tauzin）委員長名義でデリック氏に宛てフライド・フランクの意見書[15]のコピーを提出するよう依頼状が出される[16]。ミンツ氏は，2001年5月に僅か7カ月勤務したエンロン・グローバル・ファイナンスから他部門に配転になる。その際，当時のCEOであったスキリング氏に対して「スキリング氏は，疑惑のあるSPE取引についての社内稟議書にCEOとしてサインすべきとのメモを提出した」と議会証言する。これに対して，スキリング氏は同委員会において，「そのようなメモは見たことがない」と否認する。皮肉にも後日，ミンツ（弁護士：Michael Levy of Swindler Berlin）氏は，バッソン最終レポートにおいて，前任者のセフトン氏同様，①テキサス州弁護士倫理規定1,12条に基づく過誤法務（malpractice）と②エンロンに対する誠実義務違反（breach of fiduciary duty）の証拠があると指摘され，SECから証券取引法違反により民事訴追される。

3. アンダーセン・グループの法務体制

アンダーセン・グループは，スイスに本拠を構えるアンダーセン・ワールドワイドS.C.[17]という世界的規模のパートナーシップのもとで，シカゴに本社をもつアーサー・アンダーセンを中軸に緩く統合されたパートナリングのアンブレラ機構であった。

(1) アンダーセン・リーガルとアーサー・アンダーセン

アンダーセン・ワールドワイドの一翼を担うアンダーセン・リーガル (Andersen Legal)[18]は，MDPサービスの提供ファームとして世界36カ国に3,500名の法律家を動員できるネットワークをもっていた。"アンダーセン"ブランドのもとに提供された法律・税務・ビジネスのサービスは，アンダーセン・ワールドワイド全体の総収入の3割を占めた。また，CLT 2000年調査によれば，アンダーセン・ワールドワイドの中核組織であるアーサー・アンダーセンの弁護士数は，社内弁護士数：シカゴを中心に155名，全米42位の規模であった。もちろん，アンダーセン・グループの法務部門は，アンダーセン内部に対しても法的な助言や勧告のリーガル・サービスを行っていた。

アンダーセン・ワールドワイドおよびアーサー・アンダーセンのゼネラル・カウンセルは，2001年2月よりピンカス (Andrew Pincus) 氏が務めていた。合衆国商務省のゼネラル・カウンセルから転じたピンカス氏は，就任早々，V章2節(5)で触れる「サンビーム事件」および「ウェイスト・マネジメント事件」についてSECとの大型和解交渉を取り纏め実績をあげる。

アンダーセンのMDPサービス・プロバイダー組織は，エンロンの不正会計をアンダーセンが見逃したとの疑惑が発覚したことによって顧客離れが生じる。その結果，ビッグ・ファイブの一角から姿を消すことになり，グループの解体と分散という悲劇的な結末を迎えることになる。

(2) テンプル氏（アーサー・アンダーセンのシニア・カウンセル）

アンダーセン・グループ崩壊の直接の引き金となったのは，アーサー・アンダーセンの社内弁護士が採った疑惑の行動にあった。すなわち，この社内弁護士は，エンロンの監査業務を実施するアーサー・アンダーセンのエンロン担当会計士のダンカン（David Duncan）氏，およびその上司でヒューストン所長兼リスク・マネジメント担当のパートナー会計士のオドム（Michael Odom）氏に対して，①エンロン関連文書の破棄，②エンロン監査についての法的意見書の改ざん，を指示したとの疑惑をもたれる。この事件について，当時，アンダーセン・リーガルのマネージング・パートナーであり弁護士でもあったウイリアム（Tony Williams）氏は，後日，文書廃棄事件の際に法務部門と企業内顧客との間での謎めいたやりとりを評して，「アンダーセンの社内外弁護士とリスク・マネジメント・チームが早期段階から文書管理を徹底しておればアンダーセンの崩壊を救ったかもしれない」と述懐する[19]。

疑惑の主は，ハーバードのロー・スクール出の秀才で当時シニア・カウンセルであった38歳のテンプル（Nancy Temple）氏である。事件の2年前にロー・ファーム（Sidley & Austin）のパートナー弁護士からアンダーセン法務部門に転じた女性弁護士である。合衆国議会（下院）エネルギー・商業委員会に召喚されたテンプル氏は，当初，議会証言（2002/1/24）[20]に応じたが，以後は合衆国憲法第5修正条項に基づく自己負罪拒否特権（Fifth Amendment）を主張して，議会公聴会および裁判所審理において一貫して証言を拒否する。テンプル氏が弁護士秘匿特権を援用しなかった理由は，書類廃棄に関する限りアーサー・アンダーセンが事実を認めて捜査当局に協力したためと推測される。

2002年6月，陪審員は，テンプル氏個人については犯罪者（corrupt persuader）と認定せずに，起訴されたアーサー・アンダーセンという法人を有罪とする評決を行った。その経緯と事情についてはIV章2節(6)において詳説する。テンプル氏個人を刑事訴追するか否かについては司法妨害罪についての出訴期限（時効）5年の間に決着がつけられることになる。2002年12月になって合衆国議会（下院）のエネルギー・商業委員会のタウジン委員長は，アシュクロフト司法

長官 (Attorney General : John Ashcroft) に対して, テンプル氏が2002年1月24日に行った宣誓付きの議会証言[21]が偽証 (perjury) もしくは虚偽の陳述 (false statement) にあたるか否かについて調査を求める。

　一方, 民事事件の株主クラス・アクションにおいては, 連邦地方裁判所 (ヒューストン) のハーモン判事は, エンロン株主のテンプル氏に対する損害賠償請求について証拠不充分として公判(trial)に入ることなく「訴えを却下」(dismissal) し被告から外す (2003/1/28)。エンロン前ゼネラル・カウンセルのデリック氏に対するクラス・アクションの原告株主による損害賠償請求についても, Ⅵ章2節(2)(B)で触れるように一部の請求について訴えの却下となったことを考え合わせると, 法律家個人に対する法的責任の追及には常に立証上の困難が伴う。

4. エンロンの取締役兼務の法律家 (Lawyer-Director)

　法治社会のアメリカでは, 弁護士, 大学教授など法律家 (lawyers) が企業の社外取締役に就任するケースが多い。このような取締役兼務の法律家 (lawyer-director) の典型的なケースとして, ① 社外弁護士が企業の社外取締役 (outside lawyer-outside director) になるケース　② 社内弁護士であるゼネラル・カウンセルが社内取締役になるケース (lawyer/general counsel-inside director) とがある。ゼネラル・カウンセル以外の社内弁護士が取締役に就任するケースは指揮命令系統からみてほとんどない。あるとすれば, ゼネラル・カウンセルの上位職である法務統括最高責任者 (CLO : Chief Legal Officer) が社内取締役に就くケースであろう。アメリカ企業になかにはCLOとゼネラル・カウンセルの双方を置くケース[22]もあるが, そのほとんどはゼネラル・カウンセルがCLOとして機能している。エンロンのゼネラル・カウンセルも同様である。

　エンロンにおける取締役就任の弁護士例として, ① 社外弁護士兼社外取締役のケースとして, テキサス大学ロー・スクール学長のパワーズ(William Powers) 氏が「パワーズ・レポート」を作成するために, 2001年に4カ月の短期間就任

した，② 1973年までエンロンの前身HNG (Houston Natural Gas) のCOO兼ゼネラル・カウンセルであったフォイ (Joe Foy) がエンロンの準メインのロー・ファーム（ブレイスウエル・アンド・パターソン）に転職（1973年）後，エンロンに復帰して社外取締役（1985-2000）となった，③ スキリング氏の前任のPresident & COO（1990-1996）であったキンダー (Rich Kinder) 氏がエンロンのChief Counselであった（退社後，エンロンの準メインのブレイスウエル法律事務所に転じる），などの例がある。

上記のようにエンロンには，他のアメリカ企業に比べると取締役兼務の法律家は少なかった。ゼネラル・カウンセルが取締役に就任したケースについても，1985年のエンロン発足以来，例がない。ゼネラル・カウンセルを雇用する立場であるCEO自身が法律家であるケースは，アメリカ企業では少なくないが，エンロンに該当者はいない。

(1) 社外弁護士兼務の社外取締役 (Outside Lawyer-Outside Director)

ニューヨーク証券取引所 (New York Stock Exchange : NYSE) の上場企業が雇うロー・ファームの69％が取締役を派遣していて，その61％が当該顧客企業に対してリーガル・サービスを提供しているという[23]。極端な例としては，元上院議員でキング・アンド・スポルディング (King and Spalding) のパートナー弁護士であるナン (Sam Nunn) 氏は，NYSE上場企業のコカ・コーラ，シェブロン・テキサコ，ゼネラル・エレクトリックなど5社，Nasdaq上場企業のデル・コンピュータなど2社，合計7社の社外取締役を務めていて，"スーパー取締役" と呼ばれたほどだ。

しかし，エンロン崩壊は社外取締役の監査・監督機能が不全であったためと指摘されて以来，複数の企業の取締役に就任しても，取締役の誠実義務ないし忠実義務を果たせるであろうかとの疑問の声が湧きあがる。エンロン事件を契機に任命者側と就任者側の双方とも責任を問われるようになり，社外取締役を簡単に依頼したり引き受けたりすることを躊躇する傾向が出始める。

確かに，法律家の役割が，企業および取締役会にとって必要不可欠であるこ

とは疑いない。しかし,法律家自らが取締役となる場合に顧客企業に対して"独立した"法律判断が担保されるか否かについては,かなり疑問が残る。さりとて,取締役兼法律家が必ずしも失敗するわけでもない。少なくとも問題点として,①取締役に就かない法律家に比べて過誤法務を問われるリスクが高い,②裁判に訴えられた場合,自らが所属するロー・ファームの他の顧客を失うおそれがある,③弁護士秘匿特権を危うくするリスクがある,などの点を心すべきであろう。

エンロン事件の反省を契機に取締役の責任が加重されつつある傾向を反映して,弁護士が取締役に就任するケースは,今後減少することが予想される。

SOX法に合体する前の「オックレー法案」(Oxley Bill)[24]は,社外弁護士は顧客企業のゼネラル・カウンセルへの就任を制限されるべきとする議論が検討されていた。しかし,ABA(American Bar Association)などが反対を表明したこともあって,SOX法の規定からは外された。

(2) 社内取締役兼務のゼネラル・カウンセル(General Counsel-Inside Director)

ゼネラル・カウンセルは,企業の執行幹部(executives)であり,指揮命令系統(reporting line)に従って上司(CEOなど)の指示を受ける。ゼネラル・カウンセルが社内取締役(inside director)である場合には,他の取締役や経営トップ(CEOなど)を監督する立場でもあり相反する二面性をもつ。社外弁護士兼社外取締役(outside lawyer-outside director)に比べると,法律家としての独立性と客観性を保持するのに一層厳しい状況に置かれる。

エンロンのゼネラル・カウンセルは,随時,取締役会に出席していたものの,正式なボード・メンバーではなかった。"ゼネラル・カウンセルがボード・メンバーになるべきか否か"には賛否両論あり,このディベート[25]は,エンロン事件を契機に再び活発となる。もしエンロンのゼネラル・カウンセルが取締役会の正式メンバーであったら,もっと指導力を発揮して事件を未然に防止する方向に動けたはずと肯定派は主張する。これに対してゼネラル・カウンセルと取締役との立場にはポテンシャルなコンフリクトがあるので,エンロンのゼネ

第Ⅱ章　エンロン経営破綻"前"の法律家　43

ラル・カウンセルが取締役だったとしても客観的で独立した法的助言（objective and independent advice）ができなかったはずと否定派は主張する。

　ヨーロッパ企業のゼネラル・カウンセルの取締役就任率は，アメリカ企業よりも高いようで，European Counsel 誌の調査によれば２割から３割程度である。近年，低下傾向[26]にあるものの，アメリカに比べるとなお肯定論が強いようである。

　しかし，エンロン事件を契機にゼネラル・カウンセルの取締役兼務の是非論は，従来，ゼネラル・カウンセルの取締役就任に比較的寛容であったヨーロッパにおいても問い直されている。IBA（国際法曹協会）が2003年２月に開催した「企業弁護士（Corporate Counsel）委員会」のバルセロナ会議においても，パネル討議で採り上げられ，「ゼネラル・カウンセルとボード・メンバーというコンフリクトがある二重の役割を引き受けることは，支持し難い」とのコンセンサスが得られる[27]。なお，弁護士兼取締役のケースについては，Ⅷ章4節(2)においても検討する。

1) ロー・ファームの生成・発展については，高柳「前掲書」215～216頁参照。
2) "Moving Ahead With The DuPont Legal Model-Learns & Bounds", edited by Thomas L. Sager and James D. Shomper (a DuPont Legal Function Publication, 2001).
3) "Corporate Legal Times Survey：1,000 Largest Law Firms" June 2000.
4) 2002年におけるパートナー１人あたりの利益：８％減（69万5,000ドル→64万ドル）請求可能マン・アワー：9.5％減，収入：１％減（４億5,050万ドル），減員：10人のパートナーを含む30人の弁護士。
5) ヴィンソンが被告となる主要な訴訟については，図表４および７を参照。そのほかにも，オハイオ州とコネチカット州の司法長官が州の退職年金加入者を代理してヴィンソンを提訴したケースなど多岐多数にわたる。
6) アメリカ大企業では134のロー・ファームを使用している場合でも，その75％を19カ所に集中しているといわれる。高柳「前掲書」225頁参照。
7) 分散型と集中型の法務部門の組織論については，高柳「前掲書」114～123頁参照。
8) 高柳「前掲書」134～135頁参照。
9) Official Committee of Unsecured Creditors of Enron Corp. v. Fastow, No. 02-10-06531 (Dist. Ct. for 9th Judicial Dist., Montgomery County, Texas).
10) "Enron's legal staff battered, confused" by David Hechler, The National Law Journal (February 2, 2002).

11) Final Report of Neal Batson (In re Enron Corp. et al., Debtors, Case No. 01-16034 (AJG), Nov. 24, 2003 at 53-55.
12) CLT2000年調査によれば、フライド・フランクは463名（うち、外国弁護士15名）を有する全米51位のニューヨークのロー・ファーム。
13) エンロン倫理規程（Code of Ethics dated July 1, 2000）の "Business Ethics" の項参照。
14) Energy and Commerce Sub-Committee (Chairman: James Greenwood), February 7, 2002. 召喚された経営幹部は、Andrew Fastow (Former CFO), Michael Kopper (Former Enron Global Finace Managing Director, Richard Buy (Chief Risk Officer), Richard Causey (Chief Accounting Officer), John Olson (Senior Vice President and Director of Research), Jeffrey McMahon (President and COO), Jordan Mintz (Vice President and General Counsel for Corporate Development), Jeffrey Skilling (Former President and CEO), Robert Jaediche (Enron Board of Directors and Chairman of Audit Committee) およびHerbert Winokur (Enron Board of Director and Chairman of Finance Committee) の10名とアーサー・アンダーセンのThomas Bauer (Partner) の合計11名。
15) Fried Frank's opinion letter of May 22, 2001 to Jordan H. Mintz regarding Enron Global Finance.
16) The House Committee Chairman Billy Tauzin's letter to Jim Derrick of January 29, 2002.
17) Andersen Worldwide (Worldwide Societe Cooperative)：スイス設立の世界的MDP組織。2万6,000人の要員を有したArthur Andersen LLP（アメリカ）など各国の自律組織から構成されていた。運営は、各組織のCEOから成るBoard of Partnersの意思決定によって行う。Andersen Worldwide SCの中軸メンバーであるシカゴのArthur Andersen LLPは、意思決定機関としてAdministrative Boardをもち、組織内に法務部門（弁護士数は、1999年137名、全米で42位；2000年62名、うちアメリカ弁護士：44名、全米で137位)、責任者は、Managing Partner & General CounselのAndrew Pincas 氏であった。エンロン関連文書破棄を理由とする連邦司法省の起訴は、アンダーセン・グループ全体に向けられたものではなく、Arthur Andersen LLP（アメリカ）に対してである。
18) 世界の6大陸／36カ国、2,800-3,500名（Clifford Chance Roger & Wellsに次ぐ世界第2位の要員規模）の法律家を動員できるネットワークを通じ "Andersen" ブランドを使用して第三者にリーガル・サービスを提供。10年弱にして総収入は世界トップ10入りし、約2割がアンダーセン関連業務。Global Counsel 3000 World Ranking 2001による総合ランキングでも9位に入るほどのグローバル・プレーヤーに急成長する。
19) Tony Williams : "Andersen: lessons for general counsel", Global Counsel (May 2003), p. 30.
20) Energy & Commerce Committee's Investigations & Oversight Subcommittee-Focus: Destruction Enron -related documents by Andersen employees (January 24, 2002).
21) ダンカン氏に助言した2001年10月16日の時点で、エンロン事件についての司法省による捜査開始と訴訟提起の可能性を知らなかったとするテンプル証言。なお、Ⅳ章1節

(6)(C), Ⅳ章2節(6)およびⅥ章1節(1)参照。
22) この場合，CLOが企業の法律実務の遂行と法務方針の策定について責任をもつ"最上級"のオフィサー，ゼネラル・カウンセルは重要な定常業務と法務部門の運営についての責任をもつ"上級"のオフィサーとなる。
23) "Risky Business: Lawyers on Corporate Client Boards" by Laura Pearlman, The American Lawyer (June 20, 2002).
24) オックスレー法案：下院のファイナンシャル・サービス委員会委員長のオックスレー（Michael Oxley, R-Ohio）議員を中心にまとめられた法案；その後，上院の銀行委員会委員長のサーベンス（Paul Sarbanes, D-Md.）議員を中心にまとめられた法案（Sarbanes Bill）と合体して最終的に"Sarbanes-Oxley（SOX）法"に一本化される。
25) イギリスFtse上場企業100社へのアンケート調査（2002年9月）によれば，ゼネラル・カウンセルがボード・メンバーを志すことに54％が賛成，46％が反対。社外弁護士が顧客企業のボード・メンバーに就くことについては，70％が反対している。ゼネラル・カウンセルと取締役の地位との関係の賛否両論については，高柳「前掲書」131頁参照。
26) 1995年30％，1998年21％，1999年11％；なお，日米欧の実情については高柳「前掲書」132～133頁参照。
27) The 2nd IBA International Corporate Counsel Conference (February 26～28, 2003).

第 III 章

エンロン経営破綻 "後" の法律家

　エンロン事件に関係する民事、刑事の訴訟が多発するエンロン経営破綻 "後" においても、エンロンおよび疑惑の対象とされた経営者は言うに及ばず、すべての関係当事者がリーガル・アドバイザーを雇っており、対外的な発言は法廷内外を問わずすべて弁護士を通して行われている。エンロン株主から訴えられたロー・ファームや社内弁護士はむろん、連邦破産裁判所検査官までが個人的に弁護士を雇っている。

　アメリカにおけるトップファーム200のうち半数以上が破産・更正、民事訴訟、刑事弁護、M&A等のアンダーセン崩壊対策など、エンロン倒産関連業務に関与する[1]。そのほか、多数の中小ロー・ファームがエンロン訴訟の当事者代理などエンロン業務に関与し、その総数は3,000人を超えるといわれる[2]。エンロン側が起用したロー・ファームも倒産後17カ月で50を数える。さらに、多くの政府ロイヤー（government lawyers）がエンロン事件の捜査・調査に携わっている。エンロンの教訓を生かそうとする産業界、官界、政界が、対応策検討のために起用する法律家達を含めれば、まさに膨大な数になる。

1. エンロンおよびアンダーセンの社外弁護士（ロー・ファーム）

　エンロン事件に関与する法律家のうち、訴訟、和解、行政事件手続などエ

ンロン事件に直接係わる社外弁護士（ロー・ファーム）についてみてみよう。

(1) エンロンのメイン・ロー・ファーム（ヴァイル・ゴッチャル）

　エンロンを防御（defense）する立場で法律実務を担当する"民事"事件のロー・ファームには，メインのヴァイル・ゴッチャル（Weil, Gotshal & Manges），準メインのスカデン・アープス（Skadden, Arps, Slate, Meagher & Flom）およびルボ・ラム・グリーン（LeBouf Lamb Green & McRae）を始めとして，シャーマン・アンド・スターリング（Sherman & Sterling），ミルバンク（Milbank, Tweed, Hadley & McCloy），フライド・フランク（Fried, Frank, Harris, Shriven & Jacobson）など，ニューヨークのロー・ファームを中心にビッグ・ネームが揃う。一方，エンロン自身の民事訴訟にはスカデンのロバート・ベネット弁護士（Robert Benett，クリントン前大統領およびワインバーガー元国防長官の法律顧問），エンロンの社外取締役の弁護にはニール・エグルストン弁護士（W. Neil Eggleston，クリントン前大統領の法律顧問）など，そうそうたる顔ぶれである[3]。

　ヴァイル・ゴッチャルは，まだヴィンソン・アンド・エルキンスがメイン・ロー・ファームであった時期にエンロン経営危機が叫ばれたため，エンロンのリストラクチャリング業務全般を担当するロー・ファームとして起用される。そして，①エンロン倒産回避の救世主として期待されたダイナジー（Dynegy）社と2001年秋に始まった合併交渉，②合併契約の破局によってエンロンがダイナジー社に対して提起した100億ドル訴訟，③エンロン倒産・更正手続（連邦破産法11章）など，次々に担当する。当初は過去30年にわたってメイン・ロー・ファームを務めてきたヴィンソンとの併用であったが，2002年2月，ヴィンソンがエンロンから解約されると，倒産・更正会社エンロンのメイン・リーガル・アドバイザーに収まる。ビーネンストック（Martin Bienenstock）氏をリーダーにエンロン・チーム（約40名の弁護士をコア・メンバー）を編成する。また，アーサー・アンダーセンに代わってプライスウオーターハウス・クーパーズ（PreiceWaterhouseCoopers）が監査法人に，ブラックストーン・グループ（Blackstone Group）が資産売却のファイナンシャル・アドバイザーにそれぞれ

起用される。

(2) エンロンの準メイン・ロー・ファーム

メイン・ロー・ファームのヴァイル・ゴッチャルのほか，常用ベースとして約40のロー・ファーム，その他を含めて合計100を超えるロー・ファームが次々に起用される。そのなかには，エンロン債権者の要請により連邦破産裁判所が選定し，連邦管財人（U. S. Trustee）が承認した独立検査役（independent examiner）を補佐するアルストン・アンド・バード（Alston & Bird）も含まれる。

このように膨大な数のロー・ファームが法律実務を行うとなると，相互に利害の衝突（conflict of interests）が不可避となる。コンフリクト関係をチェックし調整するために，ヴァイルはトグ・シーガル・アンド・シーガル（Togut, Segal & Segal）をコンフリクト・カウンセル（conflict counsel）に任命する。そのほか，債権者委員会（unsecured creditors' committee）の顧問に選ばれたミルバンクは，エンロン倒産前にもエンロン業務を行っていたために，コンフリクト・カウンセルとしてスクエア・サンダース（Squire Sanders）に起用する。弁護士選定のコンフリクトについてはⅧ章1節(3)で改めて検討する。

(3) エンロン業務に関与のアンダーセン・グループの主な社外弁護士

エンロン業務の会計監査を務めたアーサー・アンダーセンは，企業内弁護士が充実しており，グループにアンダーセン・リーガルを有していた。しかし，エンロンの業績が急激に悪化してきたため，エンロン訴訟に対応するため2001年10月からニューヨークのデービス・ポーク（Davis, Pork & Wardwell；担当：Denis McInerney弁護士）を起用する。そして，エンロン倒産以後も引き続いてデービス（担当弁護士：Daniel Kolb/Michael Carrell）を株主クラス・アクションおよび従業員クラス・アクションの担当に据えたほか，アンダーセン・ワールドワイドとエンロン株主との和解事件にシカゴのシドニー・オースティン（Sidney Austin Brown & Wood，担当：William F. Lloyd弁護士）を起用する。また，文書廃棄／司法妨害の刑事事件には，ニューヨークのラスティ・ハーデン・アソーシ

エッツ(担当弁護士：Rusty Hardin)をメインに据え，ヒューストンのメイヤー・ブラウン(Mayer Brown Row & Maw；担当弁護士：Charles Rothfeld)をサブ・メインとする。しかし，第一審に敗訴したため，第五巡回控訴裁判所への控訴事件には，ラーサム・アンド・ワトキンス(Latham & Watkins；担当：Maureen Mahoney 弁護士)を主任弁護士として追加起用する。

(4) エンロンを当事者とする主な"民事"事件の法律家

エンロン側関係者(エンロンとその経営幹部など)を当事者とする民事訴訟の原告・被告側にもそれぞれ代理人弁護士がついている。その主要なものについて図表4に示す。

[図表4]　　　　　　エンロン関連"民事"訴訟の主な法律家

事　件　名 (原告 v. 被告)	提訴日/管轄裁判所(担当判事)	主担当ロー・ファーム(所在地)／主任弁護士名	備　　考
「株主クラス・アクション」 {Mark Newby et al. v. Enron Corp. et al.}	2001/10/22 2002/4/8 (併合) 連邦地裁 (ヒューストン)：Merinda Harmon 判事	原告側：エンロン株主→ Milberg Weiss Bershad & Learch (New York & San Diego) / William Learch/Keith Parks 被告側：Andersen → Rusty Hardin & Associates/ Rusty Hardin ; Vinson → William & Connolly および Jamail Kolius/ Joe Jamail ; Kirkland → Munger, Tolles & Olson/ John Soiegel ; Nancy Temple → Mark Hansen, Jim Derrick → Bracewell & Patterson/ Clifford Gunter など (注) Milberg ファーム分裂(2004/5/1)後は，Learch 側が引き続き担当	二大クラス・アクションの1つで，原告代表は，カルフォルニア大学評議会のエンロン株主の Mark Newby 氏連邦地方裁判所(ヒューストン)とは，テキサス州南部地区連邦地方裁判所(U. S. Court of Southern District of Texas)
「従業員クラス・アクション」 {Pamela Tittle et.al. v. Enron Corp. et. al.}	2001/11/13 2002/4/8 (併合) 連邦地裁 (ヒューストン)：Merinda Harmon 判事	原告側：Keller Rohrback (Seattle) / Steve Berman, Lynn Lincoln Sarko (managing partner) and Britt Tinglum (partner), Campbell ; Harrison & Dagley (Houston) / Elli Gottesdiener 被告側：Skadden, Arps, Slate, Meagher & Flom (N.Y.) / Robert Benett	二大クラス・アクションの1つで，原告代表は，エンロン従業員株主の Pamela Tittle 氏
アマルガメイト銀行事件	2001/12/5 連邦地裁	原告側：Milberg Weiss Bershad & Learch (New York & San Diego) /	数多くの株主訴訟が合体し，最終的に「株主

第Ⅲ章　エンロン経営破綻"後"の法律家　51

Amalgamated Bank v. Enron Executives and Arthur Andersen｜ (注)原告のAmalgamated Bank：エンロンの年金基金アドバイザー	(ヒューストン)： Lee H. Rosental 判事： 2002/1/11に自己忌避※	William Learch, Roger Greenberg; Schwartz, Junell Campbell & Dalhoutin (Houston) / Jack C. Nickens, Robin Gibbs 被告側：15人の執行幹部→ Nickens, Flack & Lawless (Houston)；8人の取締役→ Gibbs & Burns (Houston)	クラス・アクション」に併合；エンロンが被告とされていないため連邦破産裁判所の管轄外 ※自己忌避の理由は、エンロン株の所有が判明したため
ブレンハム株主訴訟事件｜Brenham shareholders v. Andersen, Lay et al.｜	2002/3/ テキサス州地方裁判所： Terry Flenniken 判事	原告側：Fleming & Associates (Brenham, Texas) / Sean Jez and George Fleming 被告側：Andersen → Andy Ramzel / Rusty Hardin, Lay → Mike Ramsey (solo practitioner), Rudnick & Wdfe (Washington D. C.) / Piper Marbury, Earl Silbert	エンロン株主がエンロン倒産後、最初に提起した訴訟(クラス・アクションでなく個別訴訟)；テキサス州地方裁判所：テキサス州のワシントン郡ブレンハムにある裁判所
ダイナジー合併契約違反事件｜Enron v. Dynergy Corp.｜	2001/12/2 連邦破産裁判所(ニューヨーク)： Arthur Gonzalez 判事	原告側：Weil Gotshall & Manges (New York) / Martin Bienenstock, Brian Rosen	損害賠償請求額：10億ドル
モンゴメリー(エンロン無担保債権者)事件｜Enron Unsecured Creditors v. Enron Executives, Lawyers and Law Firms｜	2002/10/3 2003/12/2 モンゴメリー郡地方裁判所	原告側：Milbank Tweed Hadley & McCay (New York) / Luc Despins 被告側：Lay → Mike Ramsey (solo practitioner), Rudnick & Wdfe (Washington D. C..), Skilling → Danniel Petrocelli (Los Angels), Vinson → William & Connoly (Washington D. C..) /John Villa, Derrick → Bracewell (Houston) / Clif Gunter	エンロンに対する無担保債権者による懲罰的損害賠償請求事件；被告は、エンロン経営幹部8名(ゼネラル・カウンセルのデリック氏を含む)
401(K)年金プラン管理の過失事件｜DOL v. Enron Executives and Outside Directors｜	2003/6/26 連邦地裁(ヒューストン)：Merinda Harmon 判事	原告側：DOL：U. S. Department of Labor/ Howard Radzely 被告側：Lay → Slomer & Blumerthal (Washington D. C.), / Dianne Sumoski, Skilling → O'Melveny & Myers / Robert Stern (D. C.), Outside Directors → Neil Eggleston (D. C.), Kathy Patrick (Houston) など	DOL(連邦労働省)：従業員年金プランの監督官庁
モルガン・チェース貸付金回収等事件｜JP Morgan Chase v. Enron｜	2001/12/10 連邦破産裁判所(ニューヨーク)： Arthur Gonzalez 判事	原告側：Kelly Dryer & Warren (New York) / Richard Mithoff 被告側：Weil Gotshall & Manges / Martin Bienenstock	倒産前に受取勘定に記載した貸付金21億ドルの回収

「MegaClaims訴訟」(主要銀行等の証券詐欺幇助事件){Enron v. MorganChase et. al.}	2003/9/24	原告側： Weil Gotshall / Martin Bienenstock, Skaden / Robert Benett, Milbank / LucDespins	エンロンおよび債権者委員が銀行等に提起した大型訴訟（MegaClaims訴訟），詳細は92頁および136頁を参照

　エンロン訴訟の被告側を弁護するロー・ファームについては，案件と訴訟当事者ごとに主席弁護士が選任される。例えばエンロンが当事者となる多くの場合には，原則としてヴァイル・ゴッチャルまたはスカデン・アープスが担当する。一方，エンロン経営者の場合には個々人がそれぞれが民事と刑事について起用した弁護士が担当する。

　図表4のうち，最も重要な大型民事訴訟である2つのクラス・アクションを担当する原告側弁護士について，いま少し詳細にみてみよう。なお，訴訟内容については，Ⅳ章1節(5)において詳説する。

(A)　株主クラス・アクションの原告側弁護士

　企業不正事件で最大規模といわれる株主クラス・アクション（shareholders class action）[4]の代表原告（lead plaintiff）は，1億4,400万ドルの損失を蒙ったカルフォルニア大学評議会（the Regents of the University of California）である。代表原告のロー・ファームにはミルバーグ・ワイス（Milberg Weiss Bershad & Learch）が任命され，主任担当弁護士（lead plaintiff attorney）にはラーチ（William Learch）氏が就任する。そのほか，40名規模のカルフォルニア大学の法務部門（ゼネラル・カウンセル：James E. Holst）の企業内弁護士のうちから，パティ（Christopher M. Patti）氏をヘッドとする5名の弁護士を原告弁護団の内部業務と訴訟戦略の立案業務にあてる。

　ミルバーグ・ワイスが指名されるまでの道のりは必ずしも平坦ではなかった。(i)フロリダ，(ii)ニューヨーク，(iii) 4州連合（オハイオ，ワシントン，ジョージア，アラバマ）の3つのグループ[5]がそれぞれ提起した合計45件のエンロン訴訟（合計3億3,100万ドルの損失の補塡を請求）を個人証券訴訟法（PSLRA法：Private Securities Litigation Reform Act of 1995）[6]に従って併合するという複雑かつ大

規模な作業を行ってそれぞれに存在感を示していた。訴訟代理人の代表に名乗りを揚げていた幾つかのロー・ファームのうち，ミルバーグの有力な対抗馬は，サムバーグ（Samberg Dunn Baena & Axceland：担当弁護士：Scott L. Baena）であった。サムバーグは，エンロン破産で4億4,400万ドルの損失を被ったために代表原告（lead plaintiff）を志願した「フロリダの年金ファンド」（Frorida State Employee's Pension Fund）のロー・ファームである。結局，連邦地方裁判所（U. S. Court of Southern District of Texas：ヒューストン）のハーモン判事は，カリフォルニア大学とミルバーグ・ワイスのチームを指名する。ミルバーグ・ワイスは，訴訟地ヒューストンの Schwaltz, Junnel, Greenburg & Oathout（担当弁護士：Roger Greenburg）の協力を得て訴訟を遂行する。

　ミルバーグ・ワイスは，ニューヨークとサンディエゴを本拠に活動し，クラス・アクション訴訟の実績ナンバー・ワンといわれる35年の歴史を有する著名なロー・ファームである。訴訟参加者（class member）に対して成功報酬（contingent fee）ベース（回収額の8〜10％プラス経費）でクラス・アクションの弁護を引き受けている。ミルバーグ・ワイスは，エンロンに続いてワールド・コムの株主クラス・アクションをも担当することになる。クラス・アクションを引き受けるロー・ファームは，アメリカでは成功報酬（イギリスでは"プロ・ボノ"（pro bono）ともいう）ベースによることが多い。が，イギリスのエンロン株主クラス・アクションの代理を引き受けたロー・ファーム（Oury Clark）は，プロ・ボノではなく，時間当たり80ポンドの値引きレートを採用する。

　220名のクラス・アクション・ロイヤーを抱えるミルバーグ・ワイスは，エンロン訴訟の提起たけなわの2003年6月，ワールド・コム訴訟の扱いを巡ってパートナー弁護士のラーチ氏とワイス氏との間に内部対立（前者が訴訟優先，後者が和解重視）が生じる。ついにパートナーシップは，Learch Coughlina Storial & Robbins（弁護士：125名，本拠地：サンディエゴ）と Millberg Weiss Bershad & Schulman（弁護士：110名，本拠地：ニューヨーク）に分裂（2004/5/1）する。エンロン訴訟については引き続きラーチ氏が主任弁護士を担当する。

(B)　従業員クラス・アクションの原告側弁護士

エンロンの経営危機の発生以来，数千人の元および現従業員は，退職金や年金の損失補填を求めて，エンロンおよびその倒産に責任があるとされる経営者，専門職業ファーム，年金管理会社などを相手に全米各地の裁判所において個別あるいはグループで続々と訴訟を提起する。当然，それぞれの訴訟に代理人弁護士がつく。グループのなかにはクラス・アクションの形式を採るケースが多いが，その場合には原告側弁護士の数はある程度絞られる。

エンロンの従業員が提起した10数件の訴訟が併合された「従業員クラス・アクション」(Enron Employees Class Action)[7]のロー・ファームには，エンロン倒産直前に提訴された"最初の"クラス・アクションを担当したシアトルのケラー・ローバック (Keller Rohrback LLP) がメインとなり，訴訟地ヒューストン・チームにはキャンベル・ハリソン (Campbell, Harrison & Daglay) をあてる。ケラー・ローバックは，シアトルに本拠を置くエリッサ (ERISA)[8]訴訟に実績の多いロー・ファームであり，エンロン事件以後に発生したワールド・コム，ゼロックス，ダイナジーなどの証券詐欺事件も担当する。

(5) エンロン経営幹部個人の弁護士

多くのエンロン民事訴訟では，組織のみならず組織に属する経営者，会計士，弁護士などの個人も訴えられている。これら個人は，法人とは別にそれぞれ弁護士を雇っている。

エンロンの経営トップを防御する弁護士も一流である。"刑事"事件担当として，レイ氏にはアール・シルバート弁護士 (Earl Silbert, ウォータゲート事件担当)，スキリング氏にはブルース・ヒラー弁護士 (Bruce Hiller of O'Melveny & Myers in Washington D. C., 元SECメンバーでインサイダー取引訴訟のベテラン)，ファストウ氏にはジョン・ケッカー弁護士 (John Kecker of Kecker & Van Nest in San Francisco, イラン・コントラ事件の検事) が起用される。"民事"事件担当にも実績あるロー・ファームと弁護士が揃う[9]。

エンロンのゼネラル・カウンセルであったデリック氏の"民事"事件を担当する弁護士は，嘗てのエンロン準メインのロー・ファームであり，エンロン倒

産直後にエンロンに決別宣言をしたブレイスウェル・パターソンである。ブレイスウエルでは，ガンター（Clifford Gunter）弁護士が主任，デリック氏の妻であるパットマン（Carin Patman）氏がサブを務める。

2．エンロンおよびアンダーセンの社内弁護士（法務部門）

　エンロンは，倒産直後，経営執行部と社外取締役について倒産前の布陣で臨むと発表する。しかし，社内外の批判に抗しきれず，エンロン旧取締役陣は，倒産後7カ月後（2002/6）になってようやく総退陣が完了する[10]。その間，スキリングCEOおよびファストウCFO路線に批判的であったとされる元副会長のバックスター（Clifford Baxter）氏が車中でのピストル自殺（妻に宛てた遺書からみて他殺説も出る），マクマホン（Jef McMahon）氏が不正疑惑の発覚のため僅か4カ月でPresident and COOの辞任に追い込まれるなど，不慮の出来事もあった。

　それでは，エンロン法務部門のマネジメント人事はどのように変更されたのであろうか。図表5は，倒産前後においてエンロン事件の対象となった業務に直接間接に係わった主な社内弁護士の状況である。

[図表5]　　　エンロン業務に関与したエンロン社内弁護士

社内弁護士（事件当時の年齢）	事件発生時の地位	備　考（職歴など）
James Derrick（57歳）	ゼネラル・カウンセル (Executive Vice President)	1991年にVinson & Elkinsより入社，エンロン倒産3カ月後（2002/3/1）に退職（11年間在職）；バッソン最終レポートで過誤法務を指摘される
Robert Walls（42歳）	ゼネラル・カウンセル代理 (Senior Vice President)	1996年にVinson & Elkinsより入社，勤務歴6年，Derrick氏の後任としてゼネラル・カウンセルに就任。（注）参照
Rex Rogers（53歳）	ゼネラル・カウンセル補佐 (Senior Vice President)	勤務歴17年，SEC業務担当；Derrick氏辞任後，ゼネラル・カウンセル代理に就任；バッソン最終レポートで過誤法務および誠実義務違反を指摘される。SECより民事訴追
Mark E. Haedicke	主要子会社（Enron North	エンロン倒産後，UBS Warburg Energy

	(48歳)	America / Enron Wholesale Services）のゼネラル・カウンセル兼 Managing Director	（エンロン事業をM＆Aした企業）へ15名の同僚弁護士とともに転職
Kristina M. Mordaunt	(52歳)	主要子会社（Enron Broadband Services）のゼネラル・カウンセル兼 Managing Director	SPE (Southampton) から不正に個人的利得を得たとして解雇（2001/11/7）バッソン最終レポートで過誤法務および誠実義務違反を指摘される
Richard Sanders	(39歳)	主要子会社（Enron North America / Enron Wholesale Services）のゼネラル・カウンセル補佐	Bracewell & Patterson より 1997年に入社，訴訟担当
Jordan Mintz	(44歳)	シニア・カウンセル Division General Counsel (Enron Global Finace)	SPEの違法性をマネジメントに警告するが，バッソン最終レポートは過誤法務および誠実義務違反を指摘。SECより民事訴追
Scott Sefton		シニア・カウンセル Division General Counsel (Enron Global Finace)	Jordan Mintze 氏の前任者；バッソン最終レポートで過誤法務および誠実義務違反を指摘される
Christian G. Yoder	(25歳)	シニア・カウンセル カリフォルニア電力事業担当	エンロン倒産後 UBS Warburg Energy へ転職
Mark Evans		主要子会社（Enron Europe, London）のゼネラル・カウンセル	エンロン倒産6カ月後に退職（6年在職），ロー・ファーム（Hammonds）に転職
Stuart Zisman		若手弁護士（Counsel）	投資組合を批判したために Haedicke 氏の部下から他部署に配転される
Ann Yeager Patel		新入法務社員 (junior employee)	初仕事で Southampton 投資組合を担当 不当利得を得たため，連邦地方裁判所命令で個人財産を差押えられる

（注）Wall 氏の後任は，Bonnie White 氏（コナー調停開始後に赴任）

(1) 法務部門の組織階層

　法務部門の組織は，指揮命令系統（reporting line），勤務場所，人事権などの面で"集中型（centralized）か分散型（decentralized）か"に重点を置いて編成される。エンロン法務部門の組織は，Ⅱ章2節(1)で述べたとおり，形式的には集中型にもみえるが，実質的には分散型であった。集中型にするか分散型にするかは，企業の業態，活動分野，運営方針によって異なる。問題は，組織が決められたとおり機能しているか否かである。この点については，Ⅷ章2節(3)においてさらに議論することとしたい。

エンロン法務部門のヒエラルキーの頂点に位置するのは，エンロン本社のゼネラル・カウンセルである。エンロンはCLO（Chief Legal Officer）の職位は設けていないが，実質的には本社のゼネラル・カウンセルがCLOの役割を兼ねていた。エンロン・グループの社内弁護士は，子会社，関係会社，事業部など，いずれのユニットに配属されていても，エンロン本社ゼネラル・カウンセルの人事権のもとに置かれ，本社ゼネラル・カウンセルに対して間接報告（dotted-reporting）を行うという緩い指揮命令系統に置かれていた。

エネルギー価格の操作疑惑が浮上したカリフォルニア電力事業を例にとってエンロン法務部門の指揮命令系統（reporting line）をみてみよう。事業に関与した社内および社外の弁護士5名が召喚された合衆国議会（上院）の公聴会の証言録[11]をみると，①カリフォルニア電力卸売事業の"契約"については，北米エンロン社の社内弁護士（Yoder氏）→北米エンロン社のゼネラル・カウンセル（Haedicke氏）→エンロン本社のゼネラル・カウンセル（Derrick氏）というレポーティング・ライン，②カリフォルニア電力卸売事業の"訴訟事件"については，エンロン本社の訴訟弁護士（Sanders氏）→エンロン本社の上司（ゼネラル・カウンセル（Derrick氏））であった。しかし，デリック氏がレポートする上司は誰かとの上院議員のドーガン（Senator Byron Dorgan）委員長の質問に対して，サンダース氏は，「取締役会と思う」と回答する。電力価格の違法操作があったとされる当時のデリック氏の上司がレイ氏かスキリング氏かを聞き出す意図をもった質問であった。ドーガン上院議員は，サンダース氏の応答に対して，ゼネラル・カウンセルを所管する責任者がいないのは信じられないとして納得しなかった。

デリック氏がエンロンのゼネラル・カウンセルを辞任し，後任にウオールス氏が就任したことについては既に触れた。ナンバー2のゼネラル・カウンセル代理にはロジャース氏が昇格するという，エンロン経営トップの場合とは異なり順送り人事となる。ロジャース氏は，パワーズ報告書を取りまとめたエンロン取締役会特別調査委員会に社外弁護士（マクルーカス弁護士）とともに参画した社内カウンセルで，"エンロン事件において弁護士が果した役割"について

の合衆国議会（下院）エネルギー・商業委員会の公聴会（2002/3/14）にもデリック氏とともに召喚された。デリック氏およびウオールズ氏と同じくテキサス大学ロー・スクール出身者ではあるが，エンロン勤務歴17年，いわば生えぬきのエンロン社内弁護士である。

このエンロン法務部門の順送り人事は，エンロン倒産直後に経営破綻したタイコ（Tyco International）に比べると対照的である。タイコは，ベルニック（Mark Belnick）氏[12]の後任として，新たにACCA（現ACC）前会長でInternational Paper Companyのゼネラル・カウンセルのリットン（William Lytton）氏をリクルートして世界の法曹界から注目を浴びる。リットン氏は，配下に故ワレン・バーガー最高裁長官とブッシュ大統領のもとで法律担当を務めたフラニガン（Timothy Franigan）氏を迎えて，法務部門を抜本的に建て直し，新会長兼CEOを補佐してタイコ社の再生に尽力する。

エンロンのデリック氏のゼネラル・カウンセルとしての在任は11年にわたった。アメリカ企業のゼネラル・カウンセルの在任期間は，ACCA2000年CLO調査[13]によれば，① 2-10年：46.8％，② 1年間：15.6％，③ 11-20年：14.3％，④ 21年以上：2.6％，である。デリック氏の11年間はさ程長くないようにみえるが，ヴィンソン・アンド・エルキンスでエンロン担当のパートナー弁護士を10年以上も務めたことを考慮すると，エンロンとの係わりは非常に長かったといえよう。

(2) 法務リストラ後のエンロン社内弁護士

エンロン法務部門の弁護士数は，CLT調査によれば，1998年：155名，1999年：250名，2000年：268名，と急速に規模を拡大する。しかし，業績悪化が明るみに出た2001年8月には171名（全米37位）に激減し，倒産月の2001年末には，155名程度までに落ち込んだ。レイオフはアメリカ国内の社内弁護士のみならず国外にも及んだ。ロンドンのエンロン・ヨーロッパでは，2002年10月に30名いた社内弁護士が2001年12月には5名に減り，法務リストラが進む。

エンロン事件の影響により法務部門を退職した社内弁護士の就職先はさまざまである。Ⅱ章2節(3)(B)で触れたように，SPEに疑念を表したミンツ氏は，ロー・ファームに転じた後程なくして，民間企業のゼネラル・カウンセルに就任する。大口就職先としては，エンロン・ノース・アメリカ社のマネージング・ディレクター兼ゼネラル・カウンセルであったへディケ氏が15名の社内弁護士とともにUSB Warburg Energy[14)]に集団転職する。

(3) アンダーセン・グループ破綻後の社内弁護士

アンダーセン・グループは，ピーク時に8万名（うち，アーサー・アンダーセン3,000名）いた従業員が，1年後には1,000名を大幅に下回るほどに激減する。解体したアンダーセン・グループは，各プラクティス・グループ（10名）ごとに1パートナーあたり15万ドルで競争企業に譲り渡すと報じられる。エンロン関連文書破棄の主現場となったヒューストン事務所をみると，1,700名いた従業員のうち，150名がKPMGに，120名がProtiviti（新会社）に，250名がDelite & Toucheの租税事業部にそれぞれ移籍，リスク・マネジメントを担当していた90名がEarnest & Youngに移籍した。

エンロン事件に直接間接に関与したアンダーセン・グループの社内弁護士についても法務リストラが進展する。エンロン業務を担当した弁護士[15)]も同様に離散する。アンダーセン・リーガル（アンダーセン・ワールドワイド）のネットワークは，パートナー（GarrettsおよびDundas & Wilson）の脱退や専門プラクティス単位で競争ファーム（KPMGなど）への併合などが相次ぎ，2002年に解体し実質的に消滅する。所属弁護士は，個人あるいはグループ・ベースでそれぞれ他の機関に転属した。最後までアンダーセン・リーガルの行く末を見届けた共同経営責任者のウイリアム（Tony Williams）氏は，ロー・ファームに対するコンサルティング・ビジネスを立ち上げる。また，同じく共同経営責任者であったビグノン（Patrick Bignon）氏は，早々と他のロー・ファームに転職した。なお，アーサー・アンダーセンの法務部門のテンプル氏については，アーサー・アンダーセンが陪審員により有罪評決を受けるまで勤務を続けたが，その

後に退職する。

3. エンロン事件担当のその他弁護士

(1) 社外取締役の弁護士

エンロンの社外取締役あるいは監査委員会は，多くのアメリカ企業がそうであるように，エンロン経営執行部のロー・ファームとは別に独自の弁護士を起用したことは"倒産前"にはなかった。むろん，社外取締役の責任が問われた"倒産後"には，エンロンとは独立した弁護士を起用する。

(A) エンロン内部調査委員会（パワーズ委員会）の弁護士

エンロンは，ヒューストン大学ロー・スクール学長のパワーズ氏を社外取締役に迎えて，エンロン事件究明のための特別調査委員会（パワーズ委員会，委員長：パワーズ氏，委員：エンロン社外取締役のトラウブおよびウィノカー両氏)[16]を設置する。エンロン経営危機の要因を検証した調査報告書（パワーズ・レポート）は，エンロン倒産後2カ月経過後に公表（2002/2/2）される。公表にあたりパワーズ委員長は，エンロンが秘匿特権を放棄する旨，取締役会の了承を得る。パワーズ・レポートは，エンロン経営破綻の責任が経営トップ，社外取締役，監査法人，社外弁護士など広範囲にわたるとしたことは，Ⅰ章2節(5)において述べたとおりである。

パワーズ委員会は，ワシントンD.C.のロー・ファームのウィルマー・カトラー（Wilmer, Cutler & Pickering），担当パートナー弁護士としてマクルーカス（William McLucas）氏をリーガル・アドバイザーに登用する。26名の弁護士と8人のスタッフのもとで作成されたパワーズ・レポートの重要部分である"マクルーカス報告書"は，「ヴィンソン・アンド・エルキンスは，専門家としての客観的かつ批判的な助言（objective and critical professional advice）を欠く」と批判する。218頁にわたるパワーズ・レポートは，ヴィンソンに60回も言及しているが，法的責任まで示唆しているかについては解釈が分かれる。

パワーズ・レポートが公表されるや否や，槍玉に挙がったプロフェッショナ

ル・ファームから反論のコメントが表明される。アーサー・アンダーセンは，「パワーズ・レポートは，エンロンの内部報告に過ぎず，取締役会と経営執行部の無能な判断の責任を第三者に転嫁するもの」と反論し，ヴィンソンは，「すべての事実が明らかになればヴィンソンは専門職業としての義務を果したと理解されることになろう」とのコメントを表明する。ヴィンソンの論点としては，① SECに対するエンロンの開示義務については，エンロン法務部門が検討し取締役会が承認したものであってヴィンソンの役割は限られていた，② 文書作成や開示義務といった点ではエンロンに助言したが，SPE（LJM1およびLJM2）のカウンセル（代理）はカークランド・アンド・エリスが担当していた，③ エンロンの法的業務は，大組織の社内法務部門によって行われていた，といった点が挙げられる。上記論争については，Ⅵ章1節(1)において再説する。

(B) 社外取締役（監査委員会）の独立弁護士

パワーズ・レポートは，「エンロン事件の原因は，取締役会および監査委員会が積極的な行動をとっておれば，防止できたか少なくとももっと早く発見できた」と結論づける。また，合衆国議会やSECなど社外当局は，社外取締役，とりわけ監査委員会メンバーがエンロンの不正会計を見逃したとして，厳しく批判する。これに対して，エンロン社外取締役のダンカン（John Duncan, Chairman of the Board's Executive Committee）氏は，合衆国議会の公聴会（2002/5/7）において，「エンロンの社外取締役は，経営執行側から情報提供を制限されミスリードされた。が，情報を得られていたにしても，エンロン倒産を回避できたとは思わない」と証言する。

社外取締役は，自己防御のためにワシントンD. C. の高名な弁護士であるエグルストン（W. Neil Eggleston of Howrey Simon Arnold & White）氏にリーガル・アドバイザーと法廷弁護を依頼する。エグルストン弁護士は，訴訟地ヒューストン側にギブス・アンド・バーンズのロビン・ギブス氏（Robin Gibbs of Gibbs & Burns）を配し，連携して弁護活動を行う。

エンロン倒産2カ月後，アメリカの内部監査人協会（IIA：Institute of Internal Auditors）がアメリカ企業の取締役（corporate directors）に宛てたアンケート調

査[17]によれば,「社外取締役あるいは監査委員会委員は,企業が常時使用している社外弁護士とは別の弁護士を起用する権限をもっているか」との問に対して,65％がイエス,11％がノー,24％が明確でない,と答えている。

その後,2002年制定のSOX法,SEC連邦規則など一連の企業改革関連立法において,監査委員会が独立弁護士を起用するオプションが公式に認められることになる。

(2) エンロン債権者委員会のロー・ファーム

企業の倒産・更正のプロセスでは,債権者委員会（creditors' committee）が株主総会に代わってガバナンスの主体となる。エンロンのケースのように,破産管財人でなく取締役が企業運営を担当する場合には,取締役の義務と責任は,株主に対してではなく,エンロンに対して670億ドルもの債権をもつ2万5,000名の債権者に対して負うことになる。

2001年12月に発足したエンロン債権者委員会は,連邦破産管財人（U. S. Trustee：Carolyn Schwartz氏）が任命した15名の委員からなり,債権者委員会のメイン・ロー・ファームにはミルバンク（Milband Tweed）,その主任担当弁護士はデスピンス（Luc Despins）氏が指名され,スクエア・サンダース（Squire and Sanders）が準メインとなる。

正式な債権者委員会メンバーの大多数が銀行や保険会社の代表である。エンロン従業員としては,自らも従業員の多額債権者であるエンロン元企業内弁護士（Michael Patrick Moran）のみで,この人物が従業員債権者の大多数を代表しているとはいえないとの異議が出る。かくして,"従業員債権者のみ"から構成される「従業員債権者委員会」（SEEC）[18]（5-7名の委員,担当ロー・ファーム：Bilzin, Sumberg, Dunn, Baena, Prince & Alexelrod,主担当はバエナ（Scott L. Baena）弁護士）の設立申立（2002/1/29）がなされ,連邦破産裁判所の承認を得る。2つの債権者委員会は,極めて異例なことである。

(3) エンロン従業員委員会のロー・ファーム

エンロン本社の3万名の従業員は，会社倒産によって，①レイオフされた者，②自主退職した者，③解雇された者，④会社に留まった者，いろいろな運命を背負った人達である。これらエンロン従業員の多くが税務や利殖対策として従業員報酬の一部を延払い（defferred compensation）で受け取ることにしていた。ところが，エンロン倒産直前になって126名の幹部社員に対しては合計5,300万ドルの報酬の遅延扱い部分が前倒しで支払われる。一般従業員は取り残され，倒産後は一般債権者と同じ扱いとなる。

このような不公平な報酬支払に抗議し一般従業員が「従業員委員会」を組織して，クロニッシュ法律事務所（Kronish Lieb Weiner & Hellman）を顧問に据える。そして，既支払いの退職金5,300万ドルの40-90％を返還させる妥協案を作成し，連邦破産裁判所（ゴンザレズ判事）の承認（2003/9/22）を得る。従業員委員会は，返還に応じない幹部社員には全額の返済と損害賠償を求めて，従業員債権者委員会とは別に訴訟を提起する構えをみせる。

4．エンロン事件捜査の司法当局

刑事事件は，連邦司法省のもとで犯罪を捜査するFBI捜査官と被疑者を訴追する検察官との協働によって糾明される。エンロン事件では，検察および捜査いずれの布陣も万全な捜査・訴追体制が敷かれる。

(1) 検察官（エンロン・タスクフォース）

連邦司法省（DOJ：U. S. Department of Justice）は，サンフランシスコの連邦検事補（Assistant U. S. Attorney）のカルドウェル（Leslie Caldwell）氏をリーダーとし，全米から集めた精鋭8人の組織犯罪に詳しい検事を中心に15名の検事からなるエンロン・タスクフォース（Enron Task Force）をワシントンD. C. に編成（2002/1/11）して，エンロン事件に取り組む。レイ前会長の起訴時（2004/7/7）の陣容は，FBIエージェント22名，検察官15名，IRSエージェ

ント2名にまで拡大する。

　司法長官のアシュクロフト (John Ashcroft) 氏は，エンロンから政治献金を受領していたために捜査の直接関与を差し控え，トンプソン司法副長官 (Larry Tompson, Deputy Attorney General) が企業詐欺事件タスクフォース (the Justice Department's Corporate Fraud Task Force) の総責任者 (その後，James Comey 氏に交代) として対応にあたる。エンロンの地元ヒューストンの連邦検事はタスクフォースに参加していない。ヒューストン在住の多くの検察官の友人や家族がエンロンに勤めていたために，この地区の検察局 (U. S. Attorney for the Southern District of Texas) が全体として捜査官を辞退したためである。

　カルドウェル氏は，副リーダーのワイズマン (Andrew Weissmann) 検事補など[19]と職務分担してワシントンD. C. とヒューストンの間を往来して任務を遂行する。そして，スキリング氏を起訴処分とした直後に退任 (2004/3/1) し，ワイズマン氏 (45歳) が昇格する。

　また，アーサー・アンダーセン司法妨害事件の有罪判決に対する第五巡回裁判所の控訴審においては，司法当局の法廷弁護にコラリー (Elizabeth Collery) 検察官が起用されエンロン・タスクフォースに加わる。

(2) FBI捜査官 (FBIエンロン・チーム)

　FBI (連邦捜査局) は，内部にFBIエンロン・チームを設置し，ミュラー (Robert Mueller) 長官の指揮のもとホワイト・カラー犯罪トップ検察官であるフォード (Joe Ford) 氏をヘッドに全米7都市[20]からホワイト・カラー犯罪の捜査に適した22人の若手エージェントを選抜する。従来，FBIは，証拠収集を独自に行い検察側に引き渡す方法が通常であったが，エンロン事件では，① 検察 (リーダー：Leslie Cadwell 氏)，② SEC (リーダー：Linda Tompson 氏，弁護士，会計士およびパラリーガルからなる20人のスタッフを配置)，③ FERC (Federal Energy Regulatory Commission, リーダー：Pat Wood III長官)，④ IRS (Internal Revenue Services of Treasury Department, リーダー：Jack Harris 氏)，⑤ カリフォルニア州司法省 (リーダー：Tom Green 氏，2人のエージェントおよび10人のサポート・ス

タッフを配置）など，規制当局の捜査官と当初から協力して捜査体制を敷く。FBIは，2002年1月からヒューストンにある50階建てのエンロン本社ビル内の19階フロア全体を封鎖してヒューストン捜査本部を置く。エンロン主計部門が置かれていた19階では，前週まで大規模な文書破棄行為が行われていた。

5．エンロン訴訟の裁判所および裁判官

エンロン経営破綻が引き金となった訴訟は，民事，刑事，行政事件などの分野でヒューストンを中心にアメリカ全土の裁判所に広がる。管轄裁判所および裁判官および陪審員の数も夥しい。

(1) エンロン"刑事"事件の管轄

エンロン事件において最初の大きな訴訟であった「アーサー・アンダーセンによるエンロン関連文書破棄／司法妨害刑事事件」の管轄は，ヒューストンの連邦地方裁判所，裁判官はメリンダ・ハーモン（Melinda Harmon）判事（56歳）である。ハーモン判事は，2002年6月に陪審員公判（jury trial）において陪審員が下した有罪評決に基づいて，2002年10月16日にアーサー・アンダーセンを証拠隠滅罪で5年間の保護観察処分と50万ドルの最高罰金刑を申し渡す。この判決に対してアーサー・アンダーセンは，Ⅳ章2節(6)(D)および(E)で詳説するように，ハーモン判事の証拠認定と陪審員に対する説示に誤りがあったとして，第五巡回控訴裁判所に控訴するが，2004年6月11日に控訴棄却となる。さらに上告手続がとられた結果，2005年5月31日に連邦最高裁は下級審の有罪判決を覆す。

(A) エンロン刑事事件の裁判官

主要なエンロン刑事訴訟事件の管轄裁判所と担当裁判官は，後述の図表8に記載するとおりである。一般に裁判地の変更は，"州"裁判所の場合でも稀である。"連邦"裁判所の場合にはオクラホマ・シティの連邦ビル爆破事件でオクラホマ・シティからデンバーに変更された例外もあるが，一層難しい。エンロ

ン訴訟では，Ⅳ章2節(3)で詳説するとおり刑事事件のフォーラム・ショッピングが活発になる。

(B) 陪審員

アメリカの訴訟においては，陪審員の判断がしばしば企業の命運を左右する。エンロン訴訟においても，アーサー・アンダーセンが破滅に追い込まれた決め手は，Ⅳ章2節(6)で詳説するように，陪審員の有罪評決にあった。したがって，具体的事件で陪審員を選任するにあたり，陪審員候補者（potential jurors）リストを作成する段階から検察と被告人弁護士の間で攻防が始まる。

元来，法律専門家でない陪審員の判断は，周囲の環境や自らの信条によって影響を受け易い。そこで，事件ごとに公平無私な判断が可能な候補者がリストアップされる。その中から12名の陪審員を任命できるように，事前に原告（検察）と被告（代理人弁護士）からの質問状が担当判事を経由して候補者に示される。例えば，レア・ファストウ事件では，ヒットナー判事（64歳）が陪審員候補者250名に対して36の質問を用意する。質問には，① あなたの親類でエンロンの株主もしくは従業員である／あった者はいるか，② ニュース番組は何を好むか（テレビ局や番組によって政党支持や主義主張が異なる），③ ホモセクシャルに偏見をもっているか（検察側予定証人であるコッパー氏が該当），④ ヴィンソン・アンド・エルキンスやアーサー・アンダーセンをどう思っているか，などが含まれる。

とくに，エンロン事件の影響力が強いヒューストン地区においては，親戚が① エンロン株で大損をした，② エンロンからレイオフされた，③ 企業年金を失った，このような人が多い。陪審員リスト記載の8割以上が，「ヒューストン市民はエンロン幹部が有罪と信じている」と感じている[21]。そこで，多くの被告側が公判の地をヒューストン以外の場所に移すよう要請する。

(2) エンロン"民事"事件の管轄

主要な"民事"事件の管轄裁判所と担当判事は，図表4に記載したとおりである。エンロン民事事件の軸ともいえる二大クラス・アクションの管轄は，ア

ーサー・アンダーセン文書破棄事件を担当したヒューストンの連邦地方裁判所（ハーモン判事担当）である。ハーモン法廷は，民事，刑事を問わず，全米に広がるエンロン訴訟の中心である。Ⅳ章1節(3)において詳説するように，民事事件のフォーラム・ショッピングも刑事事件と同様に活発である。

(3) 倒産事件の管轄裁判所，裁判官および独立検査官

エンロン倒産関連訴訟 (bankruptcy litigation) は，連邦倒産法11章 (Chapter Eleven) に基づいてすべてニューヨークの連邦破産裁判所 (U. S. Bankruptcy Court in the Southern District of New York) の管轄とされ，ゴンザレズ (Arthur Gonzalez) 判事が訴訟指揮を執る。ちなみにゴンザレズ判事は，ワールド・コムの倒産案件も担当する。

連邦破産裁判所には裁判官のほかに，債権者が債権回収のために裁判所および連邦破産管財局 (U. S. Trustee's Office) の承認を得て登用する独立検査官 (independent examiner) の制度がある。エンロン事件の場合には，ニール・バッソン (Neal Batson) 氏が検査官に選任され，氏の属するロー・ファームのアルストン (Alston & Bird) の150名の弁護士を動員してエンロン勘定で業務を遂行する。

2002年3月現在，バッソン検査官が連邦破産裁判所の許可を受けてエンロン事件の証拠収集 (discovery) のために召喚した関係者の数は，ロー・ファーム：63カ所，金融機関：400社，エンロン元幹部：30名，会計事務所：2カ所，エンロン現従業員：75名，エンロン元従業員数：25名に達し，4次にわたる検査報告書は4,500ページに及ぶ。これらに要する弁護士費用など諸経費は，合衆国議会，司法省，労働省，SEC，FBIなど公の調査に協力する人の費用の場合と同じく，いずれもエンロン負担である。これらの費用を含むリーガル・コストが莫大な金額に膨らむが，この点はⅣ章4節(5)において詳述する。

エンロン検査官の任務は，債権回収を図るエンロン債権者の利益のためにエンロン崩壊の要因を作った人物と組織を明らかにすることである。公的サービス (public services) の性格を併せもつ。検査官の法的立場は，①召喚，②調書

採取，③弁護士秘匿特権の放棄要請，④裁判所が認めた場合の訴追手続など，証券詐欺については検事と同じように大きな権限をもつ。バッソン検査官は，エンロンもしくはエンロンのSPE業務を助力した国内外の45のロー・ファームに対して，1995年以降のエンロン関連書類を提出するよう召喚状を送る。召喚を受けた外国弁護士は，①エンロン以外の顧客に対する守秘義務の違反にならないか，②母国の裁判所の命令無しに開示が強制されうるか，③司法協力を拒否した場合に被る信用の低下がどの程度になるか，などについて懸念を抱く。その対応として，① Freshfields および Slaughter and May が Covington & Burling を，② Linklaters が Sulivan & Cromwell を起用するなど，イギリスのファームがアメリカのファームを起用して召喚に消極的な姿勢を示す。

(4) バッソン・レポート

バッソン検査官は，自らの検査結果について，① 2002年9月22日：予備調査報告書（第1次バッソン・レポート）(160頁)，② 2003年1月21日（封印解除は3月5日）[22]：第2次バッソン・レポート (2,147頁)，③ 2003年7月28日（公表）：第3次バッソン・レポート (1,000頁)，④ 2003年11月24日：バッソン・最終（第4次）リポート (1,334頁) を連邦破産裁判所およびエンロン債権者委員会に提出する。エンロン事件に関与した法律家の役割については，3次レポートまで断定していなかったが[23]，最終レポートにおいて法律家の法的責任について結論づける。バッソン検査官は，14カ月の歳月と1億ドルをかけてバッソン・レポートを完成した後，辞任する。その際，将来のディスカバリー責任の免責と秘密保持契約のもとに得た召喚資料の破棄をゴンザレズ判事に申し立てるが，エンロン債権者委員会などに反対される。Ⅳ章1節8(B)で詳説する。

エンロン経営破綻の犯人を追及しようとする債権者からみれば，エンロン勘定で作成される検査官レポートは，如何に膨大な時間と費用がかかっても，経営者，弁護士，会計士，銀行家などの責任を追求するための資料として重要である。したがって，債権回収可能な金が食いつぶされてゆくのを横目で見ながら検査官のレポートを待ちわびるという皮肉なことになる。事実，①第3次レ

ポートを待って,エンロンが主要6銀行に対して30億ドル超の損害賠償訴訟を提起 (2003/9),②最終レポートを待って,エンロン株主が(i)ロー・ファーム (ヴィンソン,アンドリュー,カークランド) および社内弁護士 (デリック氏ほか) をモンゴメリー損害賠償請求訴訟の被告に追加 (2003/12/2),(ii)ロー・ファーム (アンドリューおよびミルバンク) および投資銀行 (カナダ王立銀行およびゴールドマン・サックス) を株主クラス・アクションに追加 (2004/1/9) する。

エンロン倒産事件を調査する連邦破産裁判所の検査官としては,バッソン氏のほか,エンロン・グループ中核の北米エンロン社 (Enron North America Corp.) の債権者の利益を擁護するためのモニター役としてゴルディン (Harrison J. Goldin) 氏が任命される。エンロンの会社更正後に新会社の中心に据えるビジネスが北米エンロン社の営業範囲を予定することから,北米エンロン社の債権者がエンロン本社再建計画を承認する鍵を握っているといわれる。ゴルディン検査官は,助言を得るロー・ファームとして,自らが所属するハリソン・ゴルディン (Harrison J. Goldin Associates) とケイ・スーラー (Kaye Scholer) を起用して任務を遂行する。バッソン検査官辞任後,その業務を引き継いだゴルディン検査官は,ゴルディン・レポートを提出 (2003/12/4) し,2つの会計事務所 (KPMG, PricewaterhouseCoopers) および3つの銀行 (Bank of America, Royal Bank of Scotland, UBS) がエンロン財務諸表の改ざんに助力したと指摘する。

バッソン検査官は,任期中 (選任から11カ月後の2003/5/15) も,5,000万ドルのリーガル・コストをエンロンに対して発生させた時点で,捜査対象である5つの企業[24]と彼の所属するアルストンとの間で取引関係があることが判明したため,コンフリクトを理由にこれらの企業の捜査をゴルディン検査官に引き継ぐ。この行為は,時間と費用を浪費するとしてエンロンと債権者を当惑させたばかりでなく,さらに捜査が遅延するとして,各方面より非難が出る。

---

1) "Enron and the Am Law 200" by Laura Peariman, The American Lawyer (05/1/2002) 参照。
2) "The Meter Runs in Enron Case, As the Lawyers Retain Lawyers" by David Barboza , New York Times (December 25, 2002).

3) エンロン事件の担当弁護士：主なファーム／主担当弁護士および分担業務は次のとおりである（カッコ内は，所在地とCLT調査による1999年全米規模）。そのほか，数百に及ぶエンロン訴訟のそれぞれに訴訟代理人が起用されている。
① Wilmer Cutler & Pickering/William R. McLucas (Washington D. C.) (93)：パワーズ委員会（エンロン取締役会特別委員会）の顧問，② Weil Gotshall & Manges/Martin Bienenstock & Brian Rosen (New York) (15)：倒産・更正業務一般，③ Skaden Arpes Slate Meagher & Flom /Robert Benett（エンロン訴訟のエンロン側主任弁護士），(New York) (3)：倒産・更正業務一般（主にエンロン訴訟），④ LeBouf Lamb Greene & McRae (New York) (21)：倒産・更正業務一般，⑤ Sherman & Sterling /Joel Goldberg & Barry Borbach (New York) (11)：倒産・更正業務，⑥ Fried Frank Harris Schriver & Jacobson (New York) (51)：倒産・更正業務補佐，⑦ Andrew & Kurth (Houston) (143)：倒産・更正業務補佐，⑧ Milbank Tweed Hadley & McCloy /Luc Despins (New York) (70)：債権者委員会のメイン，⑨ Squire Sanders & Dempsey (Cleveland) (45)：債権者委員会の共同メインおよびコンフリクト・チェック，⑩ Thompson & Knight /David Benett (Dallas) (117)：第2債権者委員会のメイン，⑪ Swindler Berlin Shereff Friedman/Michael Levy (Washinton D. C.) (123)：エンロン従業員（政府聴聞関係），⑫ Kronish Lieb Weiner & Helman/ Ronald Susman：エンロン従業員委員会，⑬ Keller Rohrback Campbell/Steve Bergman (Seatttle（主任弁護士）およびHarrison & Dagley /Lynn Lincon Sarco (Houston)：従業員クラス・アクション ⑭ Milberg Weiss Bershad & Learch/Willam Learch（主任弁護士), Keith Parks (New York/San Diego)：株主クラス・アクション，⑮ W.Neil Eggleston (Washinton D. C.)：元エンロン社外取締役のメイン，⑯ Gibbs & Burns/Robin Gibbs (Houston)：元エンロン社外取締役のメイン補佐，⑰ Alston & Bird (Atlanta) (56)：連邦破産裁判所検査官業務（Neil Batson検査官の補佐），⑱ Kaye Scholer (New York) (84)：連邦破産裁判所検査官業務（Harrson J. Goldin検査官の補佐）。
4) Mark Newby et al. v. Enron Corp. et al. No.01-CV-3624 (S. D. Tex. filed Oct.22, 2001).
5) 個々の損失額は，フロリダ・グループ：3億2,000万ドル，ニューヨーク・グループ：1億900万ドル，4社連合：2億8,200万ドル。
6) 証券（取引）法の改定法。クラス・アクション原告代理人弁護士の権限濫用の防止が目的の1つ。
7) Pamela Tittle et al. v. Enron Corp., et al, C. A. No. 01-3913 S. D. Tex. filed Nov. 13, 2001.
8) ERISA (Employee Retirement Income Security Act (29 U. S. C. E 1002 (21) (A)) とは，企業退職年金制度の立案・運用者が誠実義務（fiduciary duties）に違反した場合に，年金加入者に損害賠償請求を認める1974年に制定の法律。証券（取引）法とは対照的に証券詐欺の立証を必要としないために，近年急速に利用され始める。
9) エンロンのトップ（括弧内は事件当時の地位）の民事・刑事のロー・ファーム/弁護士の当初の布陣は，次のとおりである。① Kenneth Lay (Chairman & CEO)：(民事) Braun Ruudnick Berlack Israels / Martin Siegel, Carrington; Colener, Slomer & Blumerthal / Dianne Sumoski (Washington D. C.); (刑事) Mike Ramsey/sole practitioner, Piper

Marbury Rudnick & Wdfe/Earl Silbert ② Jeffrey Skilling (President & COO)：(民事) O'Melveny & Myers / Robert Stern, Jeff Kilduff (Washington D. C.); (刑事) Dannel Petrocelli (Los Angels), O'Melvency & Myers/Bruce Hiller, Mark Holscher (San Francisco); Daniel Petrocelli (Los Angels) ③ Andrew Fastow (CFO)：(民事) Decher / Richard Druel (Washington D. C.); Smyser, Kaplan & Veselka/Creiq Smyser (刑事) Keher & Van Nest/ Johan Keker (San Francisco); Foreman, DeGeurin Nugent & Gerger / David Gerger (Houston) ④ Richard Causey (CAO)：(刑事) Steptoe & Johnson / Reid Weingarten, Mark Hulkower (Washington D.C.) ⑤ Jeffrey McMahon (President & COO); (刑事) Swindler Belin Shereff Friedman / Michael Levy (Washington D. C.). 特に質量ともに豪華な弁護団を編成したのがスキリング氏で，陪審員裁判に要したリソースだけでも，リーガル・コスト：2,300万ドル（陪審員裁判以前に要した費用3千万ドル）を投じ14人の弁護士と6人のパラ・リーガル（何れもO'Melveny & Myersから），1人のヒューストン地区の刑事弁護士を登用する。また，ヒューストン在住で日本人の犯罪心理学専門家（蓮池礼子氏）から陪審員マネジメントについての助言も得る。

10) まず2002年2月初めにレイ氏がChairman & CEOを辞任，後任にはInterim CEOとして企業再建のコンサルタントのクーパー（Stephen Cooper）氏がエンロンの取締役会および債権者委員会によって指名され，新会長（interim Chairman）には財務コンサルタントのトラウブ（Raymond Troubh）氏が任命される。President & COOにはウエイリー（Lawrence Greg Whally）氏に代わって旧経営トップに批判的であったとされる元財務役のマクマホン（Jeff McMahon）氏が社内昇格する。

11) Senate Subcomittee Hearing on Enron Corporation and Energy Price Manipultion in California (May 15, 2002).

12) ベルニック氏は，2002年，重窃盗，証券詐欺および商業帳簿改ざんの容疑（有罪となれば25年の刑）で，会長およびCFOとともに起訴された。アメリカ企業のゼネラル・カウンセルで初めて逮捕・起訴された人物であるが，その翌年の2003年にはRite Aidのゼネラル・カウンセルのブラウン（Franklin Brown）氏が証券・会計詐欺事件で起訴された。前者が無罪，後者が有罪の評決となる。

13) 高柳「前掲書」130頁参照。

14) エンロンのトレーディング・ビジネスを引き継いだオレゴン州の会社，650名のエンロン従業員が移動。

15) Arthur Andersen：Andrew Pincas (General Counsel), John N. Ekdahl (Former General Counsel), Nancy Temple (Senior Counsel), Donald Drefuss (Counsel)；Andersen Legal：Tony Williams (Co-Managing Director), Patrick Bignon (Co-Managing Director).

16) Special Investigative Committee of the Board of Directors of Enron Corp. (February 1, 2002). メンバーは，William. C. Powers, Jr., Chair, Raymond S. Troubh および Herbert S. Winokur, Jr.の3名。

17) Survey Results-Final "After Enron: A Survey for Corporate Directors" (February 13, 2002). この点については，高柳一男「エンロン事件とアメリカ企業法務」，国際商事法務第30巻6号（2002年6月号），760頁参照。

18) SEEC : Severed Enron Employees Coalition.
19) その他のエンロン・タスクフォースのメンバーとしては，ブエル（Sam Buell），フリードリッヒ（Matthew Friedrich），キャンベル（Ben Cambell），チェルトフ（Michael Chertoff），クローガー（John Kroger），ルーマー（Kathrin Ruemmer），レイスウエル（Linda Lacewell），ストリックリン（Cliff Stricklin）などの検察官。これらの検察官から編成された「エンロン・タスクフォース」は，スキリング氏の有罪判決（2007/10/23）を仕上げると同時に実質的に解散し，通常組織である「司法省犯罪局詐欺部」（the Federal Section of the Criminal Division at the U.S. Department of Justice）に業務を引き継ぐ。
20) Boston, New York, San Francisco, Memphis, Denver, Phoenix, Newark および N. J.
21) Houston Chronicle dated July 11, 2004 "Verdict from Houston residents polled: gilty".
22) 第二次バッソン・レポートは，連邦破産裁判所担当判事，エンロンおよび債権者委員会に提出（2003/1/18）後，裁判所命令によって封印される。公への公開が停止され，エンロンおよび債権者が検討し弁護士秘匿特権を行使すべき部分を黒で塗りつぶす機会が与えられる。
23) 第一次バッソン・レポートでは，Andrew Kurth, Vinson & Elkins など，第二次レポートでは Linklators, Sherman & Sterling, King & Spolding に言及してはいた。
24) バッソン（Neal Batson）検査官は，2002年5月，連邦破産裁判所による慎重なコンフリクト・チェックを経て任命され，エンロン事件の調査に自身が所属するロー・ファームのアルストンを登用する。コンフリクトがないと確認後1年が経過し多額の費用を消費してから，アルストンの顧客がエンロンの取引先企業（Bank of America, PricewaterhouseCoopers など）であることが判明する。

第 IV 章

エンロン訴訟の概要と問題点

　エンロン事件に起因する訴訟（エンロン訴訟）は，事件の大規模性と複雑性を反映して，大小の民事訴訟やクラス・アクションが乱立し膨大な数にのぼる。エンロン事件についての裁判所への申立は，① 民事訴訟，② 刑事訴訟，③ 行政機関のクレーム，④ 倒産関連訴訟，⑤ 破産・更正申立手続，に分けられる。刑事事件はメディアにより派手に報道されるので，比較的容易に把握できるが，民事事件は大型訴訟や特殊な訴訟はともかく，中小規模の案件は捉えにくい。また，多数の倒産関連訴訟（bankruptcy litigation）が連邦破産裁判所に係属する。さらに，SEC, IRS, FERCなど行政監督官庁によるクレーム（regulatory actions）も提訴される。これらすべての訴訟案件の総数は，1,000件に近く，クレーム数にして2万件以上ともいわれる。そのなかには，① チェイニー（Dick Channy）副大統領とエンロン経営幹部との交信記録の開示を求め，ホワイトハウスに対して合衆国議会が史上初めて提起した訴訟（2002/1/30），② ヒューストン・クロニクル紙が，非公開審理の中止と密封裁判記録の公開を求めてヒューストン連邦裁判所（ホイト判事）および第五巡回控訴裁判所に申し立てた訴訟（2003/9/3）など，ユニークなものも含まれる。

　エンロン民事訴訟の原告で最も注目されるのは，① ピーク時の市場評価額800億ドルから紙くず同然となったエンロン株の保有者，② 従業員退職年金保障法（Federal Employee Retirement Income and Security Act）の適用がない401(K)

企業年金基金の半分以上（推定損失額10億ドル）にエンロン株を組み入れたために老後の糧を失った2万人のエンロン従業員である。その上，株価が急落した2001年秋に経営幹部がエンロン株を10億ドルも売り抜けていたにも拘わらず，リタイア後の人生を401(K)に頼った一般従業員株主は，管理手続が新しい年金管理会社に変更中であるとして，エンロン株の売買を10日以上にわたって制限 (black-out) され，この間にエンロン株は，13.18ドルから9.98ドルまで下落した。

しかもこのような時期に，レイ会長や多くの証券アナリスト達は，エンロン株をなお推奨し続けていたのである。また，600名の主要役職員に対しては，エンロン経営破綻の前月に総計1億ドルを超えるボーナス (retention bonus) が支払われ，その数日後に4,500名の一般従業員のレイオフが実施される。一般従業員に対する1人当たりの退職金は，4,500ドル（その後の追加分を含めても5,600ドル）に過ぎない。このような背景のもと，エンロン倒産後1カ月間で数10件の株主クラス・アクションがアメリカ各地で提起される。さらに2003年に入ると，ボーナスを支給されていない元エンロン従業員達は，エンロン倒産直前に292人の従業員に支払われた7,200万ドル（1人当たり20万ドルから500万ドル）のボーナスの返還を求めて次々に訴訟を提起し，これらが2003年7月になって1つの併合訴訟にまとまる。

エンロン株主訴訟は，実際にはエンロン株式が大暴落した2001年10月に始まる。"最初の"訴訟が10月17日にヒューストンの地方裁判所に提起されたのを嚆矢として，エンロンが倒産する12月2日までに20数件の提訴がなされる。すなわち，連邦証券（取引）法に基づく"証券詐欺事件"や州法に基づく"株主代表訴訟"がヒューストンの連邦地方裁判所，テキサス州の地方裁判所，オレゴン州地方裁判所など各地に提訴されたのである。"最初の"株主クラス・アクションは，2001年11月13日にヒューストンの連邦地方裁判所に提起された事件[1]であり，被告はエンロン，レイ前会長，スキリング元CEO，ファストウ元CFOおよびアーサー・アンダーセンである。その後，エンロン倒産を経て，これらの訴訟が併合されたり新規の訴訟が加わったりして規模が拡大し

てゆく。

エンロン刑事訴訟では，①証券詐欺（securities fraud），②電信詐欺（wire fraud），③司法妨害（obstruction of justice），④共謀（conspiracy），⑤過誤法務（malpractice），⑥過失（negligence），⑦教唆・幇助（aid and abet），⑧資金洗浄（money laundering）などの違法行為を訴訟原因（cause of actions）として提起されている。

アメリカにおけるホワイト・カラー犯罪（企業不正行為）は，会社法，刑法，契約法，不法行為法，損害賠償法などの一般法に基づくほか，証券諸法（securities acts），税法（taxation act）などの特別法に準拠する。とくに重要なのは，連邦証券法（U. S. Securities Act of 1933）および連邦証券取引法（U. S. Securities Exchange Act of 1934）を基軸とする連邦証券規制規則（U. S. securities regulatory rules）である。本書ではこれらを総称して「連邦証券（取引）法」と称する。連邦証券（取引）法は，投資家の保護を目的とするので，一般州法に比べて株主救済に有利である。エンロン訴訟の原告は，連邦法に基づく訴訟が不成功な場合には，理論上，州の管轄裁判所（state courts）への提訴が残される。

1. 民事訴訟

まず，エンロン訴訟のうち，主要な民事訴訟関係者の大雑把な相関関係を図表6に示す。

企業不祥事による違法行為によって生じた損害の賠償を求める民事上の法理としては，①被害者が不正企業と契約関係ある当事者（財やサービスを提供した債権者，雇用契約に基づく従業員など）の場合には「契約違反」，②直接の契約関係がない株主（投資のため市場から購入した株主や年金基金のために購入した株主など）の場合には「不法行為」がある。不法行為の類型としては，過失行為のクレーム（negligence claim）と詐欺行為のクレーム（fraud claim）に大別できる。が，前者のクレームの場合に原告株主は，被告が株主に対して(i)債務を負っている，(ii)不正に行動した，(iii)経済的損害を与えた，の3点を立証しなけれ

[図表 6]　　　　　　　エンロン民事訴訟の当事者相関図

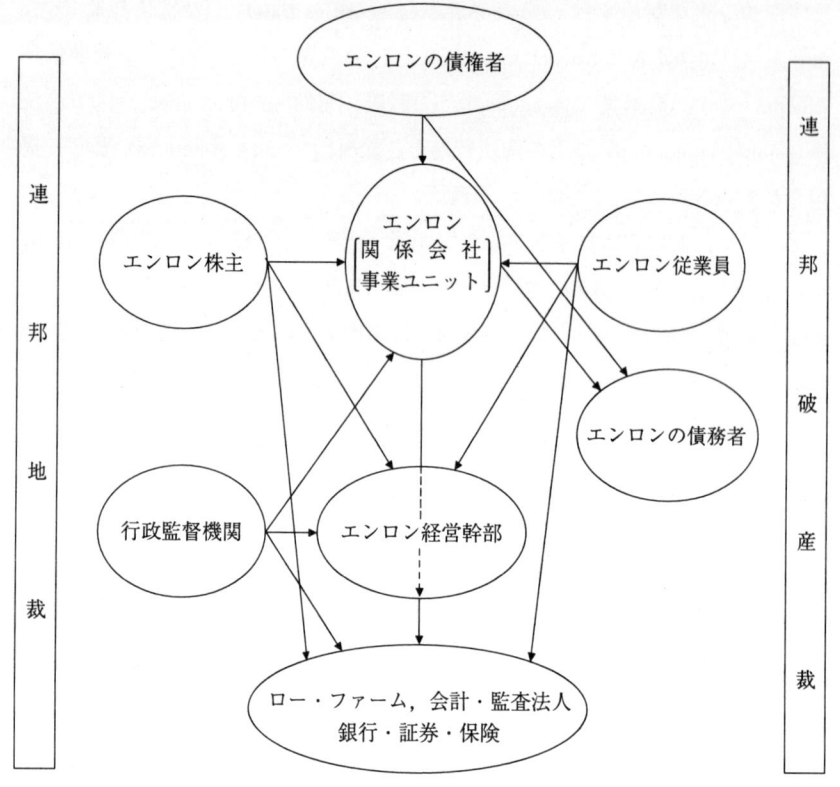

（図：連邦地裁／連邦破産裁を左右に、中央に「エンロンの債権者」「エンロン株主」「エンロン[関係会社事業ユニット]」「エンロン従業員」「エンロンの債務者」「行政監督機関」「エンロン経営幹部」「ロー・ファーム，会計・監査法人　銀行・証券・保険」が配置され、矢印で結ばれている）

（注）　矢印は，原告 → 被告の関係。

ばならず，後者のクレームの場合に原告株主は，被告が故意に伝達した不実表示を信頼したことを立証しなければならない。これらの立証は非常に難しい。

　さらに，不正企業が倒産ないし支払不能に陥った場合には事情が一変する。債権者は，契約関係が存続しているので立場は変わらないものの，無担保債権者に充当すべき債務者の財産が不足して債権回収が難しくなる。本節(1)で後述する法理に基づき倒産会社に損害賠償の請求が可能であるが，勝訴しても会社財産の分配順位は最後位になる。連邦破産法11章（Chapter Eleven）の会社更

生プロセスにおいては，倒産会社からの資産分配が保証されなければ，倒産会社の株式の購入を債権者に期待することはまず困難であろう。

　株主は，企業不祥事によって株価が下落し損害を蒙っても原則として補償手段がない。連邦破産法に基づく倒産会社による債務弁済順位は，①担保債権，②破産管理費用，③従業員賃金など先取債権，④非担保債権，⑤劣後債権，⑥株主債権である。株主債権は，前順位にあるすべての債務の弁済後，残余財産があった場合にのみ弁済の道が開かれるが，倒産会社ではその可能性はほとんどない。ERISAクラス・アクションの場合でも，最近の例によれば株価下落額の5-6％が回収できたに過ぎないといわれる。

　要するに，株主（401(K)年金に加入の従業員株主を含む）は，経営者のミスによって企業が倒産し株価ゼロとなり損害を蒙っても，株主権ないし株主契約による株価保証がない以上，救済を求める効果的な手段はない。理論的には，(a)企業の不法行為に基づく損害賠償請求（damages for financial injuries），(b)企業の不実表示（fraudulent misrepresentation）を請求理由として証券（取引）法に基づくクラス・アクション，(c)取締役の忠実義務違反を問う株主代表訴訟（derivative action）が考えられる。が，仮に勝訴しても倒産企業に残金は少ないし，残金の配当順位も低い。敗訴取締役の個人負担能力も限られている。企業賠償責任包括保険（umbrella insurance）や役員賠償責任保険（Directors and Officers Insurance：D＆O）にしても，通常，役員の意図的な違反行為は適用外であるし，もし保険金が支払われても賠償金を補うには不充分であろう。

　エンロン破綻の犠牲者となった株主に残された救済手段は，エンロン崩壊に手を貸したエンロン経営者，監査法人，ロー・ファーム，銀行家，保険会社など，直接の契約関係にはないが賠償能力のある第三者（deep pocket）をターゲットにするという難しい挑戦になる。2004年3月現在，エンロンおよび債権者が，エンロンの元執行役員，銀行，弁護士，会計士などアドバイザーに対して提起した100億ドル以上のクレームのうち，和解による回収額は，2005年8月に70億ドルを超える。

(1) 訴訟類型

まず，エンロン株主に利用可能な訴訟類型とその問題点について検討してみよう。

(A) 証券詐欺訴訟

証券詐欺訴訟（securities fraud action）は，証券（取引）法違反事件における最も典型的な訴訟形態である。エンロン株主は，会社が業績について開示した虚偽の情報を信頼（reliannce）してエンロン株を購入したとして，証券（取引）法の不実表示（misrepresentation）に基づく証券詐欺（securities fraud）を理由に提訴する。多くの場合，集合代表訴訟（クラス・アクション：class action）の形式を採る。

証券詐欺事件の準拠法には，"連邦"証券（取引）法と"州"証券（取引）法とがあるが，信頼（reliance）の法理に市場での詐欺行為（fraud on the market）[2]の概念が導入されているなど，連邦法の方が株主に有利である。したがって通常，不実表示と詐欺を禁じる連邦証券取引法10条(b)および同法規則10条b-5（テン・ビー・ファイブ）[3]に準拠して証券詐欺訴訟が提起される。

一方，州法に基づく場合には，過失による不実表示（negligent misrepresentation：不法行為のリステートメント552条参照）および詐欺行為による不実表示（fraudulent misrepresentation：不法行為のリステートメント531条参照）の適用が理論的には可能である。しかし，本節の冒頭で触れたとおり，いずれも立証が難しい。

過失による不実表示についてテキサスの州地方裁判所の見解は，弁護士や会計士が過失で会社に提供した情報が株主に渡りミスリードすることを知り得る立場にあっても，株主に対しては責任を負わないとする。一方，詐欺行為による不実表示についてテキサス州裁判所の見解は，やや肯定的のようで，職業専門家による詐欺的行為を信頼した株主に損害が生じた場合には，過失による不実表示に比べれば成功のチャンスがある。とくに年金プラン加入のエンロン従業員株主は，共通した目的をもった株主の固まり（クラス：class）を形成しているために，職業専門家がエンロンに提供した情報が株主に伝達される蓋然性が

高いとみられるからである[4]。

連邦法あるいは州法のいずれに基づくにせよ、破産状態にあるエンロンに勝訴しても賠償金は破産財団に属するために、分配について他の債権者と協議しなければならない。不当表示リスクを担保するためにエンロンが付保している保険の範囲と金額が賠償金を填補できないことも考慮しなければならない。

(B) 株主代表訴訟

株主代表訴訟（stockholders' representative suit/shareholders' derivative action）は会社に損害を及ぼした取締役に対して、エンロンが株主の要求にも拘らず訴えを提起しない場合に、一部のエンロン株主が会社のために全株主に代わってエンロン取締役に対して提起する訴訟である。判決の効果を会社に及ぼすために取締役に加えて会社を被告とする。原告株主が勝訴して会社が損害賠償を得れば他の株主も恩恵を受けるという意味では、実質的には一種の株主クラス・アクションといってもよい。エンロン崩壊後8カ月間で少なくとも50以上の株主代表訴訟が提起される。株主代表訴訟は、被告財産を差し押さえエンロン破産財団に組み込む形式を採るので、株主クラス・アクションおよび破産・更正手続に併合されたようなかたちになる。

株主は、エンロン取締役の誠実義務（fiduciary duty）違反を理由としてエンロンに代わって損害賠償請求訴訟を提起する。しかし、誠実義務違反を立証して勝訴しても取締役個人の負担能力は限られているし、賠償金は破産財団に帰属する。D＆O保険金額は株主の損害を補填するには小さ過ぎるし、意図的違反行為（intentional misconduct）を理由にD＆O保険が免責となるおそれもある。したがって、原告株主が勝訴しても成果は極めて限られたものになる。

証券詐欺訴訟と株主代表訴訟は、原告株主がエンロンないしエンロン経営者（取締役、経営執行幹部）を訴えるケースであるが、いずれも株主が救済を受けるには充分でない。そこで原告株主は、近年のアスベスト訴訟やタバコ訴訟の例にならってディープ・ポケット（deep poket：大金持ちの被告）である"第三者"を新たな被告のターゲットとする。標的となるのは、エンロン崩壊に助力したとされる金融機関、保険会社、ロー・ファーム、アカウンティング・ファーム

などである。
　(c) 弁護士の過誤法務に基づく訴訟

　法的サービスを提供する弁護士の顧客はエンロンであり，エンロン株主ではない。したがって，エンロンのメインのロー・ファームであったヴィンソン・アンド・エルキンスの過誤法務 (attorney malpractice) によって第三者である株主が蒙った損害の賠償を請求することは非常に難しい。テキサス州法では，詐欺や共謀の罪の場合には立証の困難はあっても提訴可能とする判例がある一方で，過誤法務を理由として弁護士に対する損害賠償を否認する判例もあるようだ。否認論の根拠は，弁護士が顧客以外の第三者に対しても責任を負うことになれば，顧客に対する誠実義務を果せなくなるとの主張である。弁護士の過誤法務責任については，Ⅵ章2節 において詳説する。

(2) 訴訟形式

　証券（取引）法に基づく訴訟形式としては，単独または数人の被害者が個別に提訴する"個別訴訟"のほか，同様な階層 (class) に属する原告被害者が1つにまとまり，その代表 (lead plaintiff：1人または数名) が提訴する"クラス・アクション (class action：集合代表訴訟)"がある。
　(A) クラス・アクション

　企業不祥事から派生する証券詐欺事件 (securities fraud) の被害者は，株主，従業員，債権者などのステーク・ホルダーであり，膨大な数になることが多い。

　クラス・アクションを許すか否かは裁判所の裁量により決まる。2000年における証券詐欺クラス・アクションは，485件に達し，前年度の2倍を超える。2001年には，件数は減少したものの大型のクラス・アクションが増える。とくに，エンロン訴訟を始めグローバル・クロッシング，アデルフィア，ワールド・コム，タイコなどに対する株主の大型クラス・アクションが相次いだためである。これら経営破綻による損害賠償請求を理由とするクラス・アクションの典型的なクレームは，①誠実義務違反 (breach of fiduciary duty)，②注意義務違反 (breach of due care)，③不実表示 (misrepresentation)，④連邦証券（取引）

法および州証券（取引）法違反（vioation of federal and state securities laws），⑤詐欺的誘引（fraudulent inducement），⑥詐欺的保有（fraudulent retention），⑦インサイダー取引（illegal insider trading），⑧資金洗浄（money laundering）である。

クラス・アクションでは企業不正が行われた特定のクラス期間（class period）が指定される。エンロン事件の株主クラス・アクションにおいて最終的に設定されたクラス期間は1997/9/9〜2001/12/2であり，この期間にエンロン株を購入した者（401(K)株式取得者を含めて推定5万人）が参加資格を得る。

多くのエンロン民事訴訟を担当する連邦地方裁判所のハーモン判事は，原告を代理する60名以上の弁護士に対して，①エンロン株主が個別に提起した97件（40の機関大株主が中心）の訴訟を株主クラス・アクションに，②各種年金プラン加入の24,000人の従業員株主（400人の401(K)年金個人株主が中心）が個別に提起した18件の訴訟を従業員クラス・アクションに，それぞれ併合するとの訴訟指揮を2002年2月より開始し，2002年4月に二大クラス・アクション（総額400億ドル）にまとめる。

二大クラス・アクションにおいては，①すべての被告が「訴えの却下」を申し立てる，②クレーム数が膨大に膨れ上がる，③被告が次々に追加される。ハーモン判事は，これらに対処するほか，個別に訴えの却下申立の審理もしなければならず，訴訟手続の進行が2002年4月のクラス・アクション提訴以来，停止（hold）状態にあり公判が開けない。当初，2003年12月に予定された公判開始日は，2007年4月以降に延期される。当初のマイル・ストーンによれば，① 2003年10月1日までに両当事者が書類の大部分を預託，② 11月17日までに両当事者は，クラス・アクションの確定についての主張を完了，③ 2003年12月17日までにディスカバリー手続を完了，④ 2005年9月15日までにすべてのpre-trial ordersを終える，はずであった。

(B) **個別訴訟**（ブレンハム株主訴訟）

ほとんどの訴訟が二大クラス・アクションに集約されるなか，個別の株主訴訟（shareholder fraud lawsuit）として係属する訴訟もある。2002年3月にエン

ロン株主訴訟として提起されたテキサス州ブレンハムにあるワシントン郡地方裁判所（担当：フレニケン（Terry Flenniken）判事）である。

ブレンハム株主訴訟は，エンロン破綻直前にレイ会長がブレンハム商工会議所において推奨したエンロン株を購入した小数株主のグループ（82人）がエンロンのレイ前会長，スキリング元CEO，ファストウ元CFO，アーサー・アンダーセン，元エンロン担当のダンカン氏を含む数人のアンダーセン幹部に被告を絞って証券詐欺を理由に7件の訴訟を戦略的に提訴した事件[5]である。エンロン株主訴訟のうち初の公判（陪審員審議）入りを目指したブレンハム訴訟は，公判期日（2003/9/29，後に2003/11/10に延期）が定められたものの，フォーラム・ショッピング問題も絡んで，予定通りには進展しない。

本節(3)において詳説するように裁判管轄をめぐる2つの巡回裁判所の決定によって，ブレンハム訴訟は，大型のクラス・アクションに吸収される圧力が強まる。金融機関が被告に追加されれば，ハーモン法廷への移送が有力となるに違いないからである。ブレンハム訴訟が二大クラス・アクションに先駆けて公判入りをする可能性は少ない。

(3) エンロン民事事件のフォーラム・ショッピング

エンロン民事訴訟においても，裁判管轄をめぐりフォーラム・ショッピングについて虚虚実実の駆け引きが行われる。典型的な例は，早期審理を求めてテキサス州地方裁判所に個別訴訟としてエンロン株主の少数グループが提起した，上述のブレンハム株主訴訟である。

連邦地裁のハーモン判事は，エンロン株主訴訟は連邦地裁のハーモン法廷で一括審理を行うべきであるとしてブレンハム株主訴訟の遂行を差し止める。このハーモン判事の決定に対して原告弁護士のフレミング（George Fleming of Fleming & Associates）氏は，第五巡回控訴裁判所に異議を申し立てるが，ハーモン判事の行為は職権濫用にはあたらないとして却下（2002/8/9）される。

ハーモン判事は，二大クラス・アクションの手続遂行を一時停止しているので，ブレンハム訴訟への証拠の提出要請を退けてきた。これを不服として原告

弁護士が異議申立を行うが，第五巡回控訴裁判所は，ハーモン判事が自らの法廷審理を妨げると判断すれば，公判前の証拠の交換を停止する権限をもつとの決定（2003/7/30）を下す。

アンダーセン弁護団は，ブレンハム株主訴訟がアーサー・アンダーセンを狙いうちにしていると危機感を強め，① 被告にエンロンの取引銀行を追加する，② 事件をヒューストンの連邦裁判所ハーモン法廷に移送する，③ 地方裁判所の審議を停止する，との要請を管轄地方裁判所のフレニケン判事に再三行うが，却下（2003/3/4）となる。さらに2003年5月，被告アンダーセンが7行[6]の金融機関を被告に追加するとの異例の職務執行命令（writ of mandamus）を下すよう上級裁判所（テキサスの第14巡回控訴裁判所）に申し立てる。

第14巡回控訴裁判所は，① モルガン・チェース，メリル・リンチなど銀行・証券関連会社が被告に追加されるまでの間，フレニケン判事は開始間もない供述録取手続（deposition）と予定された公判開始を一時停止すべきと決定（2003/8/7）し，② フレニケン判事による被告追加却下の決定は，職権濫用にあたるので金融機関を被告に追加すべき，との職務執行命令を出す（2003/10/23）。

これに対して原告エンロン株主は，第14巡回控訴裁判所の決定の取消を求めてテキサス州最高裁に上告（2003/10/28）するなど，フォーラム争いが続く。

個別訴訟からクラス・アクションへの圧力が強まるブレンハム株主訴訟とは対照的なケースもある。テキサス州ガルベストンの保険会社（American National Insurance Co. 担当弁護士：Greer Herz & Adams）がエンロンとアーサー・アンダーセンの執行幹部を相手として，2002年初頭にガルベストンにあるテキサス州の地方裁判所に提訴した証券詐欺事件は，一度，連邦クラス・アクションに併合されハーモン法廷の管轄になったが，原告の性格の違いを理由に異議申立がなされ，元のテキサス地方裁判所に差し戻される。訴訟進行は，ハーモン法廷からの証拠提出に左右される。

一方，司法省（検察）は，エンロン関連訴訟は，コッパー氏やファストウ氏に対する刑事訴訟を含めすべてハーモン法廷で裁くべきと主張しているが，管轄権限をもつ判事の同意を得るのは難しい。

(4) 多様なエンロン民事訴訟

エンロン民事訴訟は，既に述べたとおり膨大な数に上る。そのうち①エンロンもしくはエンロン幹部などエンロン関係者が当事者となった主要な事件（倒産関連を含む）および②エンロンもしくはエンロン関係者以外が当事者となるエンロン関連の主要な事件のうち様々なケースについて，図表7によって時間軸にして眺めてみることにしたい。最初の株主代表訴訟は，エンロン倒産の3週間前に提起され，倒産までにエンロン株主より10数件が提訴される。被告の範囲はケースによって若干異なる。ヴィンソン・アンド・エルキンスやアーサー・アンダーセンを被告に加えたケースもある。エンロン倒産以降は，文字通り訴訟ラッシュとなる。

[図表7]　　　　エンロン関連訴訟の主要な"民事"事件例の概要

|民事事件関係|

訴訟・申立の種類 （提訴日）	原告・申立人 （請求理由）	被告・被申立人	備　考 （訴額規模など）
株主代表訴訟 (2001/10/17：エンロン倒産前)	エンロン株主	・エンロン ・レイ会長などエンロン経営トップ	エンロン事件での最初の株主訴訟； 後に「株主クラス・アクション」に併合
株主クラス・アクション (2001/11/13：エンロン倒産前)	エンロン株主 (Patricia D. Parsons ほか)	・エンロン ・エンロン経営トップ（レイ，スキリング，ファストウの各氏）およびアーサー・アンダーセン	エンロン事件初期のクラス・アクション； 後に「株主クラス・アクション」に併合
従業員クラス・アクション (2001/11/21：エンロン倒産前)	エンロン従業員および元従業員（401(K)年金プラン管理の誠実義務違反）	エンロンおよび年金管理受託者	エンロン事件初期の従業員クラス・アクション 後に「従業員クラス・アクション」に併合
会社更生申立 (2001/12/2)	エンロン （会社更生：Chapter Eleven）	連邦破産裁判所(N.Y.)の管轄	負債総額：630億ドル
ダイナジー合併契約違反事件 (2001/12/2)	エンロン	ダイナジー	損害賠償請求金額：10億ドル
アマルガメーテッド	Amalgamated Bank	・エンロン経営幹部29	差押財産：11億ドル

第Ⅳ章　エンロン訴訟の概要と問題点　85

アマルガメーテッド銀行事件｜損害賠償請求および財産差押え（クラス・アクション）｜(2001/12/5)	Amalgamated Bank（インサイダー取引など違法行為）（注）エンロン幹部29名が1730万株を売却して得た1億ドルの代金差押え	・エンロン経営幹部29名※ ・アーサー・アンダーセン ※レイ, スキリング, コーセィ, デリックの各氏を含む	差押財産：11億ドル Amalgamated Bank：エンロン従業員の年金管理アドバイザー（13.000株分の取得と管理）
モルガン・チェース債権回収事件(2001/12/10)	JP Morgan Chase（倒産前に受取勘定記載の資産を対象に貸付金21億ドルの回収）	エンロン	JP Morganはエンロンに対する最大債権者の1つ（債権額：15億ドル）；最大の債権者はCitibankの20億ドル
D&O保険契約無効申立事件｜役員賠償責任保険（D&O）契約の無効｜(2001/12/10)	Royal Insurance Company of America および St. Paul Mercury Insurance Company（エンロン財務報告の重大な虚偽表示によりミスリードされた）	・エンロン ・D&O保険対象者：約60名	D&O保険（Directors and Officers' Liability Insurance）：役員損害賠償責任保険）保険金額：3.5億ドル
SEEC従業員クラス・アクション(2002/1/24)（注）SEEC：Severed Enron Employees Coalition	400名以上の元従業員グループ（401(K)年金プランの管理についての誠実義務違反による損害賠償請求）	・エンロン上級経営幹部（レイ, スキリング, ファストウ, デリックの各氏を含む） ・アーサー・アンダーセン年金管理会社（Northern Trust）	SEECクラス・アクションは,「従業員クラス・アクション」に併合（2002/4/25）
ヒューストン・アストロズ事件｜契約上の地位確認｜(2002/2/5)	ヒューストン・アストロズ（権利義務確認："assume or reject"）	エンロン	Major League Baseball TeamとのLicense Agreement (naming right)の契約上の地位確認申立
「株主クラス・アクション」（証券詐欺, インサイダー取引など）(2001/11/13→2002/4/8)	カリフォルニア大学評議会を代表とし, 16の機関投資家を含む株主（損害賠償請求）（総額320億ドルの損害賠償のうち, 株主への直接支払額：250億ドル）	・エンロン※ ・エンロン幹部※※ ・アンダーセン・グループ企業および幹部 ・投資銀行9行 ・ロー・ファーム2事務所：ヴィンソン・アンド・エルキンスおよびカークランド・アンド・エリス	※連邦破産法11章によってエンロンに対する訴訟は「一時停止」(stay)される ※※経営トップ（GCを含む）8名による12億ドルのインサイダー取引疑惑を含む
「従業員クラス・アクション」（証券詐欺, インサイダー取引など）(2001/11/21→2002/4/8)	約24,000名のエンロン従業員株主（損害賠償請求）	・エンロン（上記※参照） ・アンダーセン・グループ※ ・ロー・ファーム1事務所：ヴィンソン・	※ Arthur Andersen, Andersen Worldwide Partnership, Andersen Legal など

		アンド・エルキンス	
アンダーセン報酬返還請求 (2002/8/中旬より多数)	エンロン債権者 (エンロン倒産直前に支払った1,000万ドルの報酬の返還を求める訴訟)	アーサー・アンダーセン	連邦破産法によれば更正申立90日前の支払について返還請求可能
コッパー氏の違法利得金 (1,200万ドル) 引渡請求 (2002/8/26)	エンロン債権者 (コッパー氏が司法取引によって司法省に対して引渡を約した400万ドル，SECに対する800万ドル合計：1,200万ドルを債権者に引き渡すよう請求)	コッパー氏	1,200万ドルを凍結するよう司法省と債権者間で合意し，連邦破産裁判所の承認を得る (2002/8/28)
モンゴメリー損害賠償請求事件 ｜(2002/10/3；被告追加：2003/12/2)｜	エンロン無担保債権者 (投資組合：LJMに個人的に投資して莫大な利益を手にしたとして，懲罰的損害賠償を請求)	エンロン執行幹部9名（レイ，スキリング，ファストウ，グリッサン，バイ，コーセィ，コッパー，モウドウ，イェーガーの各氏）；追加：ロー・ファーム（ヴィンソン，アンドリュー），元ゼネラル・カウンセルのデリック氏を含む30名のエンロン執行幹部	・関連SPE：LJM – Southampton ・Kristina Mordaunt および Ann Yeager Patel の両氏はエンロン社内弁護士
バンク・オブ・アメリカによる差押えエンロン財産返還請求事件 (2002/10/26)	エンロン (エンロン倒産3日前に差し押さえられた1億2,800万ドルの返還請求を求める訴訟) (注) (連邦破産裁判所 (N.Y.) の管轄)	Bank of America (注) Bank of America は，エンロン債権者リストの20位以内にも入っていない	1億2,800万ドル：融資分4,300万ドル，LC保証分8,000万ドル
ダイナジー和解金引渡請求事件 (2002/10/22)	エンロン株主 (エンロン株主は，エンロン／ダイナジー間の訴訟が連邦破産裁判所に係属していても，第三受益者としてダイナジー社に対して直接に訴訟提起ができる)	ダイナジーおよびエンロン	合併契約違反をめぐるダイナジー社の和解金をエンロン株主に引渡せとの請求を棄却した連邦破産裁判所の判決 (2002/8/15) をニューヨーク連邦地裁が覆す
GE買収金額返還請求事件 (2002/11/21)	GE Power System (2002年2月に買収したEnron Wind Corp. の買収代金半額分1億6,000	エンロン	破産会社からの取得資産の再評価手続に基づく

第Ⅳ章　エンロン訴訟の概要と問題点　87

		万ドルの返還請求)		
レイ会長に対する貸付金返還請求事件 (2003/1/31)	エンロン債権者 (レイ会長のエンロンからの借入金：約8,000万ドルおよび前払い金：500万ドルの返還を求める)	レイ前会長夫妻	レイ夫人は，2つの年金契約をエンロンに販売していたために被告に加えられる
ホワイトウイッグに対する支払代金取戻請求事件 (2003/2/14)	エンロン ↓Whitewing（エンロンSPE）がもつ資産（10億ドル）を回収する訴訟｡エンロン債権者も同様な訴訟を提起するが，訴訟費用の乱費を理由に連邦破産裁判所により却下	Whitewig Associates L.P. および Osprey Trust（他のエンロンSPE） （注）Whitewing：エンロン株を資産としてCitiGroupの助力を得て1977年設立	連邦破産法11条：破算申立前1年間に支払った代金の返還請求 Ospreyから得た24億ドルを投資資金とし，発電やガス・パイプライン施設をエンロンから購入してエンロンの売上に計上
「MegaClaims訴訟」 (主要銀行の証券詐欺幇助事件) (2003/9/24)	エンロン 北米エンロン社 ↓エンロンの上級幹部および管理職の特定グループによる財務諸表の改ざんに手を貸したとして，30億ドル超の賠償請求↓	主要6銀行（モルガン・チェース，シティグループ，メリル・リンチ，カナダ・インペリアル銀行，ドイツ銀行およびバークレー銀行）およびそれらの子会社：合計44社	第3次バッソン・レポート（7/28）に基づきコナー調停（図表10参照）の進行中に提訴。 通称"MegaClaims（メガクレーム）訴訟"
ゴールドマン・サックス事件 (2003/9/26)	北米エンロン社（エンロン倒産企業の有力な一員） ↓ゴールドマン・キャピタル・マーケットLPは，北米エンロン社との間のデリバティブ取引の誠実義務に違反（証取法違反）したとして4,500万ドルの損害賠償請求↓	ゴールドマン・キャピタル・マーケットLPおよびゴールドマン・サックス・グループ 管轄裁判所：ニューヨークの連邦破産裁判所	本件デリバティブ取引ではゴールドマン・サックスおよびその会長兼CEO（Henry M. Paulson）がネバダ州地方裁判所で株主代表訴訟を提起される (2003/7/18)
↓以下は，エンロン以外の当事者によるエンロン関連民事訴訟↓			
モルガン・チェース「ボンド保証の実行請求」事件 (2002/1/中旬)	JP Morgan Chase (保険会社が銀行を受益者としてエンロンに発行した9億6,500万ドルのボンド（surety bonds）の支払を求める訴訟)	・Travelers Property Casualty Corp., Federal Insurance Co., Lumbermens Mutual Casualty Co. Fireman's Fund Insurance Co. Safeco Insurance Co.を含む保険会社11社 ・2003/1/2：10社	保険会社側は，JP Morgannがエンロンと設立したSPE（Mahonia：1998）は，擬装融資であると主張し支払を拒絶していた

		(Liberty Mutual Insurance を除く) と和解	
シティグループ株主クラス・アクション事件 (2002/8)	シティグループ株主※ (1999年シティは, エンロンと1億2,500万ドルのSPE取引で株主をミスリードし, 2001年次報告でエンロン・リスクについて虚偽表示をした)	シティグループのほか, シティの経営幹部のSandford Weill (Chairman and CEO) 氏およびTod Thompson (CFO) 氏	※シティグループ株主: Schiffrin & Barroway 法律事務所の弁護士ほか
アライアンス・キャピタル損害賠償請求事件 [株主代表訴訟:クラス・アクション (2002/10)	Alliance Capital 株主 (エンロン株の評価を誤って購入し3億ドルの損害を会社に与えた)	Alliance Capital Management (ACM) ※およびACMのAlfred Harrison 副会長	※ACM:大手投資会社, 2001年11月現在, エンロン株式2,500万株を保有する最大株主
ヴァンガード損害賠償請求事件 (2003/4/9)	Vanguard Group (mutual fund / investment service company) (Yosemite ボンドの詐欺的譲渡)	CityGroup および Salomon Smith Barney (brokerage house)	関連SPE (Yosemite, 1999) の7,000万ドルのボンドを詐欺的に譲渡した
シンジケート銀行グループによるモルガン銀行およびシティグループに対する損害賠償請求事件 (2004/3/22)	シンジケート参加銀行 (Bayerische Landesbank, Standard Chartered Bank, DZ Bank, Dreadner Bank, Arab Banking Group, West LB)	モルガン・チェースおよびシティ・グループ (Citi Bank, Salmon Barney) 管轄裁判所:マンハッタン連邦地裁	エンロンに対する35億ドルのシンジケート融資に参加したために被った2億100万ドルの実害損害と懲罰的損害の賠償請求

(5) 二大クラス・アクションの請求理由と被告

エンロン民事訴訟のうち, 総額400億ドル規模の「二大クラス・アクション」の請求理由と被告について, 少し立ち入ってみよう。

(A) 株主クラス・アクション

株主クラス・アクション (Mark Newby, et al. v. Enron Corp. et al. No. H01-CV-3624 (S.D. Tex.)) は, 連邦証券 (取引) 法に基づいて, エンロン倒産の38日前にカリフォルニア大学評議会が提訴した株主訴訟を軸に, 約40件のクラス・アクションを含む97件が2002年4月8日に併合した集団訴訟である。その被告当事者は, ①エンロン, ②エンロン経営幹部29名[7], ③アーサー・アンダ

ーセン，④アンダーセン・ワールドワイド，⑤その他のアンダーセン・グループ5企業[8]および幹部24名[9]，⑥投資銀行9行[10]，⑦ヴィンソン・アンド・エルキンスおよびカークランド・アンド・エリスの2つのロー・ファーム[11]である。

　上記被告のうちエンロンについては，連邦倒産法11章に基づく倒産・更正会社としての保護のもと，訴訟は一時停止（stay）となる。

　エンロン訴訟における株主クラス・アクションの特徴の1つは，株主代表訴訟とERISA（従業員退職所得保障法）[12]に基づくクレームが併合されていることである。ERISAクレームは，従業員株主が401(K)年金の損失について詐欺の立証を要する通常のPSLRA法（Private Securities Litigation Reform Act）でなくERISA法に基づいて提訴ができるので，詐欺（fraud）の立証までは必要でなく，経営幹部の誠実義務の違反を立証すれば足りる点にメリットがある。

(B)　従業員クラス・アクション

　エンロンの元従業員および現従業員による最初のクラス・アクションは，エンロンの大幅な業績悪化の発表（2001/10/16）を受けてニューヨークの連邦地方裁判所に2001年11月21日に提起される。このクラス・アクションは，11月28日に年金受益者への不利益行為を禁じる差止請求を含む訴訟に修正され，12月4日にヒューストンの連邦地裁のハーモン法廷へ移送される。

　そのほか2002年1月24日には，401(K)年金プラン加入の400名を超えるエンロン元従業員が，①エンロン経営トップ（レイ/スキリング/ファストウの各氏）および②年金管理会社（Northern Trust Co.）を相手とし，年金プラン管理の誠実義務違反を理由として損害賠償を求めるクラス・アクションをヒューストンの連邦地裁に提訴する。以後1月末までに上記2件を含み少なくとも9件のクラス・アクションが相次ぐ。

　このように個別またはグループで提起されていた約24,000名の現従業員および元従業員による訴訟は，エンロン倒産の20日前に従業員グループが提訴した従業員訴訟を軸とし18件の訴訟が併合・拡大し，2002年4月8日に従業員クラス・アクション（Pamela M. Tittle, et al. v. Enron Corp. et al. No. H01-CV-

3913 (S.D. Tex.)) としてまとまり，連邦証券（取引）法および年金関連法に基づき提訴される。被告は，①エンロン，②エンロン経営幹部：29名[13]，③エンロン報酬委員会委員：4名，④エンロンの3つの年金基金管理委員会[14]，⑤上記のエンロン基金管理責任者14名，⑥アーサー・アンダーセン，⑦アンダーセン・ワールドワイド，⑧上記⑥および⑦の経営幹部：15名[15]，⑨投資銀行：5行[16]，⑩ヴィンソン・アンド・エルキンス，⑪ヴィンソンのパートナー弁護士4名 (Joseph Dilg, Roland Askin, Max Hendrix III および Michael Finch) である。なお，被告エンロンは従業員年金プランのスポンサーとして訴えられている。

このクラス・アクションの特徴は，ERISAクレームのほか，犯罪組織等の事業への浸透を取り締まる法律で雇用者以外の第三者（銀行やロー・ファームなど）に対しても提訴可能なRICO法（強請行為腐敗組織法）[17]によるクレームに基づいていることである。ヴィンソンに対するRICOクレームでは，ロー・ファーム自体とエンロン取引に係わった上記4人のパートナー弁護士が被告に加えられる。なお，株主クラス・アクションにおいて被告にされたカークランド・アンド・エリスは従業員クラス・アクションにおいては被告となっていない。

ヒューストン連邦地裁のハーモン法廷が管轄する株主クラス・アクションおよび従業員クラス・アクションにおいては，①両者ともにERISAクレームを請求理由，② 401(K)年金加入の有無を別にすれば，原告はともにエンロン株主，③被告がほぼ共通，などの類似点をもつ。したがって，二大クラス・アクションの審理については，併合の形式 (Civil Action No. H-01-3624) が採られることになる。両クラス・アクションについては，2003年5月に連邦裁判所から調停勧告が出ているが，全体としての調停成立とはならず，それぞれのクラス・アクションについて一部和解がなされる。この点はV章1節(3)および(4)において詳説する。

(6) エンロン民事訴訟の被告

エンロン訴訟の被告の顔ぶれをみると，従来の同種訴訟と同じく経営者（取締役，執行幹部）のほか，会計士，銀行家といった専門家が含まれている。エンロン訴訟が従来の企業不正事件と異なる特徴は，社外弁護士および社内弁護士が被告として名を連ねていることである。

連邦破産法11章に基づく更正会社は，連邦破産法の保護のもとに置かれるので，賠償能力と訴訟能力が極端に制限される。株主，従業員，債権者などステーク・ホルダーが更正会社エンロンを相手に提起するすべての訴訟について，連邦破産裁判所により一時停止（stay）がかけられる。倒産会社の資産を保護することにより倒産後の混乱を防ぐためである。エンロン株主は，エンロンを被告に加えなければ事件の解明はできないとして，2003年1月に一時停止の解除（lift）の申立を行ったが，連邦破産裁判所はエンロンの更正努力を妨げないとの立証がないとして却下（2003/2/24）する。他方，エンロンを被告に加えて訴訟を遂行すべしとする従業員年金加入者の2002年初頭の申立については，連邦破産裁判所は，年金スポンサーとしてエンロンを被告とすることを容認する。むろん，訴訟提起が容認され勝訴しても損害賠償判決を執行するだけの残余財産がなければ訴訟倒れとなる。第2次バッソン・レポートによれば，債権者は不当に隔離されたエンロン資産から39億ドル，その他の譲渡資産から29億ドル，合計68億ドルが回収可能とするに留まっている。

したがって，エンロンのステーク・ホルダーが損害の賠償を求めるとすれば，立証の困難を覚悟して直接の契約関係がない第三者のディープ・ポケットを標的にせざるを得ない。

(A) エンロン経営者（取締役，経営執行幹部）

エンロン経営者（取締役，経営執行幹部）は，株主（総会）および取締役会から経営の執行と監督・監査の委任を受けている。したがって，株主からは最も近い第三者という意味で取締役および経営執行幹部を被告として，誠実義務の違反を追及することになる。

しかも経営者は企業不正行為の"主たる行為者"（primary actor）にあたる。

エンロン訴訟では，エンロンの会長，CEO，COO，CFO，CAO，Treasurer，ゼネラル・カウンセル，リスク・マネジメント・オフィッサーなど経営幹部がほぼ揃って各訴訟において共通の被告とされる。

(B) 銀行・証券会社

投資銀行，商業銀行，証券会社，ボンド発行会社などの金融・証券機関は，基本的には"従たる行為者"（secondary actor）であるが，実質的には経営者や執行幹部による事業計画の立案と実行に深く係わる。そのため，最大のディープ・ポケットとして，証券詐欺訴訟のターゲットにされるのは，とくに顕著な傾向である。エンロン事件においても，シティグループ，モルガン・チェースを始めとする大銀行，メリル・リンチ，ゴールドマン・サックスなど一流の証券会社が，ファイナンシャル・アドバイザーあるいは投融資者としてエンロンの企業不正に手を貸したとして被告に名を連ねる。これら被告会社の多くが，融資によるエンロン多額債権者（シティグループ：24億ドル，モルガン・チェース：15億ドル）でもある。上記を含む主要銀行と証券会社が，図表7に掲げたように，① 二大クラス・アクション，② MegaClaims訴訟，③ SEC民事訴訟での被告とされる[18]。1999年初頭にエンロンが債務超過になったことを知りつつ，ファストウ氏やコッパー氏に協力して違法なファイナンス取引（structured finance）を設計し融資実行したとする容疑に基づく。

(C) 会計士・監査法人

同じくディープ・ポケットをもつ会計・監査法人は，基本的には"従たる実行者"ではあるが，とくに企業不正会計においては，(i) 会計や財務の文書を職業専門家として承認する，(ii) 専門的判断が"主たる実行者"や"他の従たる実行者"から信頼・依存（reliance）される，このような立場にあるために主たる実行者により近い立場にある。株主クラス・アクションでは，既に述べたとおりアーサー・アンダーセンを始めとするアンダーセン・グループ企業7社およびアンダーセン・グループの幹部24名が株主クラス・アクションの当初の被告とされたが，訴の取下，和解などにより次第に減少してゆく。

(D) 弁護士（ロー・ファーム）

弁護士ないしロー・ファームの立場は，Ⅵ章2節(5)および(6)で詳説するように，基本的には"従たる実行者"(secondary player/actor)であるが，依頼企業との関係によっては，"主たる実行者"により近い役割を担うことがある。エンロン事件では，① 30年以上にわたってメインのロー・ファームを務めエンロン法務部門と人的交流も深かったヴィンソン・アンド・エルキンス，② アド・ホックの依頼ながらエンロン崩壊の主要因の1つとなった特定のSPEに助言したカークランド・アンド・エリス[19]，以上2つのロー・ファームが被告とされた。ディープ・ポケットの一般的序列からいえば，ロー・ファームは，金融機関や監査会計法人の後順位ということになろう。

ヴィンソンは，エンロン民事訴訟対応に過誤法務の防御弁護士(defense lawyer)の第一人者ヴィラ(John Villa of William & Connolly, Washington D. C.)氏，刑事訴訟対応に著名なジャメール(Joe Jamail of Jamail & Kolius, Houston)氏を登用する[20]。さらに，大学教授など専門家[21]から「ヴィンソンは，エンロン業務につき倫理的かつ適切に行動した」旨の鑑定意見書を取得する。

社内弁護士の過誤法務については，企業内組織である法務部門は，ロー・ファームの場合とは異なり，それ自体に賠償責任能力はない。企業と雇用契約関係にある社内弁護士がなした行為の第三者に対する賠償責任は原則的に企業が負い，企業と社内弁護士の求償関係は雇用契約と内部規則による。が，社内弁護士は，開業弁護士と同様に① 弁護士倫理，② 過失(negligence)，③ 顧客に対する誠実義務，④ 経営幹部の誠実義務違反に対する幇助，について弁護士"個人"として責任を問われることがある。

エンロン訴訟ではアンダーセン文書破棄事件でアーサー・アンダーセンの社内弁護士のテンプル氏[22]が司法妨害と過誤法務の責任を問われ，エンロンのゼネラル・カウンセルのデリック氏[23]などがインサイダー取引および過誤法務の疑惑により被告とされる。しかし，第三者が社内弁護士個人としての過誤法務の責任を立証することは難しい。Ⅵ章2節において再説する。

(7) エンロン・クラス・アクションの訴訟判決

クラス・アクションの被告の大部分が,ディスカバリー手続および陪審員審議の正式審理 (trial) に入る前に,ヒューストンの連邦地裁 (ハーモン判事) に対して訴えを却下 (dismissal) するよう訴訟判決を求める。株主クラス・アクションについてハーモン判事は,①カークランド・アンド・エリスに対する訴えを却下 (2002/12/20),②ドイツ銀行に対する訴えを却下 (2002/12/20),③アーサー・アンダーセン社内弁護士のテンプル氏に対する訴えを却下 (2003/1/28),④15人のエンロン社外取締役被告に対する訴えのうち,インサイダー取引および証券詐欺に基づく訴えを却下 (2003/3/12) し,ネグリジェンス (negligence:社外取締役が企業の不正行為を問い詰めなかった過失) のみ公判にかける,⑤エンロン子会社 (Azurix および Enron International) の元CEOのマークジャスバッシュ (Rebecca MarkJusbashe) 氏に対するインサイダー取引および証券詐欺の訴えを却下 (2003/3/25),⑥エンロンのゼネラル・カウンセルのデリック氏に対する訴えのうち2つの訴訟理由を却下 (2003/4/22) する。弁護士の責任についての訴訟判決 (上記①,③および⑥) については,Ⅵ章2節(2)(B)において再説する。

他方,従業員クラス・アクションについてハーモン判事は,訴えの却下を求めていた銀行 (シティグループ,モルガン・チェースなど5行)[24],ヴィンソン・アンド・エルキンス,エンロン社外取締役,経営幹部 (スキリング,ファストウ,コッパーの各氏など) のほとんどを被告から外す (2003/10/1)。残された被告は,年金管理委員会,アーサー・アンダーセン[25],ノーザン・トラスト (Northern Trust),レイ会長ほか年金管理に携わった数人の社内外取締役となったが,その後,スキリング氏 (2006/11/16),年金管理委員会および社外取締役 (2004/5/6) が原告と次々に和解する。

(8) エンロン訴訟関連文書の取扱い

(A) エンロン提出文書

エンロン民事訴訟のためにエンロンが政府当局に提出した膨大な量の書類

（電子書類を含む）および二大クラス・アクションのために作成された書類は，2003年3月現在で1,900万頁を超え，日々大変な勢いで増え続ける。

　これらエンロン訴訟関連文書の公開の是非をめぐって，株主クラス・アクションの原告弁護士と被告弁護士との間で攻防が行われる。ハーモン判事は，先の原則公開の決定（2002/12/18）を変更し「進行中のビジネスについての関連文書は，シールして秘密扱いとする」との決定（2003/3/22）を下す。さらにハーモン判事は，ファストウ氏の訴訟について「刑事訴訟の法廷ではファストウ氏が民事訴訟のために作成した証拠書類の提出を求めない」とし，起訴後の被告を保護する決定（2003/3/25）を行う。エンロン訴訟文書の公開によってディスカバリー手続を迅速化すべきとの要請があるとはいえ，被疑者の憲法上の権利を損なうことはできないとの理由であるが，守秘義務の範囲については必ずしも明確ではない。

(B)　バッソン検査官徴集の証拠書類

　連邦破産裁判所のバッソン検査官が2年の歳月をかけた「バッソン・レポート」（4,000頁の報告書と266部の速記録，4,000万枚の供述書）の作成過程で金融機関，ロー・ファーム，エンロン幹部などから徴集した膨大な証拠書類の公開是非をめぐっても，意見の相違がみられた。すなわち，① クラス・アクションなどエンロン訴訟の原告の主張：供述採取と開示手続の重複を回避するために，民事訴訟の証拠書類として提出すべき，② 金融機関，プロフェッショナル・ファームなど被召喚者の主張：秘密保持のもとで提供した情報であるから，開示は許されない，③ バッソン検査官（弁護士James Grant氏）の主張：採取資料は弁護士秘匿特権に係るものであるからすべて廃棄すべき，④ 連邦破産裁判所（ゴンザレズ判事）の主張：検査官が秘密保持契約のもとで採取した資料（面談議事録を含む）は，秘密保持を継続すべき，⑤ 連邦地裁（ハーモン判事）の主張：証拠採取の時間と訴訟費用を節約する方策を検討すべき，とさまざまである。

(C)　レイ氏（エンロン前会長）の関連文書

　レイ氏は，SECの調査に対して自己負罪拒否権を援用して870頁からなる文書の一部を"個人文書"として提出を拒否してきたが，SECは"会社の文書"

として提出を拒む権利はないと反論する。そこでレイ氏側は，ワシントンD.C.の連邦地方裁判所（Royce Lamberth 判事）に対して「提出を拒めるか，それとも免責条件のもとに提出すべきか」について決定を求める（2003/10/21）が，翌月になって提出に応じる。

　検察は，レイ氏およびスキリング氏の起訴の際，114名の不起訴共犯者（unindicted co-conspirators）を特定し，そのリストを担当のレイク（Sim Lake）判事の承認を得て封印する。エンロン執行幹部は，自分が該当するか否か戦々恐々となる。リストを公開すべきか否かでエンロン刑事事件の被告弁護士の間でも意見が分かれる。公開された人物が証人となると有利になるのか不利に働くのか掴めないためである。レイ氏とスキリング氏は，レイク判事にリストを公開するよう要請（2004/11/末）するが，20数名の不起訴者を抱えるEBSブロードバンド不正取引事件（2005/4月に公判開始）の被告弁護士は，不利に働くおそれがあるとして開示に消極的であった。

(9) エンロン民事訴訟（クラス・アクション）スケジュール

　2003年7月10日，ハーモン判事は，自ら所管する約100件のエンロン訴訟を担当する弁護士170名を全米からヒューストンのハーモン法廷に集めて，当初2003年12月公判開始予定であった株主クラス・アクションについて2005年10月17日とする。その後，2004年3月16日の裁判所令で，①大分部の文書の預託および証言録取（deposition）開始：2004/6/2，②訴訟参加期限：2004/8/2，③ディスカバリー手続完了：2005/11/30，④公判準備（pre-trial）の完了：2006/10/2，⑤公判開始：2006/10/16，とスケジュールの大幅改定を発表する。

　しかし，訴訟手続は，ディスカバリーのために預託する訴訟関連文書は1億頁，証人数500名が予想され，しかもV章1節で詳説するコナー調停や個別和解の成立など諸般の事情があり，上記のスケジュールは，大幅に遅れ2007年6月になっても公判は開始されていない。

2. 刑事訴訟

　エンロン刑事訴訟は，エンロン倒産後5年5カ月（2007/6/30）現在，刑事告発：34件，有罪答弁／司法取引：18件，陪審員有罪評決：7件，陪審員無罪評決：4件，無罪答弁：10件，有罪判決：5件，無罪判決：2件，起訴取下：2件，判決待ち11件，有罪判決の破棄：3件となっている。検察は，出訴期限[26]成立前の起訴を目指して不正会計，カリフォルニア電力料金不正操作，政界工作疑惑，脱税など，さまざまなルートで捜査努力を重ねた結果，ファストウCFO→コーセィCAO→スキリングCEO→レイ会長と進み，ついにエンロン経営トップに到達する。

　エンロン刑事訴訟のうち公判入りした重要案件は，①アーサー・アンダーセン文書破棄（司法妨害）事件→②メリル・リンチのナイジェリア艀プロジェクト不正取引事件→③EBSブロードバンド不正取引事件へと進む。2006年初頭にはいよいよエンロン経営トップ3人の裁判が注目されたが，コーセィ氏が有罪容認／司法取引（2005/12/28），レイ氏が死亡（2006/7/5）と脱落した後，スキリング氏は有罪判決（2006/10/23）を受けて控訴する。

(1) エンロン関連刑事訴訟

　エンロン関連の主な刑事事件の概要について図表8でみてみることにしよう。

[図表8]　　　　　主なエンロン"刑事"訴訟の概要

事件の種類 (提訴・申立日)	提訴者 管轄裁判所／ 判事	被提訴者 (被告)	ロー・ファーム／ 主任弁護士	備考 (訴訟理由， 訴訟状況)
「アンダーセン文書破棄・司法妨害事件」 {起訴：2002/3/14，有罪判決：2002/10/16}	司法省 連邦地裁（ヒューストン）／ Merinda Harmon判事（57歳）	Arthur Andersen	Rusty Hardin & Associates/ Rusty Hardin	アンダーセンには有罪判決；連邦最高裁は，テキサス州南部地区連邦地裁および第五巡回裁判所による有罪判決を取消し差し戻す

事件	被告	裁判所	弁護側	備考
「アンダーセン文書破棄（司法妨害）有罪判決控訴審事件」 [控訴：2002/11 棄却：2004/6/16]	アーサー・アンダーセン	第五巡回控訴裁判所（ニューオーリンズ）/3人の判事　※	司法省（Justice Department）	控訴側：Latham & Watkins/ Maureen Mahoney	控訴理由：第一審裁判官の職権濫用など ※ Patrick Higginbotham/ Fortunato Benavides/ Thomas Reavlev の各判事
「アンダーセン文書破棄事件控訴棄却に対する上告事件」 [上告：2004/9 公判入り：2005/4/28 有罪判決の破棄：2005/5/31]	アーサー・アンダーセン	連邦最高裁判所	司法省（担当弁護士：Michael R. Dreeben, Deputy Solicitor General and Paul Clement, Acting Solicitor General）	上告側：Maureen Mahoney（Alexander Shapiro/ Latham & Watkins）Charles Rothfeld/ Mayer, Braun, Rowe & Mew LLP	連邦最高裁で審議入り（Justice）。上告審の判事：Chief Justice William Rehnquit ほか、Antonin Scalia, Authony M. Kennedy, Stephen G. Breyer, Sandra Day O'Connor など
ダンカン司法妨害事件 [有罪答弁・司法取引（2002/4/6）]	司法省 連邦地方裁判所（ヒューストン）/ Merinda Harmon 判事	David Dunkan（アーサー・アンダーセン元執行幹部でエンロン担当の会計士）	Sullivan & Cromwell/ Sam Seymour	訴追理由：関係書類破棄による司法妨害；有罪答弁/司法取引→起訴取下（2004/12/12）
イギリス人銀行家3氏証券詐欺事件 [刑事告発：2002/6/27, 正式起訴：2002/9/12, 英国で逮捕・保釈：2004/4/23]	司法省 連邦地方裁判所（ヒューストン）/ London Bow Street Magistrates Court（身柄引渡し）High Court（起訴事件）	Gary Mulgrew, Giles Darby, David Bermingham（NatWest Bankの元銀行員）	John Reynolds/ Alun Jones 英国在住の英国人のため、ロンドンの裁判所で司法審査→ヒューストンの連邦地裁へ身柄引渡	起訴理由：ファストウ氏およびコッパー氏が主催したSPE（Sothampton）を利用して730万ドルを着服した電信詐欺疑惑
コッパー資金洗浄等事件 [有罪答弁・司法取引（2002/8/22）]	司法省 連邦地方裁判所（ヒューストン）/ Edwin Werlein 判事　※	Michael Kopper（エンロン元経営幹部）	Erick Nichols	訴追理由：資金洗浄、証券詐欺、インサイダー取引など ※ Lynn Hughes 判事より移送を受ける
「アンドリュー・ファストウ証券詐欺等事件」 [刑事告発：2002/10/2, 正式起訴：2002/10/31]	司法省 連邦地方裁判所（ヒューストン）/ Kenneth Hoyt 判事	Andrew Fastow（エンロン元CFO）（Ben Glison および Dan Boyle と共同起訴、後に個別訴訟に）	Kecker & Van Nest/ John Kecker Foremanおよび、DeGruin, Nugent & Gerger/ David Gerger	起訴理由：証券詐欺、資金洗浄、インサイダー取引、脱税など；有罪答弁/司法取引（2004/1/14）→有罪判決（2006/9/26）
レア・ファストウ証券詐欺等事件 （2003/5/1）	司法省 連邦地方裁判所（ヒューストン）/ David Hittner 判	Lea Fastow（アンドリュー・ファストウ氏の妻で元エンロン	Nancy Clarence, And-rew L. Jefferson Jr.→ Mike De-Geurin	証券詐欺、資金洗浄、脱税などの共謀。 主任弁護士の交代：

第Ⅳ章　エンロン訴訟の概要と問題点　99

	事	社員）	(2003/8/8より)	Nancy Clarence → Mike DeGeurin
EBSブロードバンド不正取引 (EBS幹部5人) 事件 |正式起訴：2003/5/1 追起訴：2003/11/13|	司法省 連邦地方裁判所（ヒューストン）/ Vanessa Gilmore 判事（46歳） 公判入り：2005/4/11	EBS経営幹部5人：Kenneth Rice, Joseph Hirko, Kevin Hannon, Scott Yeager および Rex Shellby	Rice → Dan Cogdwell Hannon → Reid Figel Hirko → Per Ramfjord/ Barnes Ellis Yeager → Tony Canales/Lee Hammond Shellby → Edwin Tomako	起訴理由：証券詐欺，電子詐欺，後日，インサイダー取引で追起訴；Hirko氏については資金洗浄で追訴 (2003/11/13)
ベン・グリッソン証券詐欺事件 |正式起訴：2003/5/1|	司法省 連邦地方裁判所（ヒューストン）/	Ben Glisan	Glisan → Janis Schuelle & Wechsler/ Henryy Schuelke	Glisan氏：有罪答弁 (2003/9/10) 最高5年の禁固刑に服する→司法協力義務を負わないため，判決後直ちに収監
「ナイジェリア艀プロジェクト不正取引事件」 |正式起訴：2002/9/17 正式起訴：2003/10/14 有罪評決：2004/11/3|	司法省 連邦地方裁判所（ヒューストン）/ Edwin Werlein 判事（65歳）→ Bayly, Kenneth Hoyt 判事 → Brown, Furst	Merrill： ① Daniel Bayly ② James Brown ③ Robert Furst ④ Willam Fuhs Enron： ⑤ Dan Boyle ⑥ Shelia Kahaneck	Bayly → Gardere Wynne Sewell/ Tom Hageman, Brown → Heller Ehrman White & McAuliffe/ Lawrence Zweifach, Furst → Carter, Ledyard & Milburn/ Ira Sorkin, Fuhs → Richards Spears Kibe & Orbe/ David Spears, Kahaneck → Cogdwell; Law Group/ Dan Cogdwell Boyle → Rosch & Ross/ Bill Rosch	4氏ともに無罪答弁． 起訴理由：証券詐欺幇助，当局に対する虚偽陳述など陪審員により無罪評決となったKahaneck氏（無罪評決）を除く4人の被告が有罪評決。 なお，メリル・リンチ自身は未起訴。 SEC民事訴追 (2003/3/17)
デェレイニー事件 |有罪答弁：2003/10/30|	司法省 連邦地方裁判所（ヒューストン）/ Kenneth Hoyt 判事	David Delainey CEO of Enron North America → CEO of Enron Energy Services	John Dowd	訴追理由：インサイダー取引
「スキリング証券詐欺等事件」 |正式起訴：2004/1/22・有罪判決・(2006/10/23)|	司法省 連邦地方裁判所（ヒューストン）/ Sim Lake 判事（59歳）	Jeffrey Skilling Predident and COO → CEO（コーセィ氏と共同起訴）	O'Melvency & Myers/ Bruce Hiller	起訴理由：証券詐欺，インサイダー取引など；無罪主張→有罪評決 (2006/5/25)→有罪判決 (2006/10/23)
「コーセィ氏証	司法省	Richard Causey	Steptoe & Johnson/	起訴理由：証券詐

券詐欺等事件」 [正式起訴： 2004/1/22]	連邦地方裁判所 （ヒューストン）/ Sim Lake 判事	CAO （スキリング氏と共同起訴）	Reid Weingarten	欺など；有罪答弁/ 司法取引（2006/ 11/15）
「レイ氏証券詐欺等事件」 [正式起訴： 2004/7/7]	司法省 連邦地方裁判所 （ヒューストン）/ Sim Lake 判事	Ken Lay Chairman & CEO （スキリング・コーセィ両氏の共同起訴に追起訴）	Mike Ramsey (solo practioner)	起訴理由：証券詐欺など。 裁判で無罪主張中に死去（2006/7/5）→起訴無効

(2) 刑事訴訟手続

エンロン証券詐欺事件における刑事訴訟手続は，次のステップに従って進行する。

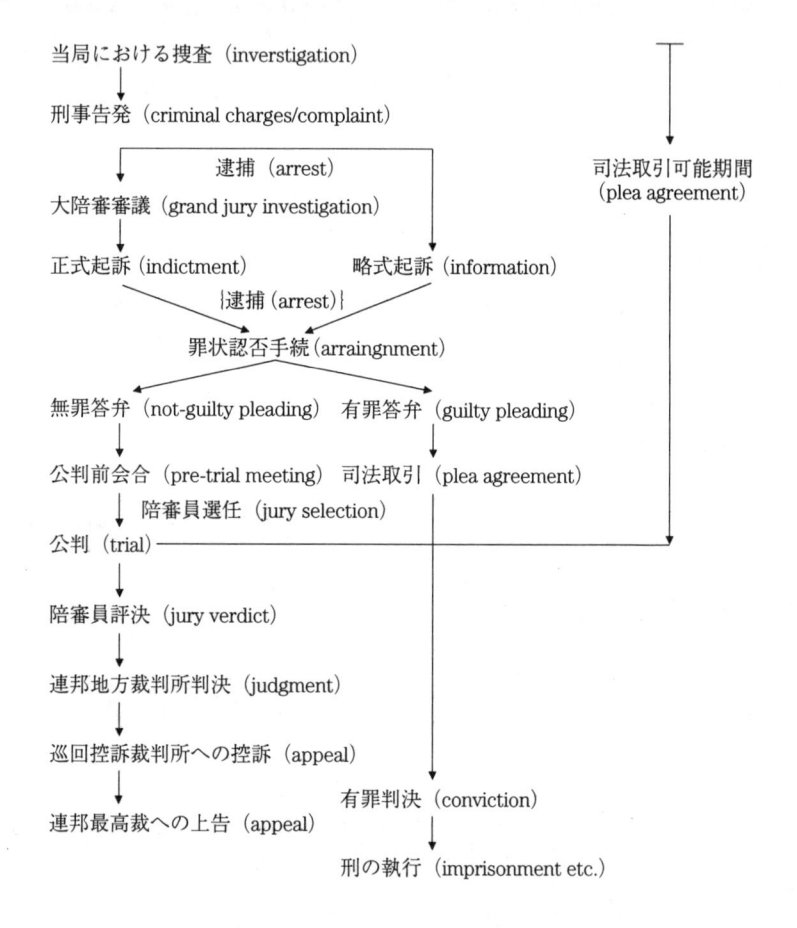

当局における捜査（inverstigation）

刑事告発（criminal charges/complaint）

逮捕（arrest）

大陪審審議（grand jury investigation）

正式起訴（indictment）　　　略式起訴（information）

[逮捕（arrest）]

罪状認否手続（arraignment）

無罪答弁（not-guilty pleading）　有罪答弁（guilty pleading）

公判前会合（pre-trial meeting）　司法取引（plea agreement）

陪審員選任（jury selection）

公判（trial）

陪審員評決（jury verdict）

連邦地方裁判所判決（judgment）

巡回控訴裁判所への控訴（appeal）

有罪判決（conviction）

連邦最高裁への上告（appeal）

刑の執行（imprisonment etc.）

司法取引可能期間（plea agreement）

1999年の「司法省の企業犯罪訴追ガイドライン」（"Federal Prosecution of Corporations"）によれば，捜査の開始，刑事告発，司法取引を決定するにあたって，①犯罪の性質と深刻さ，②経営者による不正行為の共謀関係や犯罪の放置など企業内での不正行為の蔓延状況，③犯罪行為，民事賠償，行政処分など当該企業の不正行為の前例，④企業不正についてタイムリーで自発的な情報開示，⑤必要あれば秘匿特権の放棄を含む捜査協力の意思表示，⑥コンプライアンス・プログラムの存在と内容の適正度，⑦不正行為に対する企業の是正措置，⑧刑事罰以外（民事賠償，行政処分など）の制裁措置の妥当性，などの要素が考慮される。上記項目は，SEC，FERC，IRS，FTC（Federal Trade Commission），EPA（Environmental Protection Agency）など，捜査機能をもつ行政機関による捜査ガイドラインでも同様である。

正式起訴（indictment）は，司法取引など特別な場合における検察による略式起訴（information）を除いて，大陪審（grand jury）審議を経て判断される。大陪審の目的は，司法当局と市民との間に正常な緩衝（common-sence buffer）を設けることにある。刑事裁判での有罪・無罪の判断や民事裁判における事実認定を行う陪審員（petty jury）とは異なり，起訴の是非の判断を行う。

エンロン事件の連邦大陪審パネルについては，2002年3月27日に26名の特別大陪審（special grand jury）が，ヒューストンおよびその周辺12の郡にある匿名の候補者名簿より選出された。任期の18カ月は，複雑なエンロン事件の長期化に伴って，半年単位で2回にわたって延長される。2004年4月15日現在で22名の正式起訴を決めたエンロン連邦大陪審は，1回につき2-3時間（時に2-3週間）の審議に参加し，日当40ドルの支払を受ける。パネルは断続的に審議を重ね，2004年の会合日数は4月時点で20日を要した。

(3) エンロン刑事事件のフォーラム・ショッピング

エンロン刑事訴訟は，検察，被告，裁判官などの間で虚虚実実の駆け引きが行われ，判事ショッピング（judge shopping）ないしフォーラム・ショッピング（forum shopping）が繰り広げられる。そのなかで興味深いのは，ファストウ氏

夫妻のケースとイギリス銀行家のケースである。

(A) ファストウ夫妻のケース

アンドリュー・ファストウ証券詐欺事件の刑事裁判については，2002年10月に無作為選出（randum selection）によりホイト（Kenneth Hoyt）判事の担当が決まる。その後，ホイト判事は，エンロン幹部で起訴され司法取引を行ったデェレイニー（David Delainey）氏およびロイヤー（Lawrence Lawyer）氏の事件も担当する。

ところが，ファストウ氏の裁判について司法省は，① 訴訟経済（時間と費用を節約すべき），② 裁判の統一性維持（アーサー・アンダーセン文書破棄事件で実績があり，二大クラス・アクションも担当する法廷で審議すべき），以上2つの観点からヒューストンのハーモン法廷に移送するよう要請する。しかし，優先決定権（ealier-filed case）をもつホイト判事は，「ハーモン判事は刑事事件の実績が少ない」として移送に反対する被告弁護士（John Kecker & David Greger）の主張を認めて，引き続き自ら担当すると決定する。両判事とも共和党推薦による判事ながら，どちらかというと，ハーモン判事が検察寄りの判決を，ホイト判事が中立ないし被告寄りの判断が多いといわれている[27]。

アンドリュー・ファストウ元CFOの妻レア・ファストウ（Lea Fastow）証券詐欺事件の刑事裁判については，エンロン株[28]を保有していたことで裁判指揮に一時やや消極的な姿勢をみせたヒットナー（David Hittner）判事に決まる（2003/5）。被告弁護士は，訴訟原因（cause of action）に共通項（資金洗浄および脱税疑惑）がある夫と同じ裁判官による審議が訴訟経済からみて望ましいとして，夫と同じホイト法廷への移送を要請したが，今度はホイト判事が受け入れを拒絶する（2003/5/22）。一方，司法省は，夫婦は同じ法廷では裁かないとする一般方針のほか，エンロン事件ではすべてのエンロン関連訴訟を ① 訴訟経済（時間と資源の節約），② 判断の統一性，③ 当事者への対処，以上の見地から1つの法廷，すなわちアンダーセン文書破棄事件を裁いたハーモン法廷に集約すべきであると主張する。

ファストウ夫人は，夫の裁判"後"に自身の公判を開くようヒットナー判事

に対して要請し，ファストウ氏は自らの公判（予定日：2004/4/20）"後"で有罪判決の控訴前までに自己負罪拒否特権（Fifth Amendment）を放棄して夫人の証言をしたいと要請する。これに対して司法省は，ファストウ夫人の裁判を急ぐのは公共の利益に適うとして異議を申し立てる。ヒットナー判事は，①控訴まで考慮すれば3-5年後になる，②この種の約束は拘束力が乏しい，③ファストウ氏の証言が夫人の裁判で必要とは限らない，との理由で夫人の要請を2度（2003年5月および7月）にわたり却下する。結局，ファストウ夫人の公判は，他のエンロン幹部に先駆けて2004年1月27日（その後，2月10日に延期）に設定される。

さらにファストウ夫人側は，ヒューストンの連邦地方裁判所（ヒットナー判事）に対して，①刑事裁判をヒューストン以外の場所で行うべき，②ヒューストン以外の法廷への移送の有無に拘らず，陪審員選任前に被告弁護士に陪審員候補者に個別に面談しエンロンに対する個人的偏見の有無を確認する機会を与えるべき，と申し立てる。理由は，エンロン事件の被害者の多い地元ヒューストンの陪審員候補は，メディアの影響もありエンロンに対して根強い批判者が多いからである。これに対し司法省は，公正無私の陪審員を選ぶのは当然にしても，個別面談は不必要，移送にも反対する。

ファストウ夫妻の事件以外にも，①原告被告双方からの要請によりハッジェス（Lynn Hughes）判事の管轄からハーモン判事の法廷へと移送されたダンカン氏文書破棄事件，②ヴァレェイン（Edwin Werlein）判事がハーモン法廷への移送を拒否したコッパー氏資金洗浄等事件などがある。

(B) **イギリス人銀行家の証券詐欺事件のケース**

2000年2月から8月にかけて，ナショナル・ウエストミンスター銀行（現Royal Bank of Scotland）の銀行家3名（Gary Mulgrew, Giles Darby, David Bermingham, いずれも42歳）がエンロンのファストウ氏とコッパー氏が運営するSPE（Southampton）との取引を利用し730万ドルを同銀行から騙し取ったとする電子詐欺容疑で，テキサス州で起訴（Cr. No. H-02-0597）（2002/9/12）される。起訴前に逮捕状（2002/6）が出されていた3人の被疑者は，いずれもロンドン在住のイギリス人

であるため，アメリカ司法省はヒューストンの公判に出頭させるため身柄引渡 (extradiction) を英当局に要請する。

3名（担当弁護士：Alun Jones）は，ロンドンで逮捕（2004/4/23）されるが保釈金を積んで釈放される。3名とも，容疑を否認し，イギリス国内で公判を開くようロンドンの裁判所（Bow Street Magistrates Court）において争う。裁判所は引渡可能との判断を出し，引渡を内務大臣の決定に委ね，クラーク内相の承認に対して3名は異議を申立てる。他方，「イギリス人がイギリスの会社に対して犯したとされる犯罪容疑で，ほとんどすべての証拠がイギリス行政当局から出されている本件は，イギリスで裁かれるべき」として高等法院（High Court : Lord Justice Law）に提訴していた3人は，一旦勝訴（2005/4/7）するが，最終的に身柄引渡（2006/7/13）となり，ヒューストン連邦地裁での公判となる。このようにエンロン事件では大西洋を跨いでフォーラム・ショッピングが繰り広げられる。

(4) エンロン事件の関与者に対する刑事訴追

2007年6月30日現在，エンロン事件の主要な関係者に対する刑事告発は，アーサー・アンダーセンのダンカン氏のケースを発端とし34名にのぼる。内訳は，本節の冒頭に記したとおりである。このうち，エンロン執行幹部に対する刑事訴追状況を図表9に示す。

(5) エンロンの経営トップに対する刑事捜査

エンロンのワトキンス元上級副社長は，Ⅵ章1節(4)において詳説するワトキンス書簡によってレイ前会長にエンロンの不正会計を内部告発する。2001年1月開催の合衆国議会においてワトキンス氏は「エンロン崩壊の責任はCEOのスキリング氏，CFOのファストウ氏，Treasurerのグリッサン氏およびCAOのコーセィ氏にある」と証言する。会長のレイ氏については，当初の議会公聴会ではスキリング氏にミスリードされたとしてかばっていたが，その後の議会公聴会などでは次第に批判的に傾く。

[図表9] エンロン執行幹部に対する刑事訴追状況

(2005/4/30現在)

訴追項目 (該当日)	被疑者(容疑行為当時の年齢)／担当弁護士	容疑行為当時の役職	容　　疑 (SEC民事訴追を含む)	備　　考
①「コッパー刑事事件」略式起訴(2002/8/19)→有罪答弁(2002/8/19)	Michael Kopper (37歳)／Erick Nichols & Wallace Timmeny of Dechert (Washington D. C.)	Managing Partner of LJM Partnership	証券・電子詐欺，資金洗浄，これらの共謀など。SEC民事訴追(2002/8/21)	有罪答弁／司法取引(2002/8/19)。判決：禁固3年1カ月
②カリフォルニア電力価格操作事件｛刑事告発→有罪答弁(2002/10/1)｝	Timothy Belden (35歳)／Christina C. Arguedas	Top energy trader of Enron Corp.	カリフォルニアのエネルギー危機時における電力価格操作(推定420億ドルの電力料金過剰請求)	有罪答弁／司法取引(2002/10/1)。判決：禁固2年，執行猶予付き
③カリフォルニア電力虚偽税務申告事件｛刑事告発→有罪答弁(2002/11/25)｝	Lawrence Lawyer (34歳)／Robert Sussman	Enron Capital Management	カリフォルニア風力発電プロジェクトの所得偽装による虚偽の税務申告	有罪答弁／司法取引(2002/11/25)。判決：禁固2年，執行猶予付き
④カリフォルニア電力価格操作事件｛刑事告発→有罪答弁(2003/2/4)｝	Jeffrey Richter (33歳)	Energy trader of Enron Corp.	カリフォルニアのエネルギー危機時における電力価格操作，捜査官に対する虚偽陳述	有罪答弁／司法取引(2003/2/4)
⑤「ファストウ刑事事件」｛逮捕→無罪答弁→正式起訴(2002/10/31)→追起訴(2003/5/1)→有罪答弁(2004/1/14)｝	Andrew Fastow (40歳)／John Keker (San Francisco), Craig Smyser of Smyser, Kaplan & Veselka (Houston)	CFO (Chief Financial Officer) of Enron Corp.	証券・電子詐欺，資金洗浄，司法妨害，それらの共謀など98(追起訴で109)の訴因(詐欺，資金洗浄，共謀，司法妨害)。SEC民事訴追(2002/10/2)；SEC民事和解(2004/1/14)	有罪答弁→有罪答弁／司法取引(2004/1/14)保釈金：500万ドル。追起訴でグリッサン，ボイルの両氏と共同被告判決：禁固6年
⑥「EBSブロードバンド不正取引刑事事件(I)」｛逮捕→無罪答弁→正式起訴(2003/5/1)｝	Kenneth Rice (43歳)／Danniel Cogdelland Willam D. Dolan III	Chairman & co-CEO of Enron Broadband Service (EBS)	証券・電子詐欺，資金洗浄，インサイダー取引などEBS関係者5名で218の訴因。SEC民事訴追(2003/5/1)；SEC民事和解	無罪答弁→有罪答弁／司法取引(2004/7/30)。保釈金：300万ドル判決：禁固27カ月 (2007/6/18)

			(2004/7/30)	
⑦「EBSブロードバンド不正取引刑事事件(I)」|逮捕→無罪答弁→正式起訴(2003/5/1)→追起訴(2003/11/18)	Joseph Hirko / Pen Ramfjord & Barness Ellis	President & co-CEO of EBS	証券・電子詐欺, 資金洗浄, インサイダー取引など。SEC民事追訴(2003/5/1)	無罪答弁。保釈金: 300万ドル
⑧「EBSブロードバンド不正取引刑事事件(I)」|逮捕→無罪答弁→正式起訴(2003/5/1)|	Kevin Hannon (41歳) / Reid Figel of Kellgg Huber (Washington D.C.)	COO of EBS	証券・電子詐欺, 資金洗浄, インサイダー取引など。SEC民事和解(2004/8/31)	無罪答弁→有罪答弁/司法取引。(2004/8/31) 保釈金: 100万ドル 判決: 禁固2年
⑨「EBSブロードバンド不正取引刑事事件(I)」|→逮捕→無罪答弁→正式起訴(2003/5/1)|	Scott Yeager/ Lee Hamel & Tony Canales of Hamel Bowers (Houston)	Senior VP of EBS	証券・電子詐欺, 資金洗浄, インサイダー取引など	無罪答弁。保釈金: 300万ドル
⑩「EBSブロードバンド不正取引刑事事件(I)」|逮捕→無罪答弁→正式起訴(2003/5/1)|	Rex Shelby (51歳) / Edwin Tomoko/ Jason Ross	Senior VP of EBS	証券・電子詐欺, 資金洗浄など	無罪答弁。保釈金: 100万ドル
⑪グリッサン資金洗浄事件|逮捕→無罪答弁→正式起訴(2003/5/1)→有罪答弁(2003/9/10)|	Ben Glisan (36歳) / Henry Scheulk (注) 当初, ファストウ, ボイル両氏と共同被告	Corporate Treasurer of Enron Corp.	証券・電子詐欺, 資金洗浄など24の訴因; ファストウ追起訴状に名を連ねる。(注) 5800ドルの投資で100万ドルの利得。SEC民事和解(2003/9/10)	無罪答弁→有罪答弁/司法取引。(2003/9/10), ただし, 司法(捜査)協力せず。SPE: Talon, Whitewing および Yosemite。保釈金: 50万ドル。判決: 禁固5年
⑫ボイル証券詐欺等事件 |逮捕→無罪答弁→正式起訴(2003/5/1)→追起訴(2003/10/15)|	Dan Boyle (注) 当初, ファストウ, グリッソン両氏と共同被告	Finance Executive of Enron Corp.	証券・電子詐欺, 資金洗浄の2つの訴因; ファストウ追起訴状に名を連ねる。追起訴: ナイジェイア幹プロジェクト	無罪答弁 (2004/1/14)。保釈金: 25万ドル 判決: 禁固3年10カ月
⑬レア・ファス	Lea Fastow (40	Assistant Trea-	カリフォルニア風	無罪答弁 (2004/

第Ⅳ章　エンロン訴訟の概要と問題点　107

トウ証券詐欺等事件」｜逮捕→無罪答弁→正式起訴（2003/5/1)｜→有罪答弁（2004/1/14)｜	歳)／Mike DeGeurin, Nancy Clarence, Andrew L. Jefferson Jr.	surer of Enron Corp.	力発電プロジェクト(RADR)についての資金洗浄，RADRおよびChewcoについてのIRSへの利益隠し	5/6)→有罪答弁／司法取引 保釈金：50万ドル 判決：禁固1年
⑭「EBSブロードバンド不正取引刑事事件(II)」｜刑事告発・略式起訴（2003/3/12)→逮捕→無罪答弁｜	Kevin Haward (40歳)／Jim Lavine, Jack Zimmerman	Vice President of Enron Broadband Division & the former EBS executives	証券・電子詐欺（1億1,100万ドル)，FBI捜査に対する虚偽陳述など19の訴因。 SEC民事訴追（2003/3/12)	無罪答弁 SPE：Braveheart 保釈金：50万ドル 判決：有罪評決を取消す→検察側控訴
⑮「EBSブロードバンド不正取引刑事事件(II)」｜刑事告発・略式起訴（2003/3/12)→逮捕→無罪答弁｜	Michael Krautz (34歳)／Barry Pollack	Accountant of Enron Broadband Division & the former EBS executives	証券・電子詐欺（1億1,100万ドル)，FBI捜査に対する虚偽陳述など19の訴因	無罪答弁 SPE：Braveheart 保釈金：50万ドル 判決：無罪
⑯カリフォルニア電力価格操作事件｜刑事告発→逮捕（2003/6/4)→無罪答弁→正式起訴（2003/12/4)｜	John Forney (41歳)／Brian Murphy	Energy-trading Executive of Enron corp.	電力価格を高騰させる不法な取引戦略の工作 （注）カリフォルニア電力価格操作事件でRichterおよびBelden氏に続く3人目（top three）の告発	無罪答弁 保釈金：50万ドル 判決：禁固2年，執行猶予付き
⑰「ナイジェリア艀プロジェクト事件」｜起訴（2003/10/14)（2004/11/3)刑事告発→逮捕→無罪答弁→正式起訴（2003/10/15)→無罪評決｜	Sheila Kahanek／Danniel Codwell	Accountant of Enron Corp. and Senior Director of Enron Asia Pacific/Africa/China	ファストウ氏などエンロン上級幹部およびメリル・リンチとの証券詐欺の共謀	無罪答弁→無罪評決（2004/11/3) 保釈金：10万ドル
⑱ディレイニー・インサイダー取引事件｜起訴：2003/10/30→有罪答弁：2003/10/30｜	David Delainey (37歳)／John Dowd in Washington D. C.	CEO of Enron North America and CEO of Enron Energy Services	不正利得426万ドルの返還。 SEC民事和解（2003/10/30)	有罪答弁／司法取引（2003/10/30) 判決：禁固2年6カ月
⑲「コーゼィCAO証券詐欺等事件」	Richard Causey (42歳)／	Chief Accounting Officer (CAO)	証券・電子詐欺，エンロン会計の不	有罪答弁／司法取引（2006/11/15)

|刑事告発→逮捕→無罪答弁→正式起訴(2001/1/22)|	Raid Weingarten of Stoptoe & Johnson (Washington D.C.)		正操作の首謀者6つの訴因から31に拡大。SEC民事訴追(2004/1/22)	保釈金：100万ドル。関連SPE：Raptor 判決：禁固5年6カ月
⑳スキリングCEO証券詐欺等事件 |刑事告発→逮捕→無罪答弁→正式起訴(2001/2/19)|	Jeff Skilling (50歳)／Bruce Hiller of O'Melrency & Myers (Washington D.C.)	COO→CEO	企業運営の擬装、インサイダー取引など31の訴因。SEC民事訴追(2004/2/19)	無罪答弁。保釈金：500万ドル。判決：禁固24年4カ月→第五巡回裁判所へ控訴
㉑レイ会長証券詐欺等事件 |刑事告発→逮捕→無罪答弁→正式起訴(2004/7/7)|	Kenneth Lay (62歳)／Mike Ramsey	Chairman & CEO	主権詐欺など11の訴因。SEC民事訴追(2004/7/8)	無罪答弁。保釈金：50万ドル 有罪評決の後，判決前に死亡→起訴と有罪が無効
㉒リーカー・インサイダー取引事件 |刑事告発・略式起訴→逮捕→有罪答弁(2004/5/19)|	Paula Rieker (49歳)／Dany Ashby	Corporate Secretary	インサイダー情報に基づきエンロン株の売買により62万9,000ドルを取得。SEC民事和解(2004/5/19) DOL民事訴追(2003/6/26)	有罪答弁／司法取引(2004/5/19)。保釈金：20万ドル 判決：禁固2年，執行猶予付き
㉓ケーニック証券詐欺幇助事件 |刑事告発・略式起訴→逮捕→有罪答弁(2004/8/25)|	Mark Koenig (47歳)／Philip Inglima	Head of Investors Relations	虚偽の財務情報の開示（証券詐欺幇助）。SEC民事和解(2004/8/25)	有罪答弁／司法取引(2004/8/25)。判決：禁固18カ月，執行猶予付き
㉔デスペイン証券詐欺事件	Timothy Despain	Assistant Treasurer	エンロン格付向上のために虚偽情報の開示。SEC民事和解(2005/2/8)	有罪答弁／司法取引(2004/10/5)。判決：禁固4年，執行猶予付き

　エンロン経営破綻から2年以上経過し，エンロン事件以後に発覚したタイコ・インターナショナル[29]のトップ経営者などが次々に逮捕・起訴されているのに，なぜエンロンの経営トップに対する刑事訴追が進まないのかと，検察に対して合衆国議会や世間から批判や疑問の声が高まる。

　ヒューストンの大陪審は，レイ氏の秘書団，会計士，ゼネラル・カウンセル，

レイ氏の家族などに対して数カ月にわたり尋問（hearing）を続けようやく起訴に漕ぎ着ける。検察がエンロン経営トップを刑事犯罪（詐欺罪）として立件するには，①エンロンが部分的にせよロー・ファームの意見を聴取して了承を得た，②コッパー氏やファストウ氏と違って，スキリング氏やレイ氏がエンロンから搾取した金を個人の懐に入れたという証拠が掴めない，③スキリング氏およびレイ氏の職位は，ファストウ氏と違って取締役兼務であった，④スキリング氏とレイ氏間にSPE（LJM1，LJM2）に損失が生じてもエンロン本社が保証するとの紳士協定（handshake agreement）があったとの証拠が固められない，⑤エンロン子会社EBSの本社側責任者のスキリング氏が架空取引の事実をどこまで把握していたのか証拠が得られない，といった事情に対処しなければならず，難しい立証作業であった。

2003年11月24日の「バッソン第4次（最終）レポート」は，レイ前会長とスキリングCEOは，SPE取引について，部下の監督を怠った責任があると結論する。これが直ちに立件，立証に繋がるわけではないが，有力な証拠となり得ることは確かである。ようやく2004年に入って，エンロン経営トップ2（レイ氏とスキリング氏）に対する刑事訴追が実現する。エンロン経営破綻から約3年の間の検察側戦略と起訴経過について，振りかえってみよう。

(A) 検察による刑事訴追戦略

他に類を見ない複雑な企業不正事件を捜査する司法省のエンロン・タスクフォースは，エンロンの経営トップに対する訴追戦略を描きつつ，遅々ではあるが着々と捜査を進める。訴追戦略のロード・マップは，ファストウ氏に対する刑事告発状（criminal complaint：United States v. Andrew S. Fastow, No. 02-889-M, 2002/10/2）の中にも見て取れる。検察は，企業組織の階層（corporate ladder）に沿って上位職へと捜査を進める。最高位までの到達手順は，①まずファストウ氏とコッパー氏が取り仕切るSPE（Southampton）を利用して730万ドルの違法な利得を図った3名のイギリス人銀行家を電子詐欺（wire fraud）の容疑で刑事訴追（2002/6/27），②エンロン子会社のマネージング・ディレクターでファストウ氏の参謀役コッパー氏より有罪答弁を引き出し，司法取引で検察

側証人を引き受けさせる (2002/8/22), ③ 前エンロンCAOのコウセイ氏の名前と地位をファストウ氏刑事告発状に明記して, ファストウ氏とともにSPE (LJM) との不正取引に関与したことを示唆し, コーセィ氏を起訴のターゲット (target：検事が起訴を前提に捜査を行う標的者) とする (2003/5/1), ④ ファストウ氏刑事告発状で名前こそ明記してないが,「エンロンの前CEO[30]および前財務役がLJM取引についてエンロン取締役会に対して虚偽の報告をした」と記載し, 刑事訴追が近いことを示唆する (2003/5/1), ⑤ エンロンの前財務役のグリッサン氏から司法協力こそ得られなかったものの, 証券詐欺, 資金洗浄等について有罪答弁を得る (2003/9/10), ⑥ 北米エンロン社の前CEOのデェレイニー (David Delaney) 氏からインサイダー取引について有罪答弁を得る (2003/10/30), ⑦ 幼児の養育問題に絡めてファストウ氏夫妻を司法取引に持ち込み司法協力を得る (2004/1/14), ⑧ ファストウ氏から得た情報を切り札に (i) コーセィ氏を起訴 (2004/1/22), (ii) スキリング氏を起訴 (2004/2/19), (iii) レイ氏を起訴 (2004/7/7) する。

　検察の重要な戦略の1つは, 被疑者の財産の差押命令を管轄裁判所に出させ経済面で圧力を加えることである。例えばスキリング氏に対しては, ① 現金6,600万ドルの差押 (年利子100万ドルの半分を生活費, 税金, 保険料および訴訟費用への充当は許可), ② 550万ドル相当の不動産 (住宅, コンドミニアムなど) の差押 (370万ドルの借入金返済は許可), ③ 刑事・民事の訴訟費用としてロー・ファームに預託した2,300万ドルの信託財産の没収, を行う。

(B) ファストウ氏 (エンロン元CFO) の起訴

　ファストウ氏は, ① SPE (LJM：Chewco, RADRなど) を通じて4,500万ドルを超える個人的利得を得た, ② エンロン財務諸表を改ざんし売上と利益の水増しに共謀しコッパー氏経由で推定3,000万ドルのキックバックを不正に受け取った, として起訴される。ファストウ氏起訴の経緯は, 刑事告発→FBIによる逮捕→連邦治安裁判所 (U.S. Magistrate Court) へ連行 (2002/10/2)→保釈金 (500万ドル) 支払により釈放 (2002/10/2)→連邦証券 (取引) 法違反によりSECから民事訴追 (2002/10/2)→98項目の罪状で正式起訴 (2002/10/31)→連邦治安裁

判所 (Maria Crone 判事) の罪状認否手続において罪状のすべてについて無罪を主張 (2002/11/7) →11の罪状 (インサイダー取引, 虚偽税務申告, 会計帳簿の改ざん共謀) を追加され合計109の罪状で追起訴 (supervening indictment) (2003/5/1) →エンロンの前財務役補佐のレア・ファストウ氏 (ファストウ氏の妻) を逮捕・正式起訴 (2003/5/1) →ファストウ氏の配下であったエンロンの前上級執行幹部7人を逮捕・正式起訴 (2003/5/1) →エンロン前財務役のグリッサン氏と司法取引 (2003/9/10), このように司法当局は次々に手を打つ. ちなみに, ファストウ氏が追起訴の109の罪状どおり有罪となれば,「連邦量刑ガイドライン」によって理論上, 1,142年の禁固, 2,700万ドル以上の罰金, 計算上, 途方もない量刑になる.

結局, 捜査協力が評価され司法取引時の10年から6年の禁固刑で結審する.

(C) コーセィ氏 (エンロン元CAO) の起訴

エンロン組織の序列 (hierarchy) において, ファストウCFOと並ぶナンバー3の地位にあったアーサー・アンダーセン会計士出身のコーセィ氏は, パワーズ・レポートにエンロン不正会計の管理ミスを指摘され, 解雇される (2002/2/14). ファストウ氏起訴状において名指しこそされなかったものの刑事告発の対象であると職名 (CAO) で記されたため, FBI, IRSおよびSECによる捜査が続く. 当初, 検察は正式起訴を経ないで逮捕するつもりであったが, ファストウ夫妻との司法取引を考慮 (ファストウ氏は, コーセィ氏を共謀者と主張) して, 正式起訴状 (Cr. No. H-24-05, 2004/1/22) を待って逮捕する. 証券詐欺, 電子詐欺など6つの罪状 (その後の追起訴 (2004/2/19) で31に拡大) のコーセィ氏は, 連邦治安裁判所のもとで, 無罪を主張する. 結局, 有罪答弁/司法取引 (2006/11/15) に応じ150万ドルの罰金と5年6カ月の禁固に服する.

起訴と同日にSECは, コーセィ氏に対して証券詐欺行為として①不当利得の返還, ②罰金, ③公開会社の取締役もしくは執行役としての活動の永久禁止, ④証取法違反行為の将来禁止, を求める.

(D) スキリング氏 (エンロン元CEO) の起訴

2004年2月19日, エンロンの元CEOのスキリング氏が逮捕・起訴となる.

ハーバード大学からマッキンゼーというエリート・コースを経てエンロン入りしたスキリング氏がFBIから後ろ手に手錠をかけられて, 5名の弁護士に付き添われ連行される姿が生々しく報道される。スキリング氏は, 連邦治安のスティシー判事の面前での罪状認否において無罪を主張し, パスポート没収と保釈金500万ドルを支払って保釈される。

スキリング氏に対する起訴状は, 主としてPresident & COO時代 (1999～2001) における擬装企業運営, インサイダー取引など35の罪状 (すべて有罪となれば8,000万ドルの罰金と325年の禁固刑に該当) を挙げる。1998年から2000年の間に人為的に吊り上げたエンロン株の売却によって, 8,900万ドルの利得と400万ドルの給料支払小切手を得たとされる。氏は, 無罪を主張するも陪審員による有罪評決 (2006/5/25) を経て24年4カ月の有罪判決 (2006/10/23) となり控訴する。

(E) レイ氏 (エンロン前会長) の起訴

エンロンの創業者でありブッシュ大統領親子や政治家との親交が厚いレイ会長に対する起訴は, 当初, 実現を疑問視する向きもあった。が, スキリング起訴状にはレイ氏の名前もタイトルも言及されていなかったが, 捜査は継続していた。検察は, 2年6カ月にわたる捜査の結果, ついに起訴に踏み切る (2004/7/7)。レイ氏がFBIに逮捕・拘束される映像が全米に報道される。レイ氏は, 50万ドル (当初, 検察はスキリング氏の500万ドルを超える600万ドルを主張) の保釈金を積んで釈放される。翌日, 記者会見したレイ氏は, 「エンロン破綻につき責任を感じているが, 法律違反はしていない」と無罪を主張し, 「ファストウこそ会社を食い物にした泥棒でありエンロンを破滅させた」と強調する。

起訴は, スキリング氏とコーセィ氏の起訴に追加するする形式 (追起訴: superseeding indictment:Cr. No. H-04-25 (S-2)) を採り, 3氏の共同公判が示唆される。レイ氏の主任弁護士ラムゼイ氏は, 迅速裁判法 (Speedy Trial Act of 1974) に基づいて, 顧客の刑事裁判を早急に開催するよう求める。場合によっては, 陪審員抜きにより判事が事実認定する形式にすべきと主張する。

レイ氏は, スキリング氏とコーセィ氏と同様に, 3名が同一起訴状であって

も個別公判とするようレイク判事に要請（2004/8/11）する。起訴状によれば，証券詐欺，虚偽報告を含む11の罪状からなり，すべて有罪となれば175年の収監と575万ドルの罰金刑に該当する。レイ氏起訴を受けてSECも同日，レイ氏に対して詐欺およびインサイダー取引を理由に民事訴追（SEC v. Lay/ Skilling/ Causey, Civil Action No. 04-0284 (Harmon)）を行い，自己株式売却代金900万ドルの返還を要求する。ただし，SEC訴訟は，刑事訴訟が動き出すまで審問を行わない。

　レイ氏の公判日（2006年1月の当初予定）が決まらないなか，ワールドコムのエッバース前CEOが有罪評決（2005/3/5）を受ける。新興企業を創業し大躍進させ破綻させた両氏（ともに63歳）は，「下部で企業の犯罪行為が行われていたことを知らなかった。CFOが首謀者となり行われた」と口を揃える。エッバース前会長の有罪（量刑は63歳の年齢からみて実質的に終身刑が確実）によって共通点の多いレイ前会長に対する陪審員審議が影響を受ける可能性は少なくない。

　果たして，2006年5月，レイ氏は有罪評決（2006/5/25）を受けるが，その40日後に心臓麻痺で急死する。

(6) アーサー・アンダーセンのエンロン関連文書破棄事件

　89年の輝かしい歴史をもつアーサー・アンダーセンは，16年間エンロンの会計監査を担当してきた。まず，エンロンの不正経理を看過し不適切な監査を行ったとの疑惑がかけられる。そのうえ，SECによる照会調査（inquiry）の開始時（2002/10），大量のエンロン関連文書をシュレッダーにかけ電子メールを消去した事実が発覚した。エンロンは，アンダーセンとの監査契約を解約（2002/1/17）する。

　アンダーセン・グループは，文書破棄司法妨害事件において起訴されたことが致命傷となり，陪審員の有罪評決前から仕事量の激減，組織ごとの身売り，業務別の切り売り，吸収合併などに追い込まれる。社内弁護士の数行のEメールとこれに基づく陪審員の有罪評決が世界の巨大会計監査グループの崩壊に引導を渡す結果となる。アーサー・アンダーセンは，2002年8月末をもってアメ

リカ上場企業の監査業務から撤退し、2万8,000名の従業員が有罪評決後2年間で250名に激減し、2005年4月末現在で約200名となる。その経緯について詳細に検討してみよう。

(A) エンロン関連文書破棄の経緯

① 2001年10月12日：アンダーセンの社内弁護士のテンプル(Nancy Temple)氏は、アーサー・アンダーセンの秘密書類管理指針である「文書保存・破棄規程」(Andersen's Document Retention Policy : DRP)をリマインド(remind)すべき旨の社内Eメール[31]をヒューストン地区の総責任者（事業所長）でリスク・マネジメント担当のパートナー会計士であるオドム（Michael Odom）氏に宛て発信した。テンプル氏のリマインド・Eメール・メッセージの文言は、文書保存規程の遵守をリマインドするに留まっていて"保持"や"破棄"の言葉はなく、どちらを求めているのか明瞭ではない。

② 10月10日：オドム氏は、アーサー・アンダーセンのトレーニング講座において「訴訟が開始されると文書の破棄はできないが、その前であれば可能である」として、文書の保存・破棄の社内規程に従う必要性を説く。

③ 10月13日：エンロン担当のシニア・パートナー会計士のダンカン(David Duncan)氏は、上司(supervisor)であるオドム氏からテンプル・メールの転送を受ける。

④ 10月23日：エンロン監査担当の責任者による緊急会議が招集され、文書の保存・破棄の社内規程に従うよう指示が出される。数万点、数トンに及ぶ関係文書の破棄とEメールの消去は、アーサー・アンダーセンのヒューストン事務所を始め、シカゴ、ポートランドおよびロンドンで行われる。アーサー・アンダーセンに対する検察当局の起訴状[32]によれば、文書破棄は10月10日に始まったとされる。

⑤ 11月9日：テンプル氏はダンカン氏へのヴォイス・メッセージにおいて、「SECからの召喚を受けたので、すべてのエンロン関連書類を保存するように」と指示し、ダンカン氏のアシスタントがエンロン担当者に対して「これ以上の文書破棄は止めるように」とのEメールを発信する。続いて

11月10日，テンプル氏は，ダンカン氏を含む9人のエンロン担当者のそれぞれに対して，文書を保存するようEメールを発信する。

⑥ 2002年1月10日：アーサー・アンダーセン自らも「エンロン担当者がマネジメントの許可を得ずに独断で文書の破棄を行った」と事実を認める声明を出す。

⑦ 1月15日：アンダーセンは，文書破棄行為を指導したとしてエンロン担当のダンカン氏を解雇する。

⑧ 1月17日：エンロンは，アーサー・アンダーセンとの16年にわたる監査契約を解約する。

アーサー・アンダーセンのDRPは，保存のみならず破棄のケースについても規定しており，訴訟，政府機関もしくは専門機関による捜査・調査が進行もしくは予期されていない限り，所定保存期間を経過したすべての文書の破棄を許す旨，規定されている。

(B) アーサー・アンダーセン起訴に至る経緯

① 2002年1月24日：テンプル氏は，合衆国議会（エネルギー・商業委員会）からの公聴会召喚に応じ「文書破棄を示唆する意図はなく，Eメール発信当時，SECがエンロン捜査を開始したことも知らなかった」と証言する。

② 3月上旬：司法省は，文書破棄行為が司法妨害（obstruction of justice）にあたるとしてアーサー・アンダーセンを起訴する方針を固める。司法省は，Ⅴ章2節(5)で触れるとおりアンダーセンの有罪答弁と司法協力と引き換えに3年の起訴猶予（probation）を準備していたが，犯罪を容認すれば監査業務のライセンスを失うのではとおそれるアンダーセンから色よい返事が得られず，公判（trial）を回避する司法取引は成立しない。

③ 3月14日：司法省は，エンロン関係文書の破棄行為を司法妨害としてアーサー・アンダーセンを起訴し，陪審員審議を要求する（US v. Arthur Anderson, LLP (Indictment, Cr. No. H-02-121, U. S. District Court, Southern District of Texas, 3/14/02)。

④ 3月22日：証言採取（deposition）が開始されると，テンプル氏は議会公

聴会において合衆国憲法第五修正条項（Fifth Amendment）に基づき自己負罪拒否特権[33]を援用する。2時間にわたる証言採取の質問のほとんどすべてに対して回答せず，以後，議会公聴会および裁判審理において一貫して証言を拒否する。テンプル氏が刑事捜査の次の標的（target）とみられていたためである。

⑤ 2002年4月9日：ダンカン氏は，有罪答弁／司法取引を行って，(i)余罪は追及されない，(ii)詐欺罪（通常，10年の禁固刑，最高25万ドルの罰金）の減刑期待，と引き換えに司法省に捜査協力することを約する。

SEC捜査を知りながら関係文書の廃棄を実行もしくは奨励した組織の役職員は，司法妨害罪に問われる。執行幹部と代理人（officers and agents）の行為が違法となれば,雇用者である法人あるいはパートナーシップも罪に問われる。エンロン刑事訴訟では，関係文書の破棄に係わったアーサー・アンダーセンの役職員がSEC捜査をどの時点で知ったかが刑事責任を問う鍵になる。

(c) **陪審員審議の経緯**

アーサー・アンダーセンのエンロン文書破棄疑惑について12名（男：9，女：3）の陪審員による審議は難航を極めた。その大きな理由は，テンプル・リマインドEメールで文書取扱規程をエンロン担当（Enron engagement）の責任者にリマインドした社内弁護士（テンプル氏）の行為が文書の廃棄を示唆したか否かについて見方が分かれたからである。肯定意見では，①訴訟提起が予想されるエンロン事件のような場合に文書廃棄を指示することはあり得ない，②文書取扱規程に従って満杯のファイルを減らすために不必要な余剰書類の破棄を指示したに過ぎない，とみる。否定的見解は，①文書廃棄を防止しようとしたのであれば，その旨明記して指示を出すべきだった，②曖昧なメールをわざわざ出したのは文書破棄の承認を与えたものと解されても仕方がない，とみる。問題のEメールの出し手であるテンプル氏は，「文書破棄を指示したことはないし，エンロン事件についてSEC捜査が開始されたことは知らなかった」と主張し，受け手であるダンカン氏は，「文書破棄の指示を受けた」と証言する。ダンカン氏は検察側証人として出廷し「テンプル氏およびマネジメント上層部

が書類破棄に関与していた」と証言する。また，ダンカン氏の弁護士（Sullivan & Cromwell）によれば，今回のような文書破棄はアンダーセンが長年採ってきたやり方だったと述べる。

陪審員は，2002年5月から6週間，10回の長い審議を行い，次のような経過を経て2002年6月15日に司法妨害について陪審員長（jury foreman）のOscar Criner氏（コンピューター・サイエンス教授）を含め全会一致で有罪と評決する。その経緯は，①陪審員（100名を超える候補者リストから12名の正陪審員と4名の代替陪審員）[34]の選任（5/6），②公判が開始（5/7），③証人19名（被告側：15名，検察側：司法協力を約したダンカン氏を含む4名）による証言（5/13-18の5日間，SECのThomas Newkirk弁護士が最初の証人），④陪審員（男性9，女性3の12名，なお代替員は女性4）による審議開始（6/5），⑤陪審員審議，デッドロックに陥る（6/12），⑥ハーモン判事，陪審員に対して，個人の犯罪者を特定しなくてもパートナーシップ（アーサー・アンダーセン）を有罪にすることが可能との説示（jury instruction）を行い，審議の促進を要請（6/14），⑦陪審員による1回目の評決は有罪と無罪3対3，2回目は9対3，最終的には全会一致で司法妨害罪によりアーサー・アンダーセンに有罪評決が下される（6/15）。

(D) **陪審員評決**

陪審員が有罪と評決した理由づけは必ずしも明快ではなかった。陪審員は，少なくも4人の犯罪行為説得被疑者（potential corrupt persuader）[35]のなかから最終的には満場一致でテンプル氏を認定しながら，評決書に明記せずに企業であるアーサー・アンダーセンのみが従業員に犯罪を説得（corruptly persuading）したとする異例の扱いをした。そのうえ，評決直後の記者会見において陪審長（jury foreman）を含む4名の陪審員が，「有罪評決の決め手は，文書破棄についてのテンプル氏のリマインド・Eメール（2001/10/12）ではなく，テンプル氏が社内メモから自分と法務グループの名前を削除することを求めた別のEメール（2001/10/16）[36]にあった」と意外な発言をする。検察と被告の両陣営の弁護士が全く着目しなかったポイントだったために内外に波紋が広がる。

テンプル氏のローヤリング内容を記載したダンカン氏宛てのテンプル・リマ

インド・社内Eメール・メモ（2001/10/16）が発信された経緯は次のとおりである。

① アンダーセンは，エンロンが2001年第3四半期報告書に開示する6億3,800万ドルの損失と12億ドルの減資についての記者発表（press release）用ドラフトの文言に異論をもつ。

② エンロン担当のダンカン氏がエンロン・ドラフトの文言に対してアンダーセンのコメントを記した社内メモ（internal memorandum）を作成し，テンプル氏に法的検討を求める。

③ テンプル氏は，ダンカン氏に対して次のような助言と要請を行う。
　(i) エンロン損失は"一過性"（non-recurring）と表現した部分は削除すべきである。理由は，(a)エンロン株主に誤解を生じさせる，(b)アンダーセンがその旨指摘しないと一過性と認定したとみられ，連邦証券規制規則の違反に問われるおそれがある。
　(ii) 将来，訴訟になった場合の証人喚問を回避するためにダンカン氏の個人メモから自分と法務部門が検討したとの記述を削除する。
　(iii) その他，ミスリードのおそれがある若干の表現を修正する。

④ ダンカン氏は，テンプル氏の助言に従ってメモを修正してエンロンに提出する。

⑤ 結局，エンロンは，"一過性"の文言を削除せずにプレス・リリースする。

(E) 陪審員評決に対する批判

陪審員が記者会見で発言した評決根拠について，法律家の合法的な法律実務を阻害するものとして法曹界などから強い反対意見が出る。例えば，ニューヨーク・タイムズ紙[37]は，①"一過性"の表現を削除すべきとの助言は，弁護士の日常的な編集（editing）上のコメントに過ぎない，②自分と法務グループの名前を削除すべきとのテンプル氏のコメントは，弁護士秘匿特権を維持して，弁護士証人を避けようとする実務で一般になされている，③したがって，テンプルEメールの内容は，犯罪行為ではなく善意の助言（bona-fide advice）に過ぎない，として司法当局を訴訟で勝利させた陪審の誤った判断は受け入れ難い

と論評する。

　要するに，テンプル氏がダンカン氏の求めに応じて行ったローヤリング (lawyering：法律相談) は，企業を守るために雇用された社内弁護士が弁護士秘匿特権を考慮して日常的に行う法律実務に過ぎないと主張したのである。

(F) アーサー・アンダーセン有罪判決に対する上訴審判断

　ヒューストンの連邦地方裁判所のハーモン判事は，評決を取り消すよう求める被告人弁護士ハーディン氏による再三の申立 (petitions) を却下し，上記陪審員評決を受けて 2002 年 10 月 16 日にアンダーセンに対して有罪判決を申し渡す。世界をリードしてきた会計監査法人に対する初の重罪 (felony) 判決である。判決内容は，50万ドルの最高罰金刑と 5 年間の保護観察処分である。陪審員が法人を有罪とするには少なくも 1 名の犯罪説得者 (corrupt persuader) を特定しなければならないとしてきた慣行を破った陪審員評決については，個人の犯罪者を特定しなくともパートナーシップのみを有罪にできるとする画期的な法律判断 (landmark legal decision) である。

　アーサー・アンダーセンによる文書破棄司法妨害事件は，大陪審の正式起訴 (2002/3/14) から有罪評決まで 3 カ月，第一審判決まで僅か 7 カ月であった。アンダーセンの半年後に起訴 (2002/9/17) された本節 (7) で述べるナイジェリア事件の陪審員評決 (2004/11/3：メリル・リンチおよびエンロン幹部 5 人の有罪) が起訴後 2 年半を要したのをみても，如何にスピード判決だったかが解る。

　ハーモン判決に対してアーサー・アンダーセン側は，第五巡回控訴裁判所[38]にハーモン判決の誤審 (misstrial) を理由に控訴手続 (No. 02-21200, 2004/6/24) をとる。

　アーサー・アンダーセンの控訴理由は，① ウェイスト・マネジメント (Waste Management) 事件およびサンビーム (Sunbeam) 事件においてアンダーセンが行ったSECとの和解についての証拠資料を誤って許容した (連邦民事訴訟規則 404 (b) 条違反)，② 合衆国憲法第 5 修正条項に基づく証言拒否を行使している証人 (テンプル氏) が作成したノートとEメールを陪審員に説示し検察の尋問を許した，③ 司法当局の主張を容れてアンダーセンによる反論証拠の一部の提出を

拒んだ，以上の行為を行ったハーモン判事の判断は誤審であると主張する。

通常，陪審員の法廷外（記者会見）での発言については控訴の対象とはならない。第五巡回控訴裁判所は，予備審理（2003/10/9）において，アーサー・アンダーセンを有罪とした陪審員評決を覆すべきか否かの討議を行った結果，①陪審員評決およびハーモン判決を認める，②新たな公判を命じる，③新たな公判を開かずに陪審員評決を覆す，何れかの判断を示すことで3名の裁判官合議が得られる。2004年6月16日，アンダーセン有罪判決を確認し全会一致で控訴を棄却する。これに対してアンダーセンは連邦最高裁に上告手続（No. 04-368）をとる。アンダーセンの上告を支持する①ワシントン法律財団（担当弁護士：Paul Kamenar），②アメリカ商業会議所，③アメリカ刑事事件防禦弁護士協会などが，最高裁において実質審議を行うよう意見書（amicus curiae：アミカス・キュリィ）を提出（2004/12/8）する（①および②の弁護士：Virginia Seitz of Sidley Austin Brawl & Wood）。

2005年5月31日，ついに連邦最高裁は，アンダーセン有罪判決を全会一致で覆し第五巡回裁判所へ差し戻す（Arthur Andersen LLP v. US, 125 S. Ct. 2129 (2005)）。理由は，陪審員に対する連邦地裁判事の説示が不適切（SEC捜査を回避したことで有罪にできるとし，司法妨害には違法性の認識を要することを示さなかった）であったとする。直ちに検察側は再起訴／再審を断念する（2005/12/20）。

この最高裁判断は，①司法省およびSECの企業犯罪訴追姿勢，②法律家の企業法務ローヤリング，③係属中のエンロン訴訟などに対して，今後どのような影響を与えるか注目される。しかし，アンダーセン崩壊の現実については，覆水を盆に返すことはできず，無罪が確定すれば補償問題が浮上するに過ぎない。

(7) ナイジェリア発電用艀プロジェクト不正取引事件

エンロンとメリル・リンチ間のナイジェリア向け発電用艀の不正取引事件についての刑事裁判は，エンロン事件の企業幹部に対する最初の刑事裁判である。2002年10月判決のアーサー・アンダーセン書類廃棄事件の判決は，企業に対する司法妨害罪であって，企業幹部の刑事責任には及ばなかった。疑惑は，エ

ンロンが買い戻しの口頭密約のもとに艀3杯をメリル・リンチに売渡し,1990年度の売買所得として1,200万ドルの利益を水増したことである。

　この裁判の経緯は,①ヴァレイン(Edwin Werlein)判事,被疑者7名を個別に公判にかけるべきとの被告の要請を却下(2004/4/21),②ヴァレイン判事,陪審員リストを非公開とすべきとの検察側の要請を却下(2004/5/27),③公判手続が開始(2004/9/20)され,初日に陪審員を選定(ヒューストンおよび周辺地区における150名の候補者のなかからエンロンに対して偏見がない公平な12名の陪審員と代替者4名を選出),④6週間に及ぶ証拠・証人尋問手続(testimony)実施,⑤エンロン元財務役で服役中のグリッサン氏,自己負罪拒否特権を援用して証言(個々の役職員を責めずにエンロン文化を批判)(2004/10/6),⑥陪審員(男性,女性それぞれ6名),被告5名を有罪,1名を無罪(買戻しの密約を知らず,しかもエンロン経営陣に対して何度も取引の不適格性を警告していたため)との評決(2004/11/3),⑦ヴァレイン判事,陪審員を再度召集し,原告・被告側のエンロンおよび株主に与えた損害額(有罪者の量刑の基礎となるが,政府側:4,300万ドル,被告側:12万ドルと証言が大幅に異なった)を連邦量刑ガイドラインに基づいて算出し判事に助言するよう要請(2004/11/5),⑧陪審員,株主損害額を137万ドルと査定(2004/11/9),⑨有罪評決を受けた5人の被告のうち大資産家であるベイリー氏が自宅軟禁に置かれ,保釈金を5万ドルから200万ドルに増額(2004/12/30),以上である。

　量刑の査定は,過去20年間,連邦地方裁判所判事の仕事であったが,従来の量刑ルールは憲法上問題ありとする最近(2004/6/24のBlakely v. Washington判決以降)の最高裁の論議を配慮したヴァレイン判事による異例の要請であった。判決の申渡しは,2005年3月から順次始まる(ブラウン氏およびボイル氏:3年10カ月,ベイリー氏:2年6カ月,ファス氏およびファースト氏:3年1カ月)。

(8) EBSブロードバンド不正取引事件

　エンロン経営トップの刑事訴訟に至るまでの2大刑事事件として,既述したとおりアンダーセンの文書破棄(司法妨害)事件とメリル・リンチ/ナイジェリア

欝プロジェクト不正取引事件が挙げられる。しかし，前者はアーサー・アンダーセン，後者は主としてメリル・リンチ幹部（被告のエンロン社員は上級幹部ではない）に対する訴訟であった。純粋な意味では，EBSブロードバンド事件は，エンロン上級幹部（corporate executive-level）に対する初の大型エンロン訴訟である。

エンロンの事業ユニット（SBU）でインターネット・ビジネスを行うEBS（Enron Broadband Services）の幹部7名は，投資家に虚偽の情報を流し株価を吊り上げ，自らも利益を得るために証券詐欺，共同謀議，インサイダー取引，資金洗浄等の容疑で起訴される。例えば，Blockbuster Video社との間で，ムビー・オン・ディマンドの配信という未だ未開発の技術につき20年間の独占契約を締結し，それを根拠にSPEに数千万ドルの売上と利益を計上する。そして，インターネットにより自宅テレビで希望の映画が鑑賞できると宣伝し，54ドルのエンロン株を翌日に72ドルに跳ね上げるなどして投資家を欺く。

ブロードバンド証券詐欺事件で刑事訴追されたEBSの幹部のうち，2名（Rice and Hannon：図表9参照）が既に有罪答弁（司法取引）しているが，5名（Hirko, Yeager, Shelby, Howard and Krautz：図表9参照）が無罪を主張した。ブロードバンド裁判（Cr. No. H-03-93-05, 2004/11/5）を担当するギルモア（Vanessa Gilmore判事，46歳）法廷では，2007年6月30日現在，① 1名（Haward）：有罪評決の取消，② 1名（Krautz）：無罪判決，③ 3名（Hirko, Yeager, Shelby）：再審待ち，の状況である。

3. 行政機関によるアクション

エンロン事件を行政面から監督する行政機関（administrative agency）としては，① 行政委員会（administrative board）：SEC, FERC（the Federal Energy Regulatory Commission：連邦エネルギー規制委員会）など，② 省庁：IRS（Internal Revenue Services：国税庁），DOL（Department of Labor：労働省）などがある。SECやDOLは，規制制定権（adminitrative rule-making power）を有

するほか，準司法的権限（quasi-judicial power）に基づきいわば刑事と民事の中間に位置する制裁措置を命ずることができる。これらの行政機関は，所管の規制法に違反（violation）する行為に対して捜査権をもち，行政審判官（administrative law judge）による審決（ruling）を下す権限を有するほか，所轄事項について民事訴訟を提起する権限を有する。本書ではこれらを総称して"行政機関によるアクション"（regulatory enforcement actions）と称する。エンロン事件では，担当行政機関が司法省および他の行政機関と緊密に連携しながら捜査を進め，2004年6月現在，行政機関が徴収した罰金は，4億3,000万ドルに達する。これらの金額は，原則としてエンロン株主に最終的に支払われる。

(1) SECクレーム（証券詐欺，インサイダー取引等の疑惑）

証券関連の諸活動を規制する行政委員会であり，①連邦裁判所に対する民事訴訟の提起，②行政命令等の手続，③行政審判官による審決，④SEC意見書の公表などの行政措置を講じる。SECが2002年に取り扱った行政措置は約600件に上る。このうち，SOX法の成立以降1年以内に354件の企業犯罪が告発され，250件が有罪となる。その制裁（sanctions）の内容は行政罰，民事罰など，諸種の形式がある。エンロン事件以来，陪審員が企業不祥事に厳しくなった機会を捕らえて，SECの対応はより厳しくなったといわれる。従来は民事事件の領域であったはずの行為まで犯罪事件に仕立て，捜査協力しなければ裁判（trial）に持ち込もうとしているなどと揶揄されるほどである。他方，多発する企業不祥事でSECの人的および資金的な資源が不足し，本来の役目である不祥事の監視役（gate-keeper）を民間企業と弁護士にシフトしようとする動きともみられる。

SECは，SEC所管事項について司法省エンロン・タスクフォースと緊密に連携してエンロン事件を捜査し，検察による刑事訴追（criminal charge）に並行して民事訴追（civil complaint）を行う。エンロン刑事訴訟事件のほぼすべてのケース（図表8参照）について，またエンロン民事訴訟の相当数のケース（図表7参照）について，SECが民事訴訟を提起している。例えば，ナイジェリア艀

プロジェクト不正取引事件では，SECは，メリル・リンチおよびメリル・リンチの執行幹部4名に対して，ヒューストンの連邦地裁に民事訴訟を提起する。もっともSECの請求は，①罰金，②個人的に得た不正利得の返還，③公開会社の取締役もしくは執行幹部への就任の永久禁止，④証券取引法のさらなる違反行為の永久差止，といった通常の民事訴訟とは異なる独自のものである。

エンロン事件で刑事や民事の訴訟対象となっていなくても，SECから訴追を受けたケースもある。北米エンロン社の元CAOのコルウェル（Wesley Colwell）氏は，カリフォルニア電力価格に関連し4億ドルの利益隠しのため帳簿の改ざんに助力したとしてSECから民事訴追を受けるが，和解する（2003/10/9）。また，SECはエンロンの社内弁護士であったミンツ氏およびロジャース氏に対しても証券取引法違反を理由に民事訴追する（2007/3/28）。

(2) その他の行政機関によるクレーム

(A) IRSクレーム（脱税疑惑）

2003年2月になってエンロンの脱税疑惑が暴かれる。合衆国議会両院合同租税委員会（委員長：Charles Grassley氏）[39]は，1年にわたる調査結果として，「エンロンは社外の弁護士グループ，会計事務所，銀行家，そして税務コンサルタントを使って，IRSも見抜けぬほどの巧みな12のタックス・シェルターを考案し，長年の間に20億ドルの税金逃れを行った」とする議会報告書を公表し，エンロンと共謀（complicity）したプロフェッショナル・アドバイザーを厳しく批判する。そして，一部の議員は，Bankers Trust（現Deutche Bank）がエンロンの売上の水増し（4億4,600万ドル）に助力しエンロンから5,300万ドルの相談料を得たとしてSECに調査を要請する。

上記の議会報告書によればエンロンは，① 1996～1999年の期間に，株主に対しては23億ドルの利益があったと報告し，税務当局には30億ドルの損失と申告し連邦法人税をゼロとし，② 2000年には6,320万ドルを納税し，③ 2001年には再び納税額ゼロとする。エンロン・スキャンダルは，会計詐欺事件から税務官僚の贈収賄を含めた疑獄事件へと展開し始めた。エンロン税務部門は，

まるでプロフィット・センターの如く課税所得の減額に注力していたという。エンロンの執行幹部の報酬についても，免税扱いとなるような遅延支払方式[40]，個人融資，会社財産の持分譲渡など，さまざまなタックス・シェルター（tax shelter）を考案し課税を回避したとされる。

しかしながら，議会報告書は，明白な法律違反があったとは認定していない。エンロン脱税事件では，ファストウ氏夫妻，ローヤー（Lawrence Lawyer）氏など，個人が刑事告発されたケースはあり，2004年1月時点でなお4名の前執行幹部が脱税容疑でIRSの捜査を受けているが，エンロン自体の脱税詐欺罪の立証は難しそうである。

議会報告書の翌3月には，第二次バッソン・レポート[41]が公表される。報告書は，①エンロンは通常の節税対策やタックス・シェルターの域を超えており，節税予想額から会計上の収入まで創造して会計原則を歪曲し，②金融機関（CitibankおよびJ. P. Morgan Chase）も会計手法の構築に手を貸している，③エンロン会計は，GAAP（Generally Accepted Accounting Principles）に違反する，と批判した。バッソン検査官は，エンロン債権者の利益のために債権者の勘定で調査をする立場であり，検察官（prosecutor）のように攻めの内容と表現になっている。

(B) FERCクレーム（買電価格不正操作疑惑）

エンロンは，規制緩和対象産業に狙いを定めて業容を拡大してきた。アメリカ電力業界において規制緩和によって民間企業による売電が可能になると，エンロンは自ら発電プラントを建設・所有し売電する方式のBOT（Buy, Operate and Transfer）ないしBOO（Buy, Own and Operate）のビジネスに参入する。

1996年の電力事業の規制緩和後，2000～2001年にかけてカリフォルニアで電力不足によるエネルギー危機が勃発する。その際に作成されたエンロンの社外弁護士と社内弁護士との共同メモ[42]の発覚が発端となって，エンロンが関係会社Enron Transwestern Pipeline（ETP）を通じて電力価格を操作し不当な利益を得たとの疑惑が浮上する。FERCは，ETP社に対して料金の不当な設定によって得た電力料金を返還するよう命じる。

エンロン・エネルギー・サービス社の副会長からブッシュ大統領の指名を受けて陸軍省入りしたホワイト（Thomas White）陸軍長官の関与疑惑[43]が指摘されたこともあって，合衆国議会は，カリフォルニアの電力および天然ガスの価格設定の不正操作疑惑を注視する。カリフォルニア電力スキャンダルは，一握りのエネルギー供給者によって消費者に対して90億ドルの余剰請求をしたとされる。2002年5月より議会公聴会が開始され，エンロン事件カリフォルニア・ルートが俄かに脚光を浴びることになる。エンロンの電力価格操作疑惑によって，図表9に掲げたようにエンロン・トップ・トレーダーのベルデン（Timothy Belden）氏を始めとして，3名のエンロン幹部が刑事訴追される。

カリフォルニア州のロッカー（Bill Locker）司法長官のもとには，85人の弁護士からなるタスクフォースが組織されて，3,000箱の書類と400個のコンピューター・デスクの調査に着手し，FERCと連携して捜査が進められる。2002年11月現在，70件の訴訟をカリフォルニアの州地方裁判所および連邦地方裁判所に提起する。

電力価格操作疑惑を審議するFERC（administrative law judge : Carmen Cinteron）は，2003年6月25日にエンロンが電力を販売するにはマーケットより低廉な価格でなければならないとする決定を下し，実質的にカリフォルニアから締め出す。そして，エルパソ電力会社と組んで連邦電力法（Federal Power Act）に違反したエンロンに対して3,250万ドルを返却すべきとの決定を下す。この決定は，承認，否決あるいは修正する権限をもつFERCの3人のコミッショナーによる審議に委ねられる。2004年7月29日，FERCは，エンロンに対して不当利得3,250万ドルを没収し，電力需要家に返還すべき違法利得を算出するよう行政審判官に命じる。また，2003年10月現在，親会社エンロンに助力してカリフォルニア州の電力価格を操作したPortland Electric社は，被害者に対して8,500万ドルの和解金を支払うとしてSECとの交渉がまとまる。

(c) DOLクレーム（401(K)退職年金プラン管理の過失疑惑）

連邦労働省（DOL : U. S. Department of Labour）は，19カ月の捜査（250万頁の書類，110人の証人）の結果，2003年6月26日になってエンロンの①レイ前

会長，②スキリング元CEO，③元社外取締役（13名）および④年金プラン管理委員会の会社側委員である前元執行幹部役員6名に対して，401(K)年金プランを管理すべき受託者（trustee）の選任に過失（negligence）があったとして，ERISA法に基づきエンロン従業員に代わってヒューストンの連邦地方裁判所（ハーモン判事）に提訴する。年金基金の3分の2を占めるエンロン株が暴落することを知りながら組み入れを継続したために，10億ドル以上の損失（21億ドルの基金が1年間で1,000万ドル以下に下落）を蒙ったのは，2万700名の年金加入従業員のため最善の利益（best interests）となるよう行動しなければならない受託者（trustee）の誠実義務に違反するというクレームである。損害賠償請求額は特定していないが，役員個人からの賠償と誠実義務違反を担保する保険（Fiduciary Liability Insurance：8,500万ドル）を取りあえずの対象とする。

なぜDOLの提訴がエンロン倒産から19ヵ月も要したかについては，DOLとエンロンとの間の意見対立の解消に時間を要したためである。その背景は，①エンロンは倒産直後，訴訟を回避しようと従来の年金プラン受託者に代えてボストンの年金管理会社ステート・ストリート（State Street）を年間報酬400万ドル（損害賠償保険料を含む）で雇う，②ステート・ストリートに対する報酬支払の是非をめぐって，DOL，エンロン，エンロン弁護士（ヴァイル・ゴッチャル），エンロン債権者およびエンロン年金プラン加入者の意見が対立しまとまらない，③連邦破産裁判所（ゴンザレズ判事）は，報酬の支払は不適切と判示（2003/3），である。結局DOLは，上記8,500万ドルの保険金受領を条件に①13名のエンロン社外取締役から150万ドル，②年金管理委員会委員から25万ドル，③その他の被告から10万ドルを得ることで和解（同意審決：2004/5/12）する。しかし，レイ前会長，スキリング元CEO，ノーザントラスト，エンロンおよびアーサー・アンダーセンに対する訴訟は続行する。

4. 倒産・更正申立手続

通常，倒産企業は，連邦破産改正法（Bankruptcy Reform Act of 1978）の第7

章 (Chapter Seven) に基づいて破産管財人 (trustee in bankruptcy) が保管する財産 (estate) を処分して債権者に分配して清算 (liquidation) を行う。他方，更生会社は，破産会社を救済するため連邦破産法の第11章 (Chapter Eleven) に基づき裁判所の介入によって，事業を継続しながら再生をはかる更正 (reorganization) 手続である。エンロンは，後者のチャプター・イレブンの手続 (Case No. 01-16034 (AJG)) を申し立てる。

(1) 会社更正申立 (Chapter Eleven)

更生会社については，破産管財人の任命が必要条件でないため，① 債務者 (debtor) が管財人の立場となり債権者 (creditor) と連携して更正計画 (restructuring and repayment plan) を立てることが多い，② 雇用を維持し役職員に給料と諸手当を支給する，③ 債権者のために破産財団の価値を極大化するよう資産や営業の一部を処分する。そして，倒産会社に対する債権回収や資産凍結の訴訟は一時停止 (automatic stay) となる。こうしたプロセスを経ながら会社更正は，裁判所の保護のもとで進行する。裁判所は，詐欺，不正経営もしくは重大な懈怠の証拠があれば管財人を指名できる。

チャプター・イレブン申立企業の多くは，1年以内に企業を継続 (going concern) か解散 (liquidation) かを決める。エンロン再建プランの場合には連邦破産裁判所の最終承認 (2004/7/15) まで，実に2年半を要した。その理由は，月3,000万ドルもの弁護士費用など巨額の倒産コストが嵩んでいても，債権者への資産割り当ての期待が残されていたからである。エンロンにはパイプラインなど現金を生み出す事業を抱えており，しかも主要大型債務については連邦破産法によって支払が止められている。倒産後1年経過時点でも，約30億ドル (コア・ビジネス以外の資産売却による17億ドルの収入を含む) の現金を所有し，15億ドルのDIP融資が手付かずであり，資産売却による現金収入もあった。

エンロン・グループのアメリカ国内20社は，連邦破産裁判所に会社更正を自発的に (voluntarily) 申請し，裁判所の監督のもとに更正手続を進める。エンロンの海外法人は更正の対象には含まれていない。エンロン・カナダは，カナ

ダにおける同種の破産・更正を申請し，ヨーロッパのエンロン子会社は，清算手続を選ぶ。破産・更正手続のもとに置かれたのは，エンロンの80の事業部門，179の子会社，2,400のSPEである。

清算会社は，連邦破産法7章に従って管財人によって運営される。他方，更正会社は，ゴーイング・コンサーンとしての継続性を維持するため，新しい経営陣に引き継ぐまでの暫定期間中，旧執行幹部が運営にあたる。その間に，従来の取締役およびCEOに代わって①新執行幹部を任命するか，②独立管財人に移行するか，が決められる。エンロン株主の2つのグループ[44]は，2002年1月22日に連邦破産裁判所に対して独立管財人を指名してエンロンの日常経営を行わせるよう申立を行ったが，取締役およびCEO／COOによる経営が選択される。interim CEOには企業再建のスペシャリストとして著名なクーパー（Stephen Cooper）氏が，15名のチームを率い，成功報酬ベース（success：会社の清算を回避し更正を達成する）で就任する。更正会社の取締役およびCEO／COOの権限は，裁判所により範囲が定められ，運転資金の借り入れ，従業員のボーナスの支払などが裁判所の厳格な監督下に置かれる。エンロンは，取締役会（Board of Directors）と経営執行陣（management team）の従来メンバーによって会社運営の続行に着手し倒産3カ月後になっても半数（7名）の取締役が留任していた。このために，内外からの批判が出ていたが，倒産6カ月後になって旧経営陣が総入れ替えとなる。エンロン再建計画の連邦破産裁判所の最終承認時点（2004/7/15）までの取締役は4名であった。

もしエンロン更正に独立管財人が選択されるか，更正から解散手続に入る場合には，通常，社外カウンセル（ヴァイル・ゴッチャル）に代わって新しいカウンセルが選ばれるはずであった。

(2) 管轄裁判所（連邦破産裁判所）

チャプター・イレブンに基づくエンロン更正の管轄裁判所は，ニューヨーク南部地区のマンハッタンにある連邦破産裁判所（the U. S. Bankruptcy Court for the Southern District of New York），担当判事はゴンザレズ（Arthur Gonzalez）氏

である。ゴンザレズ判事は，エンロン倒産8カ月後にエンロンを凌ぐ世界最大の資産規模で倒産したワールド・コム（WorldCom）更正事件も担当する。

エンロンは，ニューヨーク州南部地区の僅か55名の従業員とエンロン資産の0.5%をもつに過ぎないグループ企業のEMC（Enron Metals & Commodity Corp.）に"最初の"破産申立を行わせてマンハッタンに管轄を生じさせる。本店所在地でなくマンハッタンの連邦破産裁判所を望んだのは，①デラウェアとシカゴと並んで企業に友好的なニューヨーク法廷での手続は，エンロンの従業員，債権者，行政当局および政治家の怒りを和らげる効果がある，②最大の債権者であるモルガン・チェースやシティグループを含む主要な銀行，実績と経験のあるロー・ファームの多くがニューヨークに本拠を構えている，というフォーラム・ショッピング上の理由である。

(3) 倒産関連訴訟（bankruptcy litigation）

債権者の債権回収クレームから更正会社を保護し，倒産・更正手続を円滑に進めるため，エンロンが当事者となるすべての倒産関連訴訟（bankruptcy litigation）が，ゴンザレズ法廷の専属管轄となる。ゴンザレズ判事は，エンロン倒産1カ月後（2001/12/9），インサイダー取引疑惑のあるエンロン執行幹部および取締役の合計29名の財産を素早く差し押さえて個人の取引記録の調査に取り組む。エンロン執行役員および取締役29名がインサイダー取引から得たと指摘される資金の凍結である。エンロン倒産処理事件のうち，LJM-Co-Investmentなど特定のSPE案件についてはヒューストンの連邦破産裁判所（Northern District of Texas，担当はフェルゼンタール（Steven Felsenthal）判事）が管轄する。

倒産関連訴訟（bankruptcy litigation）とクラス・アクションとは，倒産被害を被った"他の"被害者のために訴訟を行う点で共通点をもつ。前者は担保をもたない債権者"全体"のためであり，後者は同一クラスに属する被害者"全体"のためであるが，①損害賠償請求権や保険金請求権が会社に属するのか株主に属するのか，②倒産・更正の申立後，係属中のクラス・アクションの原

告株主と倒産関連訴訟の原告債権者がどのように訴訟を遂行するのか，といった点が従来から必ずしも明確でない。

一方，エンロンは，破産・更正申立（2001/12/2）と同時に，倒産直前に破談となったダイナジー（Dynegy Inc.）を相手に合併契約違反を理由として100億ドルを超える損害賠償訴訟をエンロンの会社更正を管轄するニューヨークの連邦破産裁判所に提起する。このダイナジー合併契約違反事件は，V章1節(2)(F)で詳説するように和解に達してゴンザレズ判事の承認（2002/8/15）を得る。これに対してニューヨーク連邦地方裁判所（ヘラースタイン（Albert Hellerstein）判事）は，「エンロン株主は，ダイナジー社に対してエンロンが訴訟遂行中であっても，エンロンの倒産・更正申立後はエンロン債権者（第三受益者）として，ダイナジー社に対して独立の訴訟を提起できる」として，先のゴンザレズ判事の判断を覆し，エンロンとダイナジー間の和解の効力はエンロン株主には及ばないと判示（2001/10/22）する[45]。

エンロンを当事者とする倒産関連のクレーム（bankruptcy claims）は，エンロン倒産後1年間で2万3,000件に達する。このなかには，エンロンが倒産前90日間で100社以上の取引先（銀行，業者など）に支払った10億ドルを連邦破産法に基づいて返還するよう求めた訴訟もある。また，北米エンロン社（ENA）はエンロンに対して4億8,000万ドル，エンロンはENAに3億ドルを相互にクレームする。ENA担当のゴルディン検査官は，2002年2月にENAからエンロンへの支払にストップをかける。このようにエンロン・グループ内でもクレーム合戦が繰り広げられる。

(4) エンロンのリストラクチャリング（再建計画）

2002年5月，① 要員規模：1万2,000名[46]，② 純収入額：5億300万ドル（ピーク時：9億7,900万ドル），③ 資産規模：100億ドル，④ 営業範囲：電力プラントのBOO，天然ガス・パイプライン，LNG施設など実業に集約，⑤ 運営形態：単一新会社の設立してすべての資産を集約，とする2005年に向けたエンロン再建計画案（draft reorganization plan）が発表される。一言でいうと10年前

の規模に回帰するという計画である。

エンロン再建計画は，①審問会を経てゴンザレズ判事の仮承認，②債権者の350種の各カテゴリーについて半数以上，債権総額の3分の2以上の債権者による同意，③連邦破産裁判所の承認，④債権者クレームの処理，⑤新会社の株式割当，といった多くのステップを踏まなければならない。

通常，再建計画が最終的に固まるまでの期間は，倒産から2カ月，複雑なケースで5カ月といわれる。ちなみに，ワールド・コムの再建計画は，2003年10月31日に連邦破産裁判所（エンロンと同じくゴンザレズ判事の担当）によって倒産10カ月後に承認となる。エンロンの再建計画案については，2万4,000名の債権者が2万6,000のクレームによって670億ドルの債権回収を求めているなかで，利害関係者（債権者，エンロン，北米エンロン社，倒産した179のエンロン関連会社など）の合意が得られず，最終再建計画の連邦破産裁判所に対する提出期限が十数回にわたって延期される。

再建計画は，紆余曲折を経ながら，①単一の新会社に資産を集約して効率化を図ろうとする構想が崩れ，2つの新会社(仮称："InternationalCo"および"PipeCo"とし，"エンロン"の名は使わない）を設立して資産を分割配分する構想に変更する，②連邦破産裁判所（ゴンザレズ判事）は，エンロンCEOのクーパー氏に対して過去のエンロン・ビジネスのパートナーであった銀行等にクレーム（MegaClaims訴訟）を提起して資金を回収する権限を認める，③債権者にはエンロンの所有する新会社（InternationalCo）の株式で債務の弁済を行う，④債権者は，3つの再建ユニット[47]より現金で70％，株式で30％の返済を受ける，⑤ENA（北米エンロン社）の債権者は18.3％，エンロン本社の債権者は14.3％の債権回収割合とする，と次第に固まっていく。

ついに，2004年7月15日，エンロン再建計画が連邦破産裁判所ゴンザレズ判事によって正式承認となる。これに先立ってSECも再建計画を承認した(2004/3/10)。2万4,000名の債権者，1兆ドルに上るクレーム，2万件以上の各種申立からなるエンロン倒産・更正事件が倒産2年6カ月後に一応の決着をみる。これによって，①フロリダからカリフォルニアに至るパイプラインを抱える

Cross Country は，24億5,000万ドルで Southern Union および GE Capital に売却，②オレゴン州の電力会社 Portland General Electric は，12億5,000万ドルおよび11億ドルの債務引受で Texas Pacific Group of Fort Worth 関連企業に売却，③買い手が見つからない Prisma Energy International は残す，以上によって630億ドルの負債のうち120億ドルが資産売却による現金 (92%)，Prisma 株式割当 (8%) による返済計画が整う。

(5) 倒産・更正リーガル・コスト

アメリカの大型倒産事件のリーガル・コストは，通常，1億ドル程度という。ちなみに，従来の記録は，1990年代のBCCI (Saudi Arabian Bank of Credit and Commerce International) 倒産の際のリーガル・コスト：2億ドルといわれる。ところが，エンロン事件は，前例のない膨大なリーガル・コストを発生させる。連邦破産裁判所に設置された職業専門家費用委員会 (Fee Committee, 委員長 (Joseph Patchan 氏) 以下5人の委員から成る) が2002年11月に発表した「第1回アドバイザリー・レポート」によれば，倒産後1年経過時点 (2002/11/末) で3億ドルを突破すると予想する。実際，リーガル・コストは，毎月2,500万～2,700万ドルのペースで増加し，2004年3月末で6億6,500万ドルに達する。エンロンの試算によれば，更正完了予定の2006年までに10億ドルを突破，さらに更正が長引けば15億ドルにも達するという。

エンロン更生の原資の大部分が弁護士費用で食われてしまうとの批判が従来からあり，連邦破産法7章の通常倒産にした方が債権者に有利との主張も根強く主張されてきた。エンロンに対して7,500万ドルのクレームをもつテキサス州の司法長官 (Texas Attorney General Greg Abbott) は，「エンロンの弁護士は，納税者，元従業員および投資家の負担で私腹を肥やしてきた。エンロンは，直ちに清算を検討すべきである」と危機感を表明 (2003/1/13) する。

リーガル・コストの大口支払先は，ヴァイル・ゴチャル，ミルバンク，スカデン・アープス，アルストンなどである。バッソン検査官に対する支払額は，就任7カ月にして過去の政治スキャンダル事件[48]の最高額の6,000万ドルを

超え，第4次（最終）バッソン・レポートの完成時（2003/11/24）に9,000万ドル（弁護士費用：7,400万ドル，経費：1,000万ドルなど）に達する。

エンロン勘定で12以上のロー・ファームと会計事務所が雇われ，3,000人以上の職業専門家が関与し，月平均2,500万ドルが裁判所許可のもとで引き出されている[49]。エンロン再建計画承認時点で360名の弁護士を動員し，最大支払先のヴァイル・ゴッチャルの報酬レートは，600万ドル／月（平均MHレート：$542；トップ3：$700，他の56人：$500-685，パラリーガル，ライブラリアンおよびサポート・スタッフ：$50-190）である。

エンロンの幹部の一人は，「幾つもの法律家集団がヒューストン中心街のエンロン本社へと繰り出し，一人の証人に面談するにもロー・ファームが高額な弁護士チームを派遣してくる。……このように弁護士には完全雇用法が存在する」と述べる[50]。エンロン事件に蟻のように群がる弁護士は，アメリカ法治社会の影の部分を示しているようにもみえる。

Ⅵ章1節(4)において詳説する"ワトキンス書簡"でエンロンの内部告発者として一躍有名となり2002年度の"Times"誌の「今年の人物」に選ばれたエンロンの上級副社長ワトキンス（Sheron Watkins）氏の場合には，エンロン倒産1年後（2002/11/25）まで在職し，エンロンからの年棒16万5,000ドル（2002年）に加えて，自ら雇った弁護士（Phillip Hilder）への報酬29万ドル（2001/10から2002/8/31まで）をエンロン勘定に付け替えるという異例の恩典を受ける。また，エンロン訴訟のクラス・アクションにおいては，金融機関，プロフェッショナル・ファーム，経営者個人などの被告弁護士の費用は各被告人の負担，原告弁護士の費用は将来，和解金から支払われるとの期待のもとに当面は弁護士が負担する。アーサー・アンダーセンからエンロン株主が得る和解金4,000万ドルの一部は，原告リーガル・コストに充当するとして和解条件上で確保される。

1) Patricia D. Parsons v. Enron Corp., et al. No. HOI-03.
2) 市場での詐欺行為：株主は，エンロンが証券アナリストにあるいは年次報告書に開示した虚偽の情報に(i)自ら接して信頼するか，(ii)自ら接しなくとも，虚偽の情報に基づ

いて株価が不当に評価された事象を信頼した場合には，連邦法は，テキサス州法（531条）で必要とされる信頼（reliance）についての個別の立証を免除する。
3) 17C. f. R. & 240. 10b-5：証券売買の詐欺的行為を禁止し，重要事実の不当表示または不開示を禁止し，インサイダー取引に対する差止請求を認める。テン・ビー・ファイブ違反の場合，私人による損害賠償請求が判例上，確立している。
4) ① "Can Tort Litigation against Enron work?" by Anthony J. Sebok, FindLaw's Legal Commemtary (February 25, 2002) および② "Can Former Enron Shareholders sue the Company's Lawyers and Accountants?" by Anthony J. Sebok, FindLaw's Legal Commemtary (March 4, 2002) を参照。
5) 連邦証券（取引）法に基づき50名超の被告が必要な連邦地方裁判所の管轄を避けて州の地方裁判所に提訴。
6) J. P. MorganChase, Merrill Lynch, Bank of America, Credit Suisse First Boston, Canadian Imperial Bank of Commerce, Barclay および Lehman Brothers.
7) エンロン経営幹部（被告29名）のうち，経営トップ4名およびゼネラル・カウンセルを含む28名がインサイダー取引関与疑惑。
8) ① Andersen India, ② Andersen Puerto Rico, ③ Andersen Cayman Islands, ④ Andersen Brazil, ⑤ Andersen U.K,.
9) Joseph F. Beradino (CEO), David B. Dunckan (Senior Partner) など。そのなかには，社内弁護士のNancy Temple (Senior Counsel) およびDonald Dreyfuss (Counsel) も含まれている。
10) 当初の被告は，① Merill Lynch, ② JP MorganChase, ③ Bank of America, ④ Citigroup, ⑤ CS First Boston, ⑥ Barkleys, ⑦ Canadian Imperial Bank, ⑧ Deutche Bank, ⑨ Lehman Brothersであったが，その後（2003/12）に ⑩ Royal Bank of Scotland, ⑪ Toronto Dominion Bankが加えられる。以上のうち，Deutche Bankが訴訟判決（2002/12/20）で外され，新たにRoyal Bank of CanadaおよびGoldman Sachsが被告に追加（2004/1/9）される。
11) 後日，カークランドは，訴訟判決（2002/12/20）により被告から外され，新たにアンドリューおよびミルバンクが被告に追加される（2004/1/9）。
12) Employment Retirement Income Security Act of 1974, 29 U.S.C. Section 1001 et seq.
13) 経営トップおよびゼネラル・カウンセル（デリック氏）を含む。
14) ① Enron Corp Savings Plan Administrative Committee, ② Enron Employee Stock Ownership Plan Administrative Committee, ③ Cash Balance Plan Administrative Committeeの3管理委員会。
15) Managing Partner の Joseph F. Berardino 氏，社内弁護士の Nancy A. Temple および Don Dreyfus を含む。
16) Merill Lynch, JP Morgan Chase, Credit Suisse First Boston, CitiGroupSalmon Smith Barneyの5行。
17) Federal Rocketeer Influenced and Corrupt Organizations Act of 1970, U. S/ C. Section 1961 et. seq.
18) エンロン民事訴訟は，①エンロン株主が提起する「株主クラス・アクション」（損害

賠償請求額：400億ドル），②エンロン社（債権者委員会）が提起する「MegaClaims 訴訟」，（賠償請求額：73億ドル）および③SECが提起する「SEC民事訴追」の3類型に分かれる。格好のディープ・ポケットである投資銀行は，各類型の被告に名を連ねている。2007年4月現在の和解金額は次のとおり。①：Citigroup（20億ドル），CIBC（24億ドル），MorganChase（22億ドル），Lehman Brothers（7億2,000万ドル），Bank of America（6,900万ドル），係争中は，Merrill Lynch, Barkley, Toronto-Dominion, Royal Bank of Canada, Deutsche Bank, Bank of Scotland がある。②：Credit Suisse（9,000万ドル），MorganChase（3億5,000万ドル），Canadian Imperial（2億5,000万ドル），Toronto-Dominion（1億3,000万ドル），Royal Bank of Scotland（4,180万ドル），Royal Bank of Canada（2,500万ドル），Barkley（1億4,400万ドル），Lehman Brothers（7,000万ドル），係争中に Citigroup, Deutsche Bank, Fleet National, ③：Merrill Lynch（8,000万ドル），MorganChase（1億3,500万ドル），Citigroup（1億ドル），CIBC（8,500万ドル）など。

19) カークランドは，連邦地方裁判所の訴訟判決（2002/12/20）によって被告から外れる。この点については，Ⅵ章2節(6)を参照。

20) ヴィンソンの防御には両氏があたり，4名のパートナー弁護士（Dilg/ Askin/ Hendrix/ Finch）の防御はヴィラ氏が担当。

21) Gotffrey Hazard Jr. (law professor at University of Pennsylvania School of Law), Donald Glozer (counsel at Goodwin Procter in Boston), John Coffec Jr. (professor at Columbia University Law School, Charles Wolfram (professor at Cornell Law School) など。

22) テンプル氏は，連邦地方裁判所の訴訟判決（2003/1/28）によって被告から外れる。この点については，Ⅱ章3節(2)，Ⅳ章2節(6)およびⅥ章2節(2)(B)を参照。

23) デリック氏は，連邦地方裁判所の訴訟判決（2003/4/22）によって2つの訴訟理由について被告から外れる。この点については，Ⅱ章2節(2)(A)およびⅥ章2節(2)(B)を参照。

24) RICOクレームで訴えられていた CitiGroup (Salomon Smith Barney), J. P. Morgan Chase, CreditSuiss First Boston および Merill Lynch。

25) RICOクレームの訴えは却下されるが，テキサス州法に基づく過誤監査および連邦年金法に基づくクレームについて訴えを継続。

26) SOX法による証券詐欺事件の出訴期限（時効）は，詐欺の実行行為から5年，事実を知ってから2年。

27) ボイル（Dan Boyle）氏と共同被告であったグリッサン（Ben Glissan）氏が起訴1年後に有罪答弁/司法取引（2003/9/10）のうえ収監されると，ホイト判事を嫌う司法省（検察）は，①ボイル氏の公判を政府寄りで保守系のヴァーライン（Edwing Werlein）判事への移送申立（2002/10/2）を行い，②ボイル氏を新たに類似の罪状で起訴し再度の罪状認否（arraignment）（2002/10/16）を行う。他方，メリル・リンチ前幹部3名の証券詐欺事件では，被告側がヴァーライン判事からホイト判事への移送を要請（2003/10/1）する。

28) ヒットナー判事は，2000/1-2001/5の期間，600株（うち，100株は90ドルの最高値）を購入し，倒産直前に売却した。

29) Tyco International の場合（2002/9/12）：Dennis Kozlofski（前CEO），Mark

第Ⅳ章　エンロン訴訟の概要と問題点　137

Swartz (前 CFO), Mark Belnick (前ゼネラル・カウンセル) が逮捕・起訴された。
30) CEOがレイ氏かスキリング氏の何れかであることは明確。両氏は少なくとも起訴の対象 (subject：検事は刑事訴追の可能性があるとして捜査を進める対象者) とされる。
31) Nancy Temple's E-mail to Michael C. Odom dated 10/12/2001 re Document retention policy: "Mike-, It might be useful to consider reminding the engagement team of our document retention policy. It will be helpful to make sure that we have complied with the policy. - Nancy".
32) United States of America against Arthur Andersen, LLP (Grand Jury Indictment No. CRH-02-121 (T.18, U. S. C. Sec. 1512 (b) and 3551 et seq.).
33) テンプル氏の弁護士 (Mark C. Hansen 氏) は，「テンプル氏は違法なことはしていない。彼女はすべての疑問に答えたいと強く望んでいるが，憲法上の保護権を行使すべきとの弁護士の指示に渋々従った」との声明を発表。合衆国憲法第五修正条項については，Ⅵ章3節(2)参照。
34) 陪審員選任のプロセスは次のとおり：① 100人を超える陪審員候補者を裁判所に召集，② 事件担当のハーモン判事およびハーディン被告側弁護士が事件の説明と陪審員の採るべき姿勢について説明，③ アンダーセンとのコンフリクトについて陪審員候補に尋問 (8名がアンダーセン従業員と面識がある，8名がアンダーセンに働いたことがあると判明) ④ 終日 (5/6) かけた質疑応答の末，その夜に陪審員が選出。
35) 文書破棄を他人に説得するか，あるいは説得を試みる行為を行う者で，アンダーセン事件の陪審員審議では，Nancy Temple, David Duncan, Michael Odom および Thomas Bauer (Duncan および Odom はパートナー会計士)，少なくとも4名がリストされる。
36) ① 2001/10/12付 Eメール：E-mail message from Nancy Temple to Michael Odom dated 10/12/2001 10:53AM , which in turn was transmitted to David Duncan on 10/16/2001 08：39PM, ② 2001/10/16付 Eメール：E-mail message from Nancy Temple to David Duncan with copy to Michael Odom dated 10/16/2001 08：39PM.
37) New York Times (2002/6/18), Op-Ed Column: by Stephan Gillers, Dean of New York University Law School.
38) 5 th U. S. Court of Appeal. 裁判官は，Patrick Higginbotham (レーガン政権の指名)，Fortunad Benavides (クリントン政権の指名)，Thomas Reavley (カーター政権の指名) の3名の判事からなる合議体 (panel)。
39) The Senate/ House Joint Committee on Taxation's Report (February 13, 2003) において，弁護士グループ：Vinson & Elkins; Sharman & Sterling; King & Spalding; Akin, Gump, Strauss, Hauer & Feld, 会計事務所：Arthur Andersen; Deloitte & Touche; Mark, Nelson Earnest & Young, 銀行：J. P. MorganChase; Bankers Trust (現Deutche Bank A. G), 税務コンサルタント：Tower Perin が槍玉に挙げられる。
40) エンロンの執行幹部200名は，報酬1億5,000万ドルの支払を5年間延期することによって所得税を回避するシステム (deferred compesation) (1998～2001) を採っていたが，エンロン倒産直前に5,300万ドルを期限到来前に前倒しで受け取る (後に受領者に対するエンロンの返還請求となる)。
41) The Batson's 2,147-page Report on Enron's books (March 5, 2003).
42) Ⅵ章1節(3)を参照。

43) 11年間エンロン幹部（最後は Vice Chairman of Energy Services）であったホワイト陸軍長官は，2001年6月から10月の間に40万5,710株を売却し1,210万ドルを得たほか，年間550万ドルの報酬を受けていた。そこで，下院は①カリフォルニア・エネルギー危機時の電力取引の実態について証言するか，②陸軍長官を辞任するか，を選ぶよう勧告する。
44) エンロンとの取引業者9社およびカリフォルニア大学などの機関投資家のグループ。
45) In re Enron Corp., 2002 U. S. Dist. LEXIS 19987, Oct. 22, 2002.
46) ピーク時：31,000名，再建計画策定時：23,000名，2003年9月末：13,200名。
47) 3つのユニットとは，(i) Cross Country Energy Corp. (Enron North American Pipeline)，(ii) Prisma Energy International Inc.（仮称：南米などエンロンの海外資産を有する19社を集約する会社），(iii) Portland General Erectrics (PGE)。その後，PGEの競売が実現し2社，さらにCross Countryの売却実現で1社となる。
48) クリントン大統領 v. モニカ・ルウィンスキー事件およびホワイト・ウオーター事件を担当したスター特別検察官および2人のカウンセルに支払われたリーガル・コスト。
49) 2004年1月1日現在，エンロンに対してロー・ファームが請求したフィーのトップ10は，① Weil Gotshal & Manges, ② Alston & Bird, ③ Milbank Tweed, ④ Squire, Sanders & Dempsey, ⑤ Skaden Arps Slate Meagher & Flom, ⑥ LeBoef Lamb Group, ⑦ Andrew & Kurth, ⑧ Togut, Segel & Segel, ⑨ Cadwalader, Wickersham & Taft, ⑩ Swindler Berlin Shereff Friedmanであり，金額的には上位4ファームで全体の4分の3を占める。
50) "The Meter Runs in Enron Case, As the Lawyers Retain Lawyers", by David Barboza, New York Times December 25, 2002 参照。

第 V 章

エンロン事件の紛争処理

　企業不祥事を起因とする紛争の処理は，民事事件では調停ないし和解によって，刑事事件では司法取引で決着がつけられることが多く，エンロン事件も例外ではない。しかし，事件発生当初からこのような紛争処理に着手するには，あまりにも規模が大きくかつ複雑過ぎる。

1．エンロン事件の民事紛争処理（訴訟 v. 調停・和解）

　証券詐欺を訴訟原因とするクラス・アクションは，ほとんどすべてが和解により解決されてきた。2001年における証券詐欺クラス・アクションは485件であり，前年度の2倍以上に跳ね上がったが，その大部分が和解で解決している。証券詐欺事件の平均和解金額は，2001年は2,300万ドルといわれている[1]。

　エンロン事件でもクラス・アクションなど50件を超える主要な訴訟でも次第に和解例が増加する。むろん，和解不調となったケースもある。大型で複雑多岐のエンロン訴訟において，670億ドルと推定される膨大なクレームを解決するためには，エンロン倒産手続の主任弁護士であるビーネンストック（Martin Bienenstock）氏によれば100億から200億ドルの現金が必要とされ，容易なことではない。

(1) 主な民事和解案件

エンロン紛争事件の主な和解成立案件について図表10に掲げる。今後もエンロン訴訟の和解による民事紛争解決が増加することは間違いない。図表には，SECなど行政監督機関との和解事件も含めているが，民事裁判所における和解と並行ないし先行して交渉が進み同時期に和解成立したものである。

[図表10]　　　　　　主な"民事和解"案件の概要

事件（訴因/提訴日）：管轄	和解成立日/弁護士	和解内容	備　考
〔和解（調停）成立〕			
ダイナジー契約違反事件 〔Enron v. Dynegy（合併契約違反/2001/12/2）：ニューヨーク連邦破産裁判所〕	合意：2002/8 原告側：Weil Gothsall	① 和解金2.5億ドル，② NNG買収のためDynegyがEscrow Accountに有していた6.29億ドルの引渡	合併契約違反を理由とする100億ドルの損害賠償訴訟 V章1節(2)(F)参照
ヒューストン・アストロズ事件 〔Houston Astros v. Enron（契約上の地位確認/2002/3/5）：ニューヨーク連邦破産裁判所〕	合意：2002/2/25 原告側：King & Spolding 被告側：Weil Gothsall	① 原告（Houston Astros）よりエンロンに対する210万ドルの解約金の支払 ② Naming (License) Agreementの解約	ヒューストン・アストロズの野球スタジアムがエンロンの"Enron Field"からCocaColaの"Minute Made Park"に改名
アンダーセン・ワールドワイド事件 〔Enron Shareholders/Employees v. Andersen Worldwide（損害賠償請求/2002/4/8）：ヒューストン連邦地方裁判所〕	合意：2002/8/27 原告側：Milberg Weiss-Bershad & Learch 被告側：Davis Polk & Wardwell	① Andersen Worldwideの和解金4,000万ドルとエンロン債権者クレーム解決費用2,000万ドルの支払，② 和解はアンダーセの責任を認めたものではない，③ 和解は連邦地裁の承認事項	・エンロンは和解金についての受益者としない。和解金の配分は株主と従業員間で決める ・連邦地裁（ハーモン判事）の最終承認（2003/11/16）
モルガン・チェース/保険会社事件 〔JP Morgan Chase v. eleven Bonding/Insurance Underwriters (surety bondの実行請求)〕	合意：2003/1/2 原告側：Kelley Dryer & Warren 被告側：Davis Polk & Wardrell	保険会社11社の和解金支払額：9億6,500万ドル（ボンド額の60％）	11社がエンロンに対してもつ債権の8,500万ドルを限度として和解金額から差し引くことが可能 V章1節(2)(C)参照
エンロン従業員クラ	合意：2004/5/6	和解金：8,500万ドル	8,500万ドルは，

ス・アクション一部和解 [エンロン従業員株主 v. 年金管理委員会および社外取締役]	原告側：Keller Rohrback (Lynn Sarko) 被告側：Neil Eggleston		年金プランに関する株主訴訟の和解金として史上最大額 V章1節(4)参照
エンロン従業員退職金事件 [エンロン元従業員(4,200名) v. エンロン(債権者)]	合意：2002/6/11 原告側：Keller Rohrback 被告側：Milbank	合計2,900万ドル(1人当たり5,600ドル)の退職金支払	連邦破産裁判所(ゴンザレズ判事)の和解勧奨による
リーマン・ブラザーズ和解事件 [エンロン株主 v. レーマン・ブラザーズ]	合意：2004/10/29 原告側：Milberg Weiss-Bershad & Learch	株主クラス・アクションの原告代表(カリフォルニア大学)との和解金：2億2,250万ドル	株主クラス・アクションについての和解(アンダーセン・ワールドワイドおよびバンク・オブ・アメリカに続く3番目の和解)
エンロン株主クラス・アクション一部和解 [エンロン株主 v. 社外取締役]	合意：2005/1/7 原告側：Milberg Weiss, Bershad & Learch 被告側：Neil Eggleston	和解金：1億6,800万ドル	D&O保険より1億5,500万ドル、社外取締役のポケット・マネーから1,300万ドルを充当
シティ株主クラス・アクション一部和解事件 [エンロン株主 v. シティ・グループ]	合意：2005/6/10 原告側：Learch Coughlina Storial & Robbins (旧Milberg Weiss Bershad & Learch)	和解金額(推定)20億ドル(エンロン・クラス・アクションで最大の和解金額) (注) シティは、ワールド・コム株主と26億ドルで和解済(2004/5)	シティに続いて、①モルガン・チェース：22億ドル(2005/6/14)②CIBC：24億ドル(2005/8/5)、以上の和解金で決着
[以下、SECおよびDOL和解案件]			
メリル・リンチ/SEC事件 [SEC v. Merrill Lynch (エンロンの証券詐欺に対する幇助等)]	合意：2003/2/20 契約締結：2003/3/17 原告側：SEC内部弁護士 被告側：Morvillo, Abramowity；Stillman & Friedman	①メリル・リンチの和解金支払額：8,000万ドル(不当利得の返還、罰金、それらの金利分)、②和解金支払により不正行為を認めたものではない	・ナイジェリア艀プロジェクト不正融資事件 ・SECに対する8,000万ドルの和解金は、証券詐欺事件として当時史上最高額 ・V章1節(2)(E)参照
モルガン・チェース/SEC事件 [SEC v. J.P. Morgan-Chase (エンロン財務諸表の改ざん等詐欺幇	合意：2003/7/28 原告側：SEC内部弁護士 被告側：Kelly Drye & Warren	エンロン財務諸表の操作に加担したとして、①罰金の支払と不正所得の返還として1億3,500万ドル、②証券	和解金1億3,500万ドルは、SEC和解金額として史上最高

助事件}		（取引）法違反の永久禁止	
シティグループ/SEC事件 {SEC v. CitiGroup}	合意：2003/7/28 原告側：SEC内部弁護士	エンロン財務諸表の操作に加担したとして、①罰金の支払と不正所得の返還として1億100万ドル、②証券（取引）法違反行為の排除命令	和解金1億100万ドルは、SEC和解金額として史上、2番目の規模
コッパー/SECの資金洗浄等事件 {SEC v. Michael Kopper}	合意：2003/8/21 原告側：SEC内部弁護士 被告側：Dechert/Wallace Timmery	①800万ドルの不正利得の返還、②公開会社の役員就任の禁止、③証券（取引）法違反行為の禁止	V章2節(1)(B)参照
グリッサン/SECの脱税等事件 {SEC v. Ben Glisan}	合意：2003/9/10 原告側：SEC内部弁護士 被告側：Janis Schuelle & Wechsler	①5年の禁固刑、②91万6,000ドルの罰金、③41万2,000ドルの納税など。ただし、司法協力義務なし	V章2節(1)(C)参照
CIBC銀行擬装融資事件 {SEC v. CIBC & 3 Executives}	合意：2003/12/12 原告側：SEC内部弁護士 被告側：Daniel Fegason/Maththew Fiherein/Lawrence Zweifech	①和解金：8,000万ドル、②Furguston（元EVP）：56万3,000ドル、③Wolf（元Executive Director））：6万ドル	和解条件は、メリル・リンチおよびモルガン・チェースと同じ
DOL和解 {DOL v. Outside Directors and Administrative Committee}	合意：2004/5/6 原告側：Howard Razely（DOL Solicitor） 被告側：Neil Eggleston	和解金：8,500万ドルの保険金受領を条件に185万ドル（3件の同意審決）；ハーモン判事の承認（2004/5/21）、6,900万ドルを2万人の従業員で分配、残額を罰金と弁護士費用に充当	レイ氏、スキリング氏、エンロン、アーサー・アンダーセンに対する訴訟は続行
{和解（調停）不成立}			
アーサー・アンダーセン和解 {エンロン株主v.アーサー・アンダーセン：裁判所指名の調停人(Mediator)：Eric Green氏※}	和解不調日：2002/2/27 原告側：Milberg Weiss-Bershad & Learch 被告側：Davis Polk & Wardwell	アーサー・アンダーセンによる和解金提示額は、当初：7.5億ドル、改定：3億ドル （注）ワールド・コムとの和解金：6,500万ドル（2005/4/26）	和解交渉は、利害関係人である銀行およびロー・ファームの同意が得られず不調に終わる ※ Green氏：ボストンのResolution LLCのコンサルタント
{進行中の和解案件}			
クラス・アクションのコナー調停 {エンロン株主/従業員	和解交渉開始日：2003/5/28 原告側：Milberg Weiss	調停勧告の対象者：AWSC（代理人：Sidley Austin Brown & Wood、	※ JP Morgan, CitiGroup, Credit Suisse, Canadian Imperial,

| エンロン株主/従業員等 v.エンロン/エンロン幹部/投資銀行11行 ※ロー・ファーム等: 裁判所指名の調停人: Kevin T. Duffy 氏（連邦地方裁判所判事）|→ William C. Conner 氏（連邦地方裁判所判事） | 原告側：Milberg Weiss 被告側：WeilGothall/ Cravath, Swain & Moore | Austin Brown & Wood, 後に Gardere Wynne Sewell が追加（2003/7/24） | Canadian Imperial, Bank of America, Merrill Lynch, Barclays, Lehman Brothers, USB, Deutshe Bank および Goldman Sachs |

(2) 民事紛争処理（ADRを含む）

　企業不正行為についての民事紛争は，通常，訴訟（litigation）あるいは当事者の協議による和解（negotiated settlement）によって解決される。中立な第三者を裁定者に起用するADR（Alternate Dispute Resolution）[2]が用いられるケースもある。エンロン事件でも多くの調停（mediation），幾つかの仲裁（arbitration）の試みがなされる。むろん，調停の場合には調停人の判断に拘束力はない。

　図表10に掲げる主な和解事件のうち，主要大型案件について若干，詳しくみてみよう。

(A) アーサー・アンダーセン過誤監査和解案件

　エンロン株主より過誤監査を理由に訴えられていたアーサー・アンダーセンは，エンロン事件初の大型調停による和解に精力的に取り組む。この事件は，当事者の裁量による調停ではなく，連邦破産裁判所および連邦地方裁判所（ヒューストン）の主導のもとでの調停（court-annexed / court-ordered mediation）であり，裁判所指定の調停人には，ボストンの紛争処理コンサルタントである Resolution LLC のエリック・グリーン（Eric Green）氏が指名される。

　当初，アーサー・アンダーセンは，7億5,000万ドル（その後3億ドルに修正）の和解金を提示するが，秘匿特権の放棄については拒否したといわれる。この和解提案は，調停申立人側の利害関係人である銀行とロー・ファームの同意が得られず2002年5月に不調に終わる。

(B) アンダーセン・ワールドワイド（AWSC）過誤監査和解案件

　アーサー・アンダーセンはLLPであり，損害賠償がパートナー弁護士にまで

及ぶことは原則としてない。しかし，アンダーセン・ワールドワイド(AWSC)／アンダーセン・リーガルは，ゼネラル・パートナーシップであり，パートナー個人にも責任が及ぶおそれがある[3]。アンダーセン・ワールドワイドは和解に向けてより積極的に動かざるを得なかった。原告株主側からみると，事件の関与度が低いアメリカ国外のアンダーセン・グループに和解金を支払わせることによってアーサー・アンダーセンに対する訴訟を有利に展開しようとする読みもあった。

　アンダーセン・ワールドワイドは，①和解金4,000万ドル，別にクレーム解決費用として2,000万ドルを支払う，②和解金の配分は，クラス・アクションの原告である株主と従業員の間で後日決める，③エンロンおよびエンロン債権者は，和解金の受益者とはしない，④和解によって責任を認めたものではない，⑤和解は連邦地方裁判所の承認を要する，との内容でエンロン株主と合意 (2002/8/27) する。

　この和解条件は，11カ月後 (2003/7/24)，連邦地方裁判所（ハーモン判事）により①AWSCは，関連書類の提供と証人選定について裁判所に協力する，②クレーム解決費用の2,000万ドルを1,500万ドルに減額する，の付帯条件が課されて仮承認となる。そして最終承認 (2003/11/6) では①エンロン株主・従業員に対する和解金の配分は4,000万ドルのうちの2,500万ドルを充当，②訴訟関連費用を1,500万ドルとする。和解合意から最終承認まで1年3カ月を要したのは，エンロン株主と従業員債権者が蒙った推定290億ドルの損害に比べて4,000万ドルの和解金は少な過ぎるとの反対論に配慮したためである。

(c) モルガン・チェースのボンド実行和解案件

　モルガン・チェース銀行がエンロン関連の損失額 (37億ドル) の一部を回収しようと，保険会社から購入した履行保証ボンド (surety bonds)（エンロンが石油ガス供給の売買契約を不履行した場合に受益者としてボンドを現金化できる）を実行するようボンド発行会社に求める。ところが，保証会社は，「銀行が1998年から2002年までにエンロンから石油・ガスの供給を受け即座に売り戻すために，その代金をオフショアにあるSPE (Mahonia) を通じて前払 (prepays) する方式

は，擬装ローンであって売買契約ではない」との理由でボンドの実行を拒絶した。そこで，モルガンは，保証会社11社を相手にマンハッタンの連邦地裁に10億ドルのボンドの支払請求訴訟を提起（2002/1）する。

モルガンは，10日にわたる陪審員審議が行われていた最中に，保険会社11社のうち10社（Liberty Mutual Insuranceを除く）と和解を成立（2003/1/2）させる。保証会社は，①9億6,500万ドルの60％を支払う，②エンロンに対する保険会社の債権を8,500万ドルに達するまでモルガンに譲渡し和解金額から差し引くことができる，という内容である。

(D) 二大融資銀行（モルガン／シティ）のエンロン助力和解案件

SECおよびニューヨーク州は，「モルガン・チェースおよびシティグループの二大融資銀行は，融資金83億ドルをエンロンが売上に計上し会計帳簿の改ざんするのに助力した」として，ヒューストン連邦地裁に民事訴訟（SEC v. Morgan Chase, Litigation Rel. No. 18252; SEC v. Citigroup, Litigation Rel. No. 1821）を提起（2003/7/26）するが，即座に和解する。和解条件は，①両銀行は，総計2億8,600万ドル（罰金と金利相当額）をSECおよびニューヨーク州に支払う[4]，②両銀行は，再発防止のための社内改革を断行する，③SECに対する和解金のうち，2億5,500万ドルをSOX法308条(a)項に従ってエンロン詐欺事件の犠牲者（fraud victims）の基金に振り込む[5]，④両銀行で疑惑に係わったとされる個人に対して責任追及はしない。

(E) メリル・リンチのSEC和解案件

メリル・リンチは，1999年にエンロンと行った2つの取引についてSECから民事訴追（civil charge）を受けていた事件（SEC v. Merrill Lynch et al.. Litigation Rel. 18038）について，当時，証券詐欺事件史上最大となる8,000万ドルの和解金でSECと合意（契約調印：2003/3/17）する。和解の対象となった取引は，(i)ナイジェリアの発電用艀プロジェクト（700万ドルの投資を2,800万ドルに偽装），(ii)エンロン／メリル間のガス・電力売買取引（エンロンの帳簿価格を5,000万ドル水増し）の2つの疑惑についてである。和解の内容は，メリル・リンチは，①証券（取引）法違反の将来行為についての差止請求を受け入れる，②不当利得

の返還，罰金，およびその金利分に該当する8,000万ドルを第2四半期中にSECに支払う，③和解はメリルの違反行為を認めたものではない，④疑惑の2取引に直接携わった人物で，(i)すべての従業員は疑惑捜査に協力しなければならないとのメリルの方針に反して議会証言と司法省／SECの捜査を拒んで解雇されたデービス（Tom Davis）副会長およびティルニー（Schuyler Tilney）投資部門マネージング・ディレクター兼エネルギー・トレーディング部門のチーフ，(ii)本件を担当後に退職したファースト（Robert Furst）氏およびベイリー（Daniel Bayly）氏，(iii)株主クラス・アクションおよび従業員クラス・アクションにおけるメリルの企業被告としての地位，これらに和解の効力は及ばない。SECは，上記4名に対して，新たにヒューストンの連邦地裁に民事訴訟を提起（2003/3/17）する。この和解は，SEC捜査資料が開示されないため，他のメリル・リンチ事件の裁判での使用を防止できる点にメリルにメリットがあるといわれる。SECは，受領した8,000万ドルについてSOX法308(a)条に基づきエンロン株主等が蒙った被害の補塡に充てる。

　この事件でメリルは，持分引受人，資金調達者，投資家，パートナーシップ参加者，契約当事者，融資者，証券アナリスト等々，いろいろな役割を兼ねていて，その間には利益相反のリスクが潜在していた。取引のメカニズムは，①メリルはエンロンのナイジェリア関連パートナーシップに700万ドルを投資，②6カ月以内にファストウ氏が設立したエンロンSPE（LJM2）に52万5,000ドルの利益を加えて売却することにより，エンロンの1999年度帳簿に1,200万ドルの利益を計上，③エンロン側の責任者は，当時財務役で後にCOOに昇進したマクマホン氏，メリル側の責任者は，ティルニー氏と副会長のデービス氏，④ティルニー氏の夫人（Elizabeth）は，エンロンに執行幹部[6]として在職，⑤ティルニー氏は，LJM2の証券発行代理人として一般投資家からLJM2に対する投資3.9億ドルの資金調達を代行し，自らもLJM2に投資，⑥メリルは，自ら500万ドルを引き受けたほか，約100名のメリルの執行幹部から総額1,600万ドルの個人投資を獲得する，⑦メリルは，4年間に1,700万ドルの報酬（structured fee）を受け取る（プロジェクトのキャンセルにより850万ドルに減額）。

メリルに引き続いて，エンロン財務諸表の改ざんに幇助したとして民事訴追されていたモルガン・チェース銀行およびCIBC銀行がSECと和解する（モルガン：2003/7/28，CISB：2003/12/12）。和解条件は，和解金（モルガン：1億3,500万ドルで史上最高）を除けばメリルとほぼ同様である。

(F) ダイナジーの合併契約違反和解案件

エンロンは，競争会社でエンロンより規模が小さいダイナジー社が230億ドルでエンロンを買収する合併契約（merger agreement）について，2001年11月にダイナジー側が一方的に解除したために破産が決定的となったとして，連邦破産法11条に基づく会社更正申請（reorganization petition）と同日（2001/12/2）に，① 100億ドル超の損害賠償，② エンロンの子会社（NNG：Northern Natural Gas Pipeline）を買収するオプションを行使する権限がないことの確認，を求めて連邦破産裁判所（ゴンザレズ法廷）に提訴する。

この紛争は，ダイナジーが，① 和解金2,500万ドル，② NNG買い取りの担保としてエスクロー勘定に差し入れていた6,200万ドル，合計8,700万ドルをエンロンに支払うことで和解が成立（2002/8/15）し，連邦破産裁判所の承認が得られる。しかし，この8,800万ドルをめぐって，① エンロン債権者は，8,800万ドルの和解金の引渡を求めるが，連邦破産裁判所のヘラースタイン（Alvin Hellerstein）判事により「和解金は破産財団に属する」との理由で却下される（2002/2），② ヘラースタイン判事は，(i)「エンロン株主は，合併契約上の受益者として契約違反を理由にダイナジーを訴える独立の権利がある」として，連邦破産裁判所の決定を覆し（2002/10/22），(ii)「連邦破産裁判所が和解契約を承認したのは誤った判断であり裁量権の濫用」とするエンロン債権者の申立については，これを退け（2003/2/3），紛争は続く。

エンロン"倒産前"においてもダイナジー／エンロン間の紛争を"仲裁"で解決しようとする動きがあった。エンロン倒産前に締結した取引契約（trading agreement）をめぐって，ダイナジーは「エンロンに対する9,300万ドルの債権確認」を求め，これに対してエンロンが「契約は無効で逆に2億3,000万ドルの債権確認」を求めた事件で，ダイナジー社は紛争を仲裁により解決しようと

したが, 連邦破産裁判所はこれを認めず, 同裁判所において扱うと決定する。

(3) 二大クラス・アクションについての調停勧告

2003年5月, ついに二大クラス・アクションについての和解が動き出す。株主クラス・アクションおよび従業員クラス・アクションは, 被告から出されていた訴え却下の申立を処理するため, 2002年5月から訴訟の進行が停止されていた。ハーモン判事は, 2003年12月1日に設定されていた株主クラス・アクションの公判期日を順次延期していた。

2003年5月28日, ハーモン判事とゴンザレズ判事は, ヒューストンの連邦地方裁判所とニューヨークの連邦破産裁判所がそれぞれ所管する株主クラス・アクション, 従業員クラス・アクションおよびこれに関連する倒産訴訟について, ヒューストンで開催した異例の合同審理 (joint hearing) で100名の原告, 被告の代理人弁護士を前にして, すべての訴訟被告 (エンロン経営トップおよびアーサー・アンダーセンを除く, 当事者の追加については両判事に裁量権) に対して調停 (court-ordered mediation) を電撃的に勧告する。この調停勧告については, エンロン民事訴訟が長引きエンロン倒産, リーガル・コストが膨大な額にのぼるなかで, 時間の浪費と批判する者もいたが, エンロン, 債権者など大多数の当事者によって歓迎の意が表される。

この調停結果に拘束力はなく, 調停での議論を後に法廷に持ち出すこともできない。調停人として, ニューヨークの連邦地方裁判所のダフィ(Kevin T. Duffy)判事がハーモン, ゴンザレズ両判事によって調停人に任命される。が, ダフィ氏は, 審理入りの直前になってエンロン株を所有していることが判明したため自ら辞退する。新調停人として, ニューヨークの連邦地方裁判所の上級判事であり83歳のコナー (Senior Judge William C. Conner) 氏が任命 (2003/6/16) され, 2003年6月30日からコナー調停の手続が開始される。コナー調停が始まって間もなく, エンロンは, クラス・アクションの被告で調停当事者でもある主要6銀行に対して証券詐欺幇助を理由として30億ドル超の損害賠償請求訴訟を提起 (2003/9/24) する。

和解交渉のエンロン側代理人として，サッスマン・ゴットフレイ（Sussman Godfrey）のゴッドフリー（Lee Godfrey）氏が代理人弁護士に就任する。報酬は月額25万ドル，エンロンが回収する現金の最高1.25％，調停不調により訴訟となれば，月額100万ドル，勝訴金額の最高3％で2億ドルを超えないと定められ，連邦破産裁判所の承認が得られる。

コナー調停は，大型であり当事者が多数に上るため，① 原告 (plaintiffs) グループの代理人弁護士：William S. Learch (Milberg, Weiss, Bershad & Learch)[7]，② 債務者 (debtors) グループの代理人弁護士：Martin J. Bienenstock (Weil, Gotshall & Manges)，③ 金融機関 (financial instutuitons) グループ[8]の代理人弁護士：Richard W. Clary (Cravath, Swaine & Moore)，以上の3グループが裁判所によって指名される。当初，原告と被告の主張の乖離は大きく，調停は難航したが，銀行やロー・ファームによる個別和解を軸に着実に進行する。

(4) クラス・アクションについての和解

(A) 従業員クラス・アクションについての和解

2004年5月12日，従業員クラス・アクションの原告は，エンロンが8,000万ドルの保険証書（保険会社：AEGIS, Chubb および FIC）を引き渡すとの条件で，被告のうちエンロンの年金管理委員会および社外取締役12名と和解金総額8,500万ドルで暫定的な一部和解に達する（ヒューストンの連邦地方裁判所の承認：2005/5/24）。この和解金額は，年金株主訴訟の和解金として史上最高金額（従業員1人当りの配分：3,500ドル）であり，うち2割が弁護士費用に充当される。エンロン，レイ前会長，スキリング元CEO，アーサー・アンダーセンおよび年金管理会社（Northern Trust）は，和解対象から外され訴訟は継続するが，除外者は異議を申し立てる。同時に，Ⅳ章3節(2)(C)で述べたとおりDOLがエンロン社外取締役と150万ドルで和解する。その20％は，罰金として連邦財務省への入金となり，残額が従業員の退職基金に繰り入れられる。2006年末現在の和解金額は，2億6,500万ドルに達する。

(B) 株主クラス・アクションについての和解

株主クラス・アクションについても，エンロン倒産から 2 年半が経過した 2004 年後半から次第に和解の成立件数が増える。具体的には，① 2002 年 8 月：アンダーセン・ワールドワイド（和解金 4,000 万ドル），② 2004 年 7 月：バンク・オブ・アメリカ（和解金 6,900 万ドル），③ 2004 年 10 月：リーマン・ブラザース（和解金 2 億 2,250 万ドル），④ 2005 年 1 月：エンロン社外取締役（和解金 1 億 6,800 万ドル）などである。続いて 2005 年 6 月，シティとモルガン・チェースは，株主クラス・アクションでそれぞれ 20 億ドル，22 億ドルという最大規模の和解金で決着する。この二大銀行の和解により係争中の他の投資銀行 9 行の和解交渉に与える影響も大となる。2006 年末の和解金総額は 73 億ドルに達し，史上最大規模となる。

2. 証券(取引)法違反の刑事紛争処理

司法当局は，ホワイトカラー犯罪で経営トップを起訴に追い込むためには，司法取引（plea bargain）が有効であるとの方針でエンロン事件の捜査を進める。被疑者は，公判の回避および有罪における刑の軽減期待と引き換えに捜査協力を約することになる。2007 年 3 月 31 日現在の概要を図表 11 に掲げる。有罪容認（adbmission of guilt）ないし有罪答弁（guilty pleading）したケースは，個人：17 件，法人：1 件（メリル・リンチ）である。

[図表 11]　　　　エンロン刑事事件の有罪容認・司法取引

(2007／3／31 現在)

事　件　名	該当年月日	人物（有罪答弁時の年齢）	備　　考
{アーサー・アンダーセン}			
① ダンカン氏文書破棄（司法妨害）	2002／4／9	David Duncan（42 歳）	エンロン担当の会計士
{エンロン}			
② コッパー氏証券詐欺，会社資金の不法取得等	2002／8／19	Michael Kopper（37 歳）	Fastow 氏との共謀
③ ベルデン氏カリフォル	2002／10／1	Timothy Belden（35 歳）	トップ・エネルギ

ニアの電力価格不正操作			ー・トレイダー
④ロイヤー氏IRSへの虚偽の個人税務申告	2002/11/26	Lawrence Lawyer（34歳）	カリフォルニア風力発電プロジェクト関連
⑤リヒター氏カリフォルニアの電力価格不正操作	2003/2/4	Jeffrey Richter（33歳）	エネルギー・トレーダー
⑥グリサン氏ファストウ関連SPE資金洗浄等	2003/9/10	Ben Glisan（36歳）	ファストウ氏と共同被告
⑦ディレイニー氏インサイダー取引疑惑	2003/10/30	David Delainy（37歳）	北米エンロン社の元CEO
⑧アンドリュー・ファストウ氏証券詐欺等	2004/1/14	Andrew Fastow（40歳）	レア・ファストウ氏とともに司法取引
⑨レア・ファストウ氏虚偽税務申告	2004/5/6	Lea Fastow（40歳）	アンドリュー・ファストウ氏とともに司法取引
⑩リーカー氏インサイダー取引疑惑	2004/5/19	Paula Rieker（49歳）	秘書役として取締役会など重要会議に出席
⑪ライス氏証券・電子詐欺等	2004/7/30	Kennneth Rice	EBS事件の被疑者の1名
⑫フォーニィ氏カリフォルニア電力価格不正操作	2004/8/5	John M. Forney（41歳）	カリフォルニア電力事件
⑬ケーニック氏証券詐欺幇助	2004/8/25	Mark Koenig	元投資家関連部長，未起訴ながら有罪容認
⑭ハノン氏証券・電子詐欺等	2004/8/31	Kevin Hannon（41歳）	EBS事件の被疑者の1名
⑮デスペイン氏証券詐欺	2004/10/5	Timothy Despain	元財務役補佐
⑯コーセィ氏証券詐欺事件	2006/11/15	Richard Causey	エンロンの元CAO
{メリル・リンチ}			
⑰エンロン財務諸表改ざんへの幇助	2003/9/17	Merrill Lynch（法人）	起訴猶予契約による司法取引
⑱ゴードン氏証券詐欺幇助	2003/12/19	Daniel Gordon	メリル・リンチ元幹部

(1) 経営幹部に対する刑事訴追と有罪容認（司法取引）

　検察は，エンロン事件における犯罪立証の困難を克服すべく，有力な被疑者に有罪を認めさせ司法協力を得て捜査の突破口にしようと司法取引戦略を立て

る。エンロン刑事捜査の初期に橋頭堡になった司法取引として①アーサー・アンダーセン・ルートにおけるダンカン氏の有罪容認，②エンロン・ルートにおけるコッパー氏の有罪容認，以上2つの事件が挙げられる。両ケースとも，通常とは"逆のステップ"（有罪答弁を得てから起訴ないし略式起訴する）を踏むなど，司法取引を望む検察の強い意欲が窺える。また，ユニークな司法取引として，①グリッサン氏（エンロン元財務役）の司法協力なしの有罪容認（guilty pleading without cooperation to Justice Department），②メリル・リンチの起訴猶予契約（deferred-prosecution agreement）の2件がある。

エンロン事件における司法取引契約（plea agreement）の内容は，①エンロン幹部で初めて刑事告発されたコッパー氏，②司法協力せず直ちに収監となったグリッソン氏および③夫の司法取引と並行して交渉したレア・ファストウ氏の場合を除くと，各氏とも次のダンカン氏の条件に比して大きな相違はない。

(A)　ダンカン氏（アーサー・アンダーセン元中堅幹部）の有罪容認

アーサー・アンダーセンのエンロン文書破棄・司法妨害事件については，Ⅳ章2節(6)において詳説した。アーサー・アンダーセンは，エンロン関連書の破棄は一部の職員の独断により行われたとの声明（2002/1/9）を発表し，エンロン担当（Enron account）の会計士ダンカン氏を解雇（1/5）する。1987年からエンロン担当（Enron account）を務め20年勤務したダンカン氏は，解雇後も合衆国議会公聴会（2002/1/24）やFBI捜査において，合衆国憲法第五修正条項（Fifth Amendment）を行使し証言を拒んで無罪答弁の立場を貫き，起訴（2002/3/14）されたアーサー・アンダーセンと共同防御契約（joint defense agreement）を結ぶなど，戦う姿勢を明確にしていた。

ところが，ダンカン氏は，アンダーセン文書破棄事件の証人に留まらず起訴のターゲットにされていて，連邦法では重罪に仮釈放の可能性がないことを認識するに至ると，自らの公判を回避するため一転して司法省との司法取引（2002/4/6）に応じる。司法取引→略式起訴（information : Criminal Action H-02-209 "Obstruction of Justice"）（2002/4/9）を経て，アンダーセン文書破棄事件の公判に今度は検察側の花形証人として出廷する。そして，「エンロンにSEC捜

査の手が入ったことだけでなく，2001年のウェイスト・マネジメント事件での同意審決（consent decree）があるために，アンダーセンがＳＥＣ規則に違反すれば重罪になることを知っていた」と証言する[9]。この証言を契機にアンダーセン・ルートは，有罪評決へと加速することになる。

連邦刑事訴訟規則11条に基づいて司法省とダンカン氏とが締結した合意は，エンロン事件初の司法取引[10]であり，エンロン事件捜査の決め手の１つとなった。ダンカン氏は，①司法妨害罪として(i)10年以下の禁固刑，(ii)25万ドル以下の罰金刑，(iii)最高３年間の保護観察，を認める，②エンロン事件の(i)刑事捜査のため司法省に対して，(ii)税務申告についてIRSに対して，情報提供など全面的に協力する，③連邦地裁および司法省が要請する裁判所において証言を行う，④司法協力は，司法省が完了したと判断するまで続く，⑤司法取引契約で定める以外の罪状を追及されない，⑥弁護士を交えずに検察官，捜査官と面談する，ことを約束し，司法省は，寛大な量刑を裁判所および保護観察局に求めることにしている。

ダンカン氏自身の判決公判（ハーモン法廷）の開始は，検察側の要請で再三の延期が認められ，有罪答弁から３年以上が経過した2005年12月，捜査協力が評価され有罪答弁と起訴が取り下げられる。

(B) コッパー氏（エンロン元中堅幹部）の有罪容認

エンロン・グローバル・ファイナンス（EGF）のマネージング・ディレクターでファストウＣＦＯの筆頭番頭であったコッパー氏は，1997年にファストウ氏とともにエンロンＳＰＥの設立と運営構想に着手する。エンロン崩壊の主役といわれる２人は，①1990年：ファストウ氏，エンロン入社，②1994年：コッパー氏，エンロン入社，③1997年：ファストウ氏，ＣＦＯに昇格，④1997年：両氏がＳＰＥの設立・運営構想に着手，⑤1999年：ファストウＣＦＯ，ＳＰＥ（LJM）のマネージング・パートナーを兼務，⑥2001年７月：ファストウ氏，LJMの自己持分をコッパー氏に売却，⑦2001年７月：コッパー氏，エンロンを退社し，LJMのマネージング・パートナー職に専念，⑧2001年１月：コッパー氏，LJMから追放，⑨2001年10月：ファストウ氏，エンロン

を解雇,⑩コッパー氏,略式起訴(Cr. No. H-02-0560)(8/20),⑪2002年1～2月:両者ともに憲法上の自己負罪拒否特権に基づき証言拒否,⑪2002年8月:コッパー氏,(i)ファストウ氏と共謀して資金洗浄と詐欺行為を行う,(ii)非開示のSPE(Chewco)からの違法な収得金の一部をファストウ氏とその家族にキックバックした,と有罪を認め司法取引(Cr. No. H-02-0560)(8/21),⑫コッパー氏の証言に基づき,ファストウ氏夫妻の預金(2,000万ドル)および新築住宅(400万ドル)が差し押さえられる,といった経緯を辿る。

司法省との取引[11]においてコッパー氏は,①1997年から2001年の間に,3つのSPE(RADR, Chewco, Southampton)を通して,資金洗浄および電子詐欺についてファストウ氏と共謀し,違法な利得を得ていたことを認める,②電子詐欺共謀罪として5年以下の禁固刑,25万ドル以下の罰金を認める,③違法な資金洗浄共謀罪として10年以下の禁固刑,25万ドル以下(もしくは違法行為で利得を受けた金額の2倍)の罰金刑を認める,④3年以下の保護観察期間を認める,⑤違法行為によって得たエンロン資産1,200万ドルを引き渡す(司法省に対して罰金(forfeiture):400万ドル,SECに対して不正利得(restitution)の返還:800万ドル),⑥エンロン事件の刑事捜査のため司法省に情報提供など全面的に協力する,⑦弁護士を交えずに検察官,捜査官と面談する[12]と約束し,司法省は量刑基準に基づく寛大な量刑を裁判所および保護観察局に求めることとする。そして,ファストウ氏と共謀してSPEから違法に利得したとされる個人財産2,300万ドルが差し押さえられる。

司法取引した翌日(8/22),コッパー氏は,SECから提起されていた民事訴追(Litigation Release No.17692)についても和解に達する。主たる内容は,①証券(取引)法の将来違反の禁止,②株式公開会社の執行幹部および取締役への就任の永久禁止,③違法な資金操作によって個人的に利得した800万ドルの返還,である。

コッパー氏には15年以下の禁固刑,違法所得額の2倍の罰金刑が予定(2003/4/3)された。判決は,検察側の要請によって延期が繰り返された結果,捜査協力が評価されて,3年1カ月の禁固刑となる。

アーサー・アンダーセンのダンカン氏が司法取引に応じたためにアンダーセン・ルートの捜査が進展したと同じように，コッパー氏が司法取引を受け入れたため，エンロン・ルートの捜査が推進される。その結果，検察は2002年10月にファストウ氏を起訴に持ち込む。

(c) グリッサン氏（エンロン元財務役）の有罪容認

エンロン元財務役（Treasurer）という上級幹部であったグリッサン氏は，従来の無罪主張を覆して連邦地方裁判所（ホルト判事）での起訴後の罪状認否再手続（re-arraignment）において，エンロンSPE（Talon）について共謀を認めて有罪答弁（2003/9/10）を行う。しかし，先のコッパー氏の場合と対照的に司法当局への協力は行わずに，5年の最高禁固刑の判決を受けた後，直ちに収監される。エンロン上級幹部で初の服役者となる。

グリッサン氏の司法取引（Plea Agreement ; Cr.No. H-02-0665）の主たる内容は，① 連邦刑務所での5年間の禁固，② 刑期終了後3年間の保護監察，③ SPE（Southampton）で得た不当利得91万6,000ドルの返還，④ 41万2,000ドルの納税，⑤ 保護監察期間中の会計士および公開会社への就職禁止，⑥ SPE（Talon）によってエンロン財務諸表の改ざんにより負債隠しを共謀した証券・電子詐欺罪のみを司法取引の対象とし，それ以外の罪状（23項目）については追及されない，である。注目すべきは，司法協力についての義務がないことである。

司法協力義務なしの司法取引は，事件捜査の進展には貢献が少ないが，エンロン事件の犯罪性が公に明らかにされたという意義は大きい。クーパー・アンド・ライブラント（Cooper & Lybrand）およびアーサー・アンダーセンの出身で"やり手"会計士といわれたグリッサン氏が両手を鎖で繋がれて収監所に連行される姿がメディア報道され，他の被疑者に与える心理的効果も大きい。有罪容認で自己負罪拒否権を失ったグリッサン氏は，収監開始後1年以内に刑の軽減を期待して他のエンロン訴訟の証人として出廷するとの検察の読みもあった。事実，氏は証言台に立ち禁固5年から4年に減刑となる。

グリッサン氏は，SECの民事告発（証券詐欺など：Litigation Release No. 18335）についても同日（2003/9/10）に和解する。

(2) ファストウ氏（エンロン元CFO）夫妻の有罪容認/司法取引

(A) 起訴から有罪答弁までの経緯

検察は，2003年10月31日にファストウ氏を98項目の罪状により起訴し，ファストウ氏から司法協力を得て本丸のエンロン経営トップに迫ろうとするが，ファストウ氏は無罪を主張して戦う姿勢を示す。そこで，検察は，ファストウ氏に対する罪状を11項目追加して合計109とする併存起訴（Supervening Indictment）[13]を新たに提起し，同日に元エンロン財務役補佐のファストウ氏の妻（Lea Fastow氏）を逮捕・起訴するが，夫婦は結束して無罪を主張する。

ファストウ夫人は，2003年8月8日になって，主任弁護士（lead attorney）を従来のクラーレンス（Nanci Clarence）氏に代え，ヒューストン有数の刑事弁護士で夫の弁護士も務めるガーガー（David Gerger）氏とパートナー（Foreman DeGeuri Nugent & Gerger）を組むデゴーリン（Mike DeGeurin）氏を起用して防御姿勢を強化する。その際，デゴーリン弁護士とガーガー弁護士にコンフリクトが生じた場合には，ファストウ夫妻は両弁護士に対する訴権を放棄（waiver）するとの契約に署名する。

程なく司法当局は，妻と司法取引することによって夫に司法協力の圧力を加える戦術が巧く機能しないことを認識する。一方，夫人は両親が同時に服役した場合に2人の幼児（4歳と8歳の息子）の養育に支障を来すと悟る。強気の姿勢をみせていたファストウ夫妻は，2003年11月に入ると検察と司法取引の交渉に応じるようになる。その結果，夫人は，ファストウ氏の服役を夫人の刑期が満了してから開始するという段取りを期待して①6つの罪状のうち，1つのみ有罪とする，②有罪答弁するも司法協力義務はなく有罪判決により直ちに収監とする，③収監期間は5カ月（通常刑期は4～5年）とする，を交渉のベースとする。他方，ファストウ氏側は，①最低10年の量刑（司法協力が不充分な場合には延長），②エンロン捜査に協力，③少なくとも2,000万ドルの罰金，④夫人の司法取引の成立を条件，との線で検察との交渉を進める。その結果，ファストウ夫妻と検察の間で合意に達する。合意内容は，被告弁護士，担当判事および司法当局の承認が必要である。

夫の事件を担当するホイト判事は了承したものの，妻の事件を担当するヒットナー判事が5つの罪状の免責に難色を示し，5カ月の量刑を留保するとの条件を付したために，司法取引が崩れる (2004/1/10)。刑事訴訟手続規則 (Federal Rules of Criminal Procedure) 11条によると，担当判事が司法取引内容を不適切として拒絶すると，被告は，① 司法取引を辞退する，② 判事の条件を受け入れる，③ 陪審員評決までの間に新たな司法取引を成立させる，いずれかのオプションを選択することになる。そこで，① ファストウ氏から司法協力を得てエンロンのトップ2人を起訴に追い込んで2年以上にわたるエンロン捜査に終止符を打ちたい司法省，② 夫婦の服役が重複しないように量刑を最短に押さえて2人の幼児の世話をしたい被疑者，③ 司法取引に条件を付して訴訟指揮の主導権を握りたい担当判事，三者のせめぎ合いが展開される。

そこで検察とファストウ夫妻は，2004年1月14日に再び検察と司法取引に合意し同日にSECとも和解 (Litigation Rel. No. 18543) に達するが，ヒットナー判事が妻の5カ月の禁固と5カ月の自宅拘留の量刑（連邦量刑ガイドラインによると10〜16カ月の禁固刑）を拒否する。この種の司法取引において判事の拒否は稀な出来事である。レア・ファストウ氏は，司法省と合意した司法取引を撤回する (2004/4/7)。その結果，公判は予定通り開始 (2004/6/2) されることになり，陪審員の選出が始まる。ヒットナー判事は，公判開催地をエンロンの地元ヒューストンからテキサス州ブロンヴィル（メキシコ国境寄り，ヒスパニック系住民で民主党支持者が多い）に変更する。

妻の司法取引撤回により夫の司法取引に直接の影響はないが，妻の公判中に夫の司法協力の意欲が低下することは否めない。夫の司法取引が一人歩きを始めた状況のなか，妻は再び検察との交渉に応じ，重罪を軽罪扱いにし1年の禁固刑プラス1年の保護監察処分とすることで最終的な合意に達する (2004/6/6)。

(B) **司法取引の主たる内容**

アンドリュー・ファストウ氏の司法取引 (Plea Agreement ; Cr. No. H-02-0665) の主たる内容は，① 98の罪状（無期禁固刑に相当）のうち，2つについてのみ有罪とし他は免責，② 最低10年の禁固（1罪状につき5年），③ 3年間の保護監察，

④司法当局に対する司法協力（検察側証人など），である[14]。また，並行して合意に達したSECとの和解内容は，①夫妻およびファストウ財団（父親が理事長）による司法省およびSECに対する2,900万ドルの罰金の支払い，②SECに対する2,300万ドルの違法利得の返還，③公開会社の取締役および執行幹部への就任の永久禁止，などを含む。最終判決（2006/9/26）では禁固6年に短縮される。

　レア・ファストウ氏の司法取引（Plea Agreement；Cr. No. H-03-150）の主たる内容は，①6つの罪状のうち，1つ（不正税務申告）のみ有罪とし他は免責，②最高刑3年のところ5カ月の禁固および5カ月の自宅拘禁，1年の保護監察を相当とする，③5カ月以上の禁固刑の場合には，無罪主張に戻ることができる，④夫の公判の主要証人として召喚しない，⑤夫が有罪答弁と司法協力の約束を守ることを条件とする，といったユニークなものである。

(3) メリル・リンチの起訴猶予契約

　ナイジェリア艀プロジェクト等を通じてエンロンの不正経理に助力したとして，メリル・リンチ執行幹部3名[15]が起訴（2003/9/17）されるが，メリル自身は，同日に司法省と起訴猶予契約（deferred-prosecution agreement）[16]を締結して2005年6月30日まで当面の起訴を免れる。

　起訴猶予契約の主な内容は，メリルは，①(i) 3名の従業員が犯罪を行ったこと，(ii)エンロンによる違法行為を幇助したこと，(iii)合衆国議会，SECおよび連邦破産裁判所検査官に対して虚偽の陳述をしたことを銘記（note）する，②エンロン事件の捜査に引き続き協力し，直接間接に契約条項に反する行為を如何なる場においても行わない，③メリルは，(i)過去に行った違法行為を禁止し，(ii)コンプライアンス委員会で問題取引を全会一致で確認し再犯防止を徹底する，④メリル選任の外部監査人（outside auditor）に対して事件報告書を提出する，⑤司法省が指名する監督員（司法省の元検査官のGeorge Stamboulidis氏）に対して18カ月間，契約条件と外部監査人業務の履行状況をモニター（monitor）させる，⑥もし，メリルに契約違反があれば，起訴手続に移行する，というものである。

メリル以後，モルガン・チェース銀行（2003/9/28），CIBC銀行（2003/12/12）などが，同様の起訴猶予契約を結ぶ。

(4) 弁護士およびロー・ファームに対する刑事訴追の動向

刑事事件の被疑者が弁護士ないしロー・ファームである場合には，刑事告発が一段と難しくなる。経営執行幹部と違う点は，①弁護士は秘匿特権（attorney-client privilege/work product privilege）をもつ，②企業に助言する弁護士は，通常，主たる実行者（primary actor）にはあたらない，ことにある。これら2点については，Ⅵ章3節(1)およびⅥ章2節(5)において改めて触れたい。

従来，弁護士秘匿特権は神聖なものであり弁護士に対して秘匿特権の放棄を要請するのは，行儀の悪い作法といわれてきた。ところが，1980年代後半に発生した金融スキャンダル事件の際，ニューヨーク南部地区検察局が行った弁護士秘匿特権放棄の要請の影響を受けて，司法省が作成した1999年の「企業訴追のための連邦ガイドライン」（別名「ホルダー覚書」("the Holder memorandum"））[17]は，検察官が捜査の開始，刑事訴追，司法取引を行うべきか否かを判断する基準の1つとして「企業が不正行為をタイムリーで自発的に開示して捜査に協力する（必要なら秘匿特権を放棄する）意思があるか」を掲げる。これは秘匿特権放棄の道を全米に開くものではあったが，実際にはニューヨーク，シカゴおよびロス・アンジェルスにおいて放棄要請がなされたに過ぎなかった。

ところが，エンロン・スキャンダルの発生によって，状況は一変する。ホルダー覚書を修正する司法省の「企業組織訴追のためのガイドライン」（prosecutorial guidelines for business organizations）が2003年1月に公表される。新ガイドラインは，弁護士秘匿特権の自発的放棄（voluntary waiver）を公然と認める。SOX法およびSEC連邦規則は弁護士秘匿特権を薄める方向を示し，SECは，司法省ガイドラインを参酌して，自発的に秘匿情報を開示した企業に見返りを与えるとのガイドラインのもとで捜査を進める。また，司法省は，2002年11月に「企業犯罪のための量刑基準（sentencing guideline）」の新ガイドラインを作成したが，そのなかで企業が刑事事件を有利に扱って欲しければ秘匿特権

を放棄すべきと示唆している。秘匿特権はまさに受難の時代を迎えたといえる。司法省の方針に危機感を抱いたABAは，2004年10月にタスクフォース（議長：R. William Ide III）を設置して検討に入る。

(5) アーサー・アンダーセンの刑事訴訟対応戦略

アーサー・アンダーセンの文書破棄の刑事事件については，既にⅣ章2節(6)において詳説した。本節ではアーサー・アンダーセンが，起訴回避のために従来基準に基づきあらゆる努力をしたが，目的を達せられなかった背景について検討したい。

アーサー・アンダーセンが採った刑事訴訟戦略は，1990年代であったら功を奏していたであろうといわれる。今世紀に入っても，もしエンロン事件が発生していなければ功を奏したかも知れない。しかし，2001年12月のエンロン経営破綻以来，① 合衆国議会によるSOX立法，② ホワイトハウスによる10項目のブッシュ・プラン，③ SECによる連邦規則，④ 司法省による企業犯罪の新ガイドラインと，ホワイト・カラー犯罪に加担した経営者と法律家に対する厳しい対処方針が矢継ぎ早に打ち出され，立法，司法，行政の各当局は企業責任に対して厳格な姿勢に転じていた。また，エンロン事件を含む一連の企業不祥事により，地域，人種，男女，職種，階層を問わず陪審員の反ビジネス感情が高まり[18]，「無罪が立証されるまでは有罪」という危険な風潮が醸成されつつあるともいわれる。アーサー・アンダーセンは，このような時代の変化を見誤ったきらいがある。

アーサー・アンダーセンは，自らの顧客でもあったFBIなど連邦政府との間で，過去の企業会計詐欺（accounting fraud）事件の例に準じた和解方式を採るべく交渉を進める。司法省およびSECとの和解を成功させるべく，両当局の捜査に協力しエンロン関連文書の破棄を認める声明[19]まで出す。1998年のサンビーム（Sunbeam）事件[20]，1999年のウエイスト・マネジメント（Waste Management）事件[21]において，両社に対してアンダーセンが行った会計監査のミスについて，① 数百万ドルの罰金の支払，② 数年にわたる保護観察処分に

よる再発防止の措置,および③捜査協力,以上の約束と見返りに「犯罪行為としては扱わない」とされた自らの直近例を当初の落としどころに描いていたようだ。しかしウエイスト・マネジメント事件で保護観察処分（provation）中のアーサー・アンダーセンが行った今回の文書破棄行為は,連邦政府側として無視できぬほど悪質であり,再犯者（repeat offender）として扱わざるを得ないとの立場を採ったために,交渉は難航する。ついに2002年1月に司法取引交渉は不調に終わる。僅か1年前の実例に頼れないほどに,企業犯罪に対する社会環境は厳しさを増していたのである。

結局,検察（司法省：チェルトフ（Michael Chertoff）犯罪局長）は,起訴10日前に「有罪容認か起訴か」の最後通牒を発した後,3月14日に大陪審による正式起訴となる。アーサー・アンダーセンは,起訴後も和解努力を継続する。3年の起訴猶予という"実質的な"有罪答弁（guilty plea）まで受け入れる姿勢を示したが,秘匿特権の放棄については受け入れを渋っているうちに起訴に追い込まれてしまった。アーサー・アンダーセンは,有罪答弁が会計ビジネスの終焉となることを怖れて,刑事裁判手続（criminal trial）を選択せざるを得ず,4月17日に司法省との司法取引を断念する。そして,2カ月後の陪審員有罪評決によって約1,300社の顧客を失う。ついに株式公開会社に対する監査業務から撤退することになり,死刑同然の結果となる。

アーサー・アンダーセンは,起訴から事実審理の公判手続の過程においても,秘匿特権を放棄しないまま,可能な限り情報を開示し捜査協力（cooperation）を行う。本節(4)で触れたホルダー覚書には,秘匿特権の放棄は捜査協力の必要条件としてはならず,秘匿特権を放棄させ情報を得ても捜査当局内部の事実調査の目的にのみに使用するべきとの注意書きがあったが,時代の変化によりこの慣行が形骸化しつつあった。このような背景のもとで発生したエンロン・スキャンダルは,秘匿特権放棄の要求を捜査協力の条件とすることを事実上,可能にした。アーサー・アンダーセンの司法取引戦略は,その顕著な犠牲例となってしまう。他方,エンロン株主との民事和解交渉についても,アーサー・アンダーセンは7億5,000万ドル（その後3億ドルに減額）もの和解金を提示し

たものの，株主側の利害関係者（銀行，ロー・ファームなど）の同意が得られず和解不調に終わっていた。SECとの和解も秘匿特権の放棄を認めなかったこともあり進展しなかった。

アーサー・アンダーセンが秘匿特権の放棄を躊躇した主な理由は，ひとたび秘密情報（privileged information）が任意で（強制ではなく）政府機関に開示されると，情報開示法（Freedom of Information Act）との関係で，その他すべての者に対する関係でも秘匿特権を放棄したとみなされるとの巡回控訴裁判所の判例動向[22]を考慮して，株主クラス・アクションにおいて致命傷となることを憂慮したためといわれる。しかし，裁判所での正式事実審理（trial）を選択した結果は，陪審員の有罪評決という結果になり致命傷を負う。

秘匿特権の放棄を認めないとするアーサー・アンダーセンの方針は，必ずしも徹底していなかった。"捜査に可能な限り協力"との方針のもとにテンプル氏がローヤリングした社内情報文書を開示し，その情報開示が意外にも陪審員の有罪評決の決め手となってしまったからである。この点についてはⅣ章2節(6)(D)において詳説した。さりとて，アンダーセンが一般的な秘匿特権の放棄を認めていたら，あるいはテンプル・ローヤリングの情報開示をしなかったら，果たして生き延びることができたかについては定かでない。また，Ⅳ章2節(6)(F)で触れたとおり2005年5月に連邦最高裁判決によりアンダーセンの有罪判決が覆ったが，アンダーセンのビジネスが復活する可能性はほとんどない。

アーサー・アンダーセンの有罪判決から11カ月後（2003/9/17），司法省エンロン・タスクフォースは，本節(3)で述べたように，メリル・リンチ，モルガン・チェース等と起訴猶予契約を取り交わす。司法省エンロン・タスク・フォースのワイズマン検事の発言として，「アーサー・アンダーセンが，メリル・リンチと同様に違法行為に携わった従業員の不正行為について責任を負うとの意向を表明し，将来の再発防止のために徹底的な企業改革の実施を約し信頼を得ておけば，違った結果が得られたであろう」と報じられる[23]。司法取引交渉にあたりアーサー・アンダーセンは，事件関与従業員の無罪の可能性を推測して司法協力を拒んだのに対して，メリル・リンチは従業員の違法行為が証

明されれば責任をもつことを予め約束し，① 司法取引に合意し，② 独立監査人とエンロン・タスク・チームが指定する監査人（monitor）に18カ月の間，起訴猶予契約の遵守状況をモニターする機会を許した。アーサー・アンダーセンの場合には，事件関与の従業員が社内弁護士であったことは興味深い。

1) "D & O Insurance Not a Sure Thing" by Tomara Loomis, New York Law Jounal (August 30, 2002) 参照。
2) ＡＤＲには，アメリカ型（訴訟に代替する紛争解決手段，仲裁を含む）とヨーロッパ型（法的拘束力をもつ紛争解決手段，仲裁を除く）とがある。本書ではアメリカ型の分類法を採る。
3) 1980年代の貯蓄組合融資スキャンダル（Lincoln saving and loan scandal）事件において，Kaye Scholer が SEC に支払う4,100万ドルの和解金を109人のパートナー弁護士が分担して負担する。LLP v. General Partnership については，Ⅷ章3節(1)を参照。
4) 和解金支払の内訳は次のとおり：
　　　　　　　　　　　　　　　（対SEC）　　　　　　　　　（対ニューヨーク州）
　　モルガン・チェース：13,500万ドル　　　　　：2,750万ドル
　　シティグループ　　：10,100万ドル　　　　　：2,550万ドル
　　合　計　　　　　　：23,600万ドル　　　　　：5,300万ドル
5) fraud victims fund に払い込まれた和解金は，クラス・アクションの和解金としてカウントされる。
6) Managing Director of Enron Energy Services, Vice President of Communications at Enron.
7) ほかに, Kieth Park (Milberg), Steve W. Berman/Clyde A. Platt (Hagens Berman), Lynn Lincohn Sarko/Britt Tinglum (Keller Rohrback).
8) ① J.P. Morgan Chase, ② CitiGroup, ③ Credit First Boston, ④ Canadian Imperial Bank, ⑤ Bank of America, ⑥ Merrill Lynch, ⑦ Barkleys, ⑧ Lehman Brothers, ⑨ USB Paine Webber, ⑩ USB Warberg, ⑪ Deutche Bank, ⑫ Goldman Sachs, その殆どがエンロン債権者であると同時に株主クラス・アクションの被告である。
9) 被告弁護人ハーディン（Russel "Rusty" Hardin）氏は，ダンカン氏が，司法妨害による10年の収監罪の減刑と執行猶予を期待し，納得がいかないままに有罪を認めたとの心証を陪審員に与えようと試みる。アンダーセン事件の公判に検査側証人として出廷したダンカン氏に対する反対尋問（cross examination）において，① ダンカン氏には10歳以下の3人の幼い娘がいる，② ダンカン夫妻が雇った乳母に対する税務申告の助言の妥当性を懸念している，ことを明らかにする。
10) Cooperation Agreement between United States of America and David Duncan dated April 6, 2002. CR. No. H-02-209.
11) Cooperation Agreement between United States of America and Michael J. Kopper dated August20, 2002. CR. No. H-02-0560.
12) 弁護士の帯同なしに当局と面談する義務は，弁護士社会であるアメリカでは珍しい。

捜査の促進と弁護士費用の節約のニーズが背景にあると思われる。
13) United States of America v. Andrew S. Fastow, Ben F. Glisan, Jr. and Dan Boyle, Cr. No. H-02-0665 (May 1, 2003).
14) Plea Agreement between United States of America and Andrew S. Fastow, dated January 14, 2004 Cr. No. H-02-0665.
15) Daniel Boyle (global head of the investment banking division), Robert Furst (managing director) およびJames A. Brown (investment banker).
16) Letter Agreement between Justice Department (Enron Task Force) and Merrill Lynch dated September 17, 2003.
17) Memorandum Regarding Federal Prosecutions of Corporations, U. S. Deputy Attorney General, Eric H. Holder, Jr., ("Holder Memorandum") (June 16, 1999).
18) New York Law Journal 誌（October 2002）によれば，陪審員についてのあるアンケート調査の結果として，①コーポレート・アメリカに怒りを感じる：76％，②企業の上級幹部の報酬は高すぎる：88％，③企業幹部に対する報酬支払方法は企業不正を助長する：76％，④会計監査人は顧客（依頼人）のいうままに行動する：76％，⑤多くの企業はトラブル回避のため文書破棄を行っている：78％，などである。陪審員は「教育のある白人の男性を」といった企業側の思惑は色褪せつつあるようだ。
19) 「文書破棄は，組織の一員が独断で行った」とする2002年1月9日の発表。この時点でのアンダーセン・グループの就業員は，世界84カ国：8万5,000名，アーサー・アンダーセン（U. S.）：2万8,000名，年間収入：90億ドルであった。その僅か1年後には，アンダーセン・グループは解体消滅，アーサー・アンダーセンの従業員は1,000名以下に激減した。
20) サンビーム（Sunbeam）事件（2001/5）：サンビーム社は，1997年の純収入金額を7,110万ドル水増した事実が発覚して倒産（株価下落44億ドル，レイオフ1,700名）。アンダーセンは，サンビーム社株主が提起した不正監査疑惑の訴訟を収めるために1億1,000万ドルの和解金を支払う。この事件で2002年にサンビーム社のCEO（Albert Dunlop氏）から史上最高額の民事罰金を勝ち取ったSECの担当弁護士（Richard Sauer氏）が2003年6月にパートナー弁護士としてヴィンソン入りする。
21) ウエイスト・マネジメント（Waste Management）事件（2001/6）：ウエイスト・マネジメント社が1992〜1996年の所得を11億ドル水増しした事実が発覚した事件（株価下落205億ドル，レイオフ1万1,000名）。アンダーセンは，不正監査疑惑の訴訟を収めるために1億ドルの和解金を支払うとともに，会計監査法人として史上最高の700万ドルの罰金を同意審決（consent decree）に基づいてSECに支払う。
22) 秘匿情報の開示相手を一定者に留める限定的放棄（limited waiver）は認めないとする巡回裁判所の判決：In re Steinhardt Partners, L. P., 9 F. 3d 230 235 (2nd Cir. 1993; Westinghouse Electric Corp. v. Republic of the Philippines, 951 F/ 2d. 1414, 1420-21 (3d. Cir. 1991) ; Permian Corp. v. United States, 665 F. 2d 1214, 1220-25 (D. C. Cir.1981).
23) Associated Press "Lawyer: Andersen should Have Gotten Deal" by Kristen Hays (AP Business Writer) (September 19, 2003).

第 VI 章

エンロン事件における弁護士の役割と責任

　エンロン事件は，社内外の弁護士の果たすべき役割について，さまざまな問題点を提示し多くの反省点を明らかにする。Ⅲ章5節(4)で詳説したバッソン・最終レポートは，エンロン社内弁護士（エンロン法務部門）およびエンロン社外弁護士（ロー・ファーム）の役割について精査し，職業上の過誤（法務過誤）とエンロン執行幹部の誠実義務違反への幇助があったと指摘する。

　弁護士批判は，社会正義の実現と弁護士職務の公益性に対する社会の期待の証左でもある。この期待に応えるために弁護士は，図表12に示すようなさま

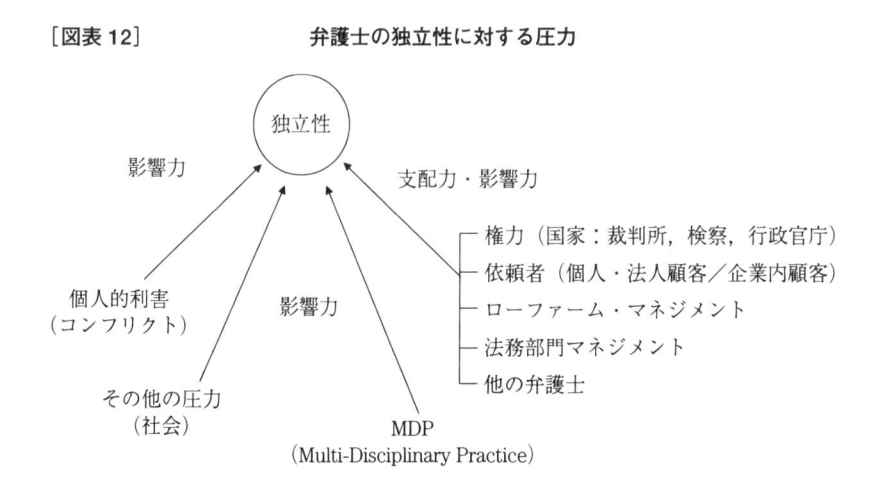

[図表12]　　　　　　　　弁護士の独立性に対する圧力

```
                    独立性
影響力        ↗   ↑   ↖   支配力・影響力
                              ├ 権力（国家：裁判所，検察，行政官庁）
                              ├ 依頼者（個人・法人顧客／企業内顧客）
個人的利害        影響力       ├ ローファーム・マネジメント
（コンフリクト）                ├ 法務部門マネジメント
                              └ 他の弁護士
その他の圧力        MDP
（社会）        (Multi-Disciplinary Practice)
```

ざまな圧力や影響力に屈しないよう独立性を備えていなければならない。

図表12が示唆するように，弁護士（職務）の独立性とは，①地位，②組織，③指揮命令系統の如何に拘らず，法と良心に従った客観的な法律判断が担保されることである。エンロン事件に関与した多くの法律家は，このような圧力を排除し客観的な法律判断をしたのであろうか。

1．エンロン事件における弁護士の役割

エンロンの社内および社外の弁護士に法律および倫理上の責任が問われていることについては，既にしばしば触れたところである。エンロン民事訴訟において，2005年4月30日現在，①ロー・ファームとしてヴィンソン・アンド・エルキンス，アンドリュー・クース，ミルバンク・ツゥイード，②これらロー・ファームに属する数名の弁護士，③エンロン社内弁護士として前ゼネラル・カウンセルのデリック氏ほか数名が，エンロン訴訟の被告になっていた。

(1)　弁護士の助言行為（ローヤリング）

エンロン社内のパワーズ委員会から調査依頼を受けたワシントンD.C.のロー・ファーム（Wilmer Cutler & Pickering）のパートナー弁護士であるマクルーカス（William McLucas）氏は，「ヴィンソンは，客観的で批判力あるプロフェッショナルとしての助言を欠いていた。SPE取引は，誠実な経済目的の達成やリスクの移転というより，財務諸表を都合よく作成するために設計された。情報開示についてもっと客観的な立場を採るべきであった」と，エンロン社外弁護士を厳しく批判する。

これに対して，エンロン担当のパートナー弁護士からマネージング・パートナーに昇格したディルグ（Joseph Dilg）氏は，「内部のプロフェッショナル責任検討委員会が調査したが，不適正なことはなかった。ヴィンソンは，エンロンに対して倫理に適い質の高いプロフェッショナルな仕事を行った」と反論する。さらにヴィンソンは，「エンロンのCFOであったファストウ氏が考案した

LJM1およびLJM2を含むSPEについては，シカゴのロー・ファームのカークランド・エリスが助言したものだ」と弁明する。一方，カークランドは，「エンロン本社を代理したことはなく責任はない」と主張する。両ファームとも株主クラス・アクションの被告リストに追加されたが，先ずカークランド，次にヴィンソン，両者とも証拠不充分として訴えを却下する訴訟判決（2002/12/20と2007/1/24）により被告から外れる。

　個々の弁護士の助言方法（lawyering）についても問題が指摘される。既述したようにアーサー・アンダーセンのシニア・カウンセルであったテンプル氏は，SEC捜査に備えてエンロン関係文書の破棄を指示したとの疑惑をもたれる。彼女の弁護士であるハンセン（Mark Hansen）氏が主張するように書類の保存をリマインドしたに過ぎないとしても，2つの問題点を残した。1つは，書類破棄を指示したとの疑惑を生んだテンプル氏のEメール（2001/10/12）の内容が，Ⅳ章2節(6)(D)で詳説したようにあまりにも曖昧に書かれたこと，もう1つは，コンピュータのディスク・ドライブまでアクセスすればトレース可能な電子メールを伝達手段に用いたことである。この点，エンロンのゼネラル・カウンセルのデリック氏が各国のエンロン役職員に向けて文書破棄行為を中止するよう指示[1]した電子メール（2001/10/25）の内容は明快であった。しかし，残存書類の送付先をヴィンソンとするなど指示が徹底せずに混乱を生じさせ，最悪なことに指示から3カ月近くも破棄行為が止まらず，FBIが破棄行為の行われたエンロン本社ビルの19階フロアを封鎖するまで続く。

　テンプル氏のもう1つの誤算は，上記のテンプル・リマインド・Eメールの4日後に発信したエンロン担当会計士に宛てたテンプル社内Eメール・メモ[2]のなかで，他の助言内容に加えて「自分の名前と法務グループに相談した事実を削除するように」と要請したことである。このような助言勧告は，弁護士が秘匿特権を消滅させないよう意識して行う日常的な行為に過ぎないとして同情的見解[3]が少なくないが，タイミングが悪過ぎた。その結果，陪審員の心証を害して有罪評決への駄目押しとなり，アーサー・アンダーセン破滅の引導が渡されることになる。

(2) SPEの構築と運営についての法的な検討と助言

エンロン・グループが設立したSPEは，① LJM1 (LJM Cayman L/P)，② LJM2 (Co-Investment L/P) および ③ 特殊合弁企業体 (joint venture) を通して，エンロンの膨大な簿外債務を抱える投資組合を設立する複雑なスキームである。このSPEの構築と運営にアンダーセンはむろん，ヴィンソンやカークランドなど多くのロー・ファームが支援した。

エンロンが設立した典型的なSPEの概要[4]は，① エンロンは，経費，事業拡張費，配当金などの資金を借り入れで賄うと利益を減少させるので，外部の資金力のあるパートナーと設立した組合 (partnership) を通してエンロン株を担保に融資を受ける，② 借入金をSPEにおいてのみ負債に計上し，エンロン会計では事業収入として計上する，③ SPEへの出資金の少なくとも3％を外部投資家に出資[5]させ，97％を外部金融機関からの借入金で賄うことによって，SPEを非公開にし，④ エンロンは，SPEに対してプラントなどの資産を売却し収入に計上する，⑤ エンロンは，以上のようなスキームによって3,000ユニットに近いSPEを形式的には独立会社のように仕立て，オフバランス (OBS: Off-Balanced Sheet) 化を行う。

(3) カリフォルニア電力取引についての弁護士の助言行為

2000年に始まったカリフォルニアの電力危機に関連して，エンロンが直接的もしくは間接的な手法を通じて電力価格を操作 (energy price manipulation) し，収入と利益の税務申告を怠ったとの疑惑が，2002年初めの合衆国議会公聴会において明らかになる。カリフォルニア電力価格操作疑惑について逮捕・起訴者が出たことについては，Ⅳ章3節(2)(B)において述べた。また，脱税疑惑 (tax avoidance) については，合衆国議会の租税報告書やバッソン・レポートで厳しく糾弾されたことについても，Ⅳ章3節(2)(A)において触れた。こうした疑惑案件の構築，実行，紛争処理などについて，法律家がなんらかの助力をしたことは間違いないとされる。

興味深いのは，カリフォルニア電力危機の際，カリフォルニア電力事業につ

いて助言したエンロンの社内および社外の弁護士5名[6]が電力価格操作疑惑について合衆国議会（上院）公聴会において宣誓のうえ行った証言（2002/5/15）である。これらの証言は，エンロンによる弁護士秘匿特権の放棄を確認したうえでなされたものである。要約すると，①エンロンの社内弁護士および社外弁護士（ロー・ファーム）は，「エンロンの電力卸売戦略は，詐欺行為（deceptive practice）としてカリフォルニア州のISO（Independent System Operator）の規則に抵触するだけでなく，刑法にも違反する畏れがあるので中止すべきである」としてエンロン本社の法務部門上層部と経営上層部に対して警告を発し，その結果，疑惑となった戦略は中止された」と主張する，②これに対して，公聴会委員の上院議員達は「疑惑の戦略が実行されたからこそ電力危機が生じて，カリフォルニア州民は被害を蒙った」と反論する。論争の火種は，エンロンの社外および社内の弁護士が作成した「エンロン社内外弁護士共同メモ」[7]の内容と表現をめぐってのものであった。

(4) コンフリクト関係にある弁護士の起用（「ワトキンス書簡」）

1994年にアーサー・アンダーセンの公認会計士からエンロンに転職したエンロン上席副社長のワトキンス（Sherron S. Watkins）氏[8]は，スキリング氏が，在任僅か6ヵ月でCEOを辞任（2001/8/14）したことに不安をもつ。その時にワトキンス氏がとった行動が，エンロン事件に大きなインパクトを与えることになる。

(A) ワトキンス書簡（"Watkins letter"）

ワトキンス氏は，スキリング氏の辞任後再びCEO兼任となったレイ会長に対して，①「エンロンが会計スキャンダルの波によって破綻するのではと信じられぬほど神経過敏になっている」と記した匿名書簡を投書してSPEの危険性について警告する（2001/8/15），②翌日開催のエンロン社員に対する業況説明会においてレイ会長が，SPEについては触れなかったことに失望する（2001/8/16），③アーサー・アンダーセン（James Hecker氏）にSPEについての懸念を伝える（2001/8/21），④レイ会長に面談し，上記匿名書簡の内容を含む7頁

のワトキンス書簡を手交する。

ワトキンス書簡は，① SPE（とくにRapto, Condor）による取引に不適正会計の疑いがあると指摘し，② ヴィンソン・アンド・エルキンス以外の社外弁護士に調査させるべきであると進言する。そのほか，ワトキンス書簡は，エンロンの企業法務の視点からみても重要で示唆に富む助言と疑問を投げかけている。すなわち，① ゼネラル・カウンセルは，エンロンとSPEとの間の取引，その責任者および金の流れを監査する権限があるのか，② ゼネラル・カウンセルは，SPE（LJM, Raptor）の仕組みと取引関係について監査できるのか，③ CFOのファストウ氏がゼネラル・カウンセルの監査に対しノーといったとすれば，問題視すべきではなかろうか，④ LJMとRaptorを介在させた複雑取引を検討したヴィンソンは，コンフリクト関係があるため，ジム・デリックおよびレックス・ロジャーズ[9]を通じて秘匿特権（product work priviledge）に対処したうえで他のロー・ファームに検討を依頼すべきである，⑤ エンロンから依頼を受けたロー・ファームは，検討のために会計事務所を雇うべきであるが，コンフリクト関係にあるアーサー・アンダーセン（エンロン側のコンサルタント）およびプライスウォーターハウス・クーパーズ（SPE側のコンサルタント）以外のビッグ・ファイブから選ぶべきである。

レイ氏は，ワトキンス書簡をデリック氏に回付し，デリック氏はヴィンソンに検討依頼を出す（2001/8/22）。後日，レイ氏の主任弁護士のラムゼイ氏は「レイ氏は，ワトキンス書簡をリーガル・カウンセルのトップに適切に回付し，それがヴィンソンに移送された」とし，処理の妥当性を主張する。レイ前会長に起訴が迫った2004年6月に行われたニューヨーク・タイムズ紙との会見[10]において，レイ氏は「ヴィンソンによる調査をエンロン・リーガル・チームに指示したのは，問題に習熟したファームへの依頼によって迅速に回答を得るためであった」と答え，法務部門に対する発言力が強かったことを窺わせる。

(B) ワトキンス書簡についてのエンロン社内外弁護士の見解

合衆国議会（下院）エネルギー・商業委員会の公聴会で2002年2月に公表されたワトキンス書簡は，動かぬ証拠（smoking gun）としてマス・メディアを賑

第Ⅵ章　エンロン事件における弁護士の役割と責任　171

[図表13]　　　　弁護士の役割についての合衆国議会証言

[エンロン] 前ゼネラル・カウンセル（Jim Derrick 氏）	[ヴィンソン・アンド・エルキンス] Managing Partner（Joseph Dilg 氏）
Derrick 氏の証言： ① 「ワトキンス書簡」による指摘は，重大懸念事項なので，法務部門で検討するより社外弁護士の判断を仰ぐのがベストと考えた ② ヴィンソン・アンド・エルキンスに意見を求めたのは，調査結果を"迅速に"得るためには，世界的に評価されている事務所で，かつ複雑な当該取引案件に通じた法律家の助言勧告を得るべき，と考えたからである ③ 将来を見通してヴィンソン・アンド・エルキンスあるいはアーサー・アンダーセン以外の見解を徴する選択肢もあったが，そのような洞察力に恵まれず，その時点の状況のもとで善意に判断した エンロン側出席者： ・Jim Derrick 氏（Former General Counsel） ・Rex Rogers 氏（Vice President & Associate General Counsel） ・Scott Sefton（Former General Counsel Enron Global Finance）	Dilg 氏の証言： ① エンロンへの助言内容は，プロフェッショナルとして不適正ではない ② 社外弁護士は，エンロン法務部門と interface をもっており，エンロンの executives との直接の関係はない（エンロン法務部門の方針） ③ 法律家は，ビジネス判断を承認しないし，会計処理についての責任もない ④ 「ワトキンス書簡」の指摘事項について問題なしとは助言しておらず，Raptor の手法，攻撃的な会計手法，コンフリクト，訴訟リスク，メディア信用の失墜により打撃を受ける畏れがあると指摘した ⑤ 「ワトキンス書簡」についてさらなる調査は不必要と結論づけたわけではない ⑥ 250 名（ヒューストン・ベースで140名）もの有能な社内弁護士から成るエンロン法務部門が400以上の社外ロー・ファームを使用して法務を指揮しており，当事務所の助言には限界がある ヴィンソン・アンド・エルキンス側出席者： ・Joseph Dilg 氏（managing partner） ・Ron Astin 氏（partner, Enron account）

(注)　法的助言内容の詳細については，エンロン，ヴィンソンともに弁護士秘匿特権（attorney-client privilege）を行使して証言を拒否する。

わす。

　早速，合衆国議会（下院）商業・エネルギー委員会は，エンロン弁護士の役割についての公聴会を開催（2002/3/9）する。エンロンの前ゼネラル・カウンセルのデリック氏およびヴィンソンのマネージング・パートナーのディルク氏が証人として召喚される。デリック氏は，①ワトキンス書簡は，重大懸念事項なので法務部門で検討するよりも社外弁護士の判断を仰ぐのがベスト，②再調査結果を"迅速に"得るには，世界的に評価され，かつ複雑なエンロン取引案件に通じたヴィンソンの助言勧告を得るべき，③ヴィンソンあるいはアーサ

一・アンダーセン以外の専門家の意見を徴すべきとの選択肢をとる洞察力に恵まれず，その時点で善意により判断した，と証言する。

一方，ディルク氏は，①ワトキンス書簡について問題なしとは助言しておらず，むしろRaptorの手法，攻撃的な会計処理，コンフリクト，訴訟およびメディア信用の朱墜についてのリスクを指摘した，②ワトキンス書簡についてさらなる調査は必要なしと結論づけてはいない，③法律家は，ビジネス判断を承認したりはしないし，会計処理についての責任もない，と証言する[11]。

上記証言の概要について図表13に掲げる。

2. エンロンに法的サービスを提供した弁護士の"民事"責任

SEC規則など行政法規の適用対象である"監査業務"の場合には，外部監査人の監査ミスについて責任を問われた事件は少なくない。しかし，"社外弁護士の助言業務"あるいは"会計士のコンサルティング業務"について，依頼企業が過誤助言（malpractice）を理由に法的責任を問うことはアメリカでも容易ではない。とりわけ，直接の当事者関係（privity）がない株主のような第三者の場合には，非常に難しい。エンロン事件に関与した弁護士の責任関係について図表14に示す。

(1) 依頼者（顧客）に対する責任

弁護士に対する法的サービスの"依頼者"は，社外（開業）弁護士の場合には個人のほか"企業"（一次的には法務部門，経営者，事業部門）であり，社内弁護士の場合には"企業内"組織（一次的には経営者，管理者，社内事業部門，法務部門の上司）である。いずれも弁護士からみて顧客（client）にあたる。前者は委任（retainer），後者は雇用（employer）という契約関係に基づき法的サービスが提供される。弁護士は，社内・社外を問わず同一の弁護士規律（professional standard）に服する[12]が，社内弁護士が執行幹部職（officer）を兼ねていれば，

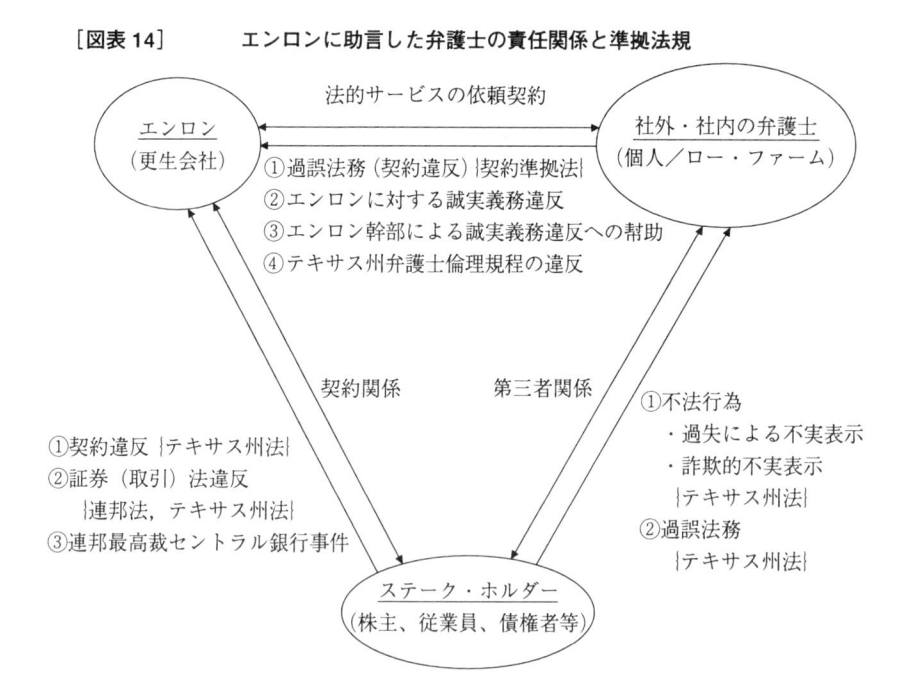

[図表14]　　　エンロンに助言した弁護士の責任関係と準拠法規

```
                    法的サービスの依頼契約
   ┌─────────┐ ←─────────────────→ ┌─────────────────┐
   │ エンロン │                        │ 社外・社内の弁護士 │
   │(更生会社)│   ①過誤法務(契約違反)|契約準拠法|    │(個人／ロー・ファーム)│
   └─────────┘   ②エンロンに対する誠実義務違反    └─────────────────┘
                  ③エンロン幹部による誠実義務違反への幇助
                  ④テキサス州弁護士倫理規程の違反

           契約関係              第三者関係      ①不法行為
                                                  ・過失による不実表示
   ①契約違反 |テキサス州法|                         ・詐欺的不実表示
   ②証券(取引)法違反                                  |テキサス州法|
      |連邦法,テキサス州法|                         ②過誤法務
   ③連邦最高裁セントラル銀行事件                       |テキサス州法|
                       ┌──────────────┐
                       │ ステーク・ホルダー │
                       │(株主、従業員、債権者等)│
                       └──────────────┘
```

弁護士としての誠実義務に加えて，執行幹部としての誠実義務違反についても会社に対して責任を負うことになる。

(A) 弁護士の賠償責任を問う法理

エンロンの社内弁護士は，ほとんどすべての居住地，法律実務地および弁護士資格免許地がテキサス州である。その上，雇用契約がテキサス州内で締結されれば，顧客エンロンが提起するクレームは，契約準拠法の定めがなければテキサス州法に準拠して判断される。社外弁護士の場合には，担当弁護士やロー・ファームが州外に所在することもあり，準拠法の選択についてはやや複雑になる。本節では，エンロン社内外弁護士の場合に最も典型的なケース，すなわち連邦法もしくはテキサス州法に準拠する場合を想定する。

(i) 過誤法務

　法的サービスの過誤の最も一般的なクレームは，エンロンに依頼された業

務について過失 (negligence) あるケースである。担当弁護士が，思慮分別ある (prudent) 弁護士がもつであろう能力と注意力の発揮を怠ったと合理的に認められる場合には，テキサス州法に基づく責任が顧客に対して生じる[13]。

(ii) 弁護士の誠実義務の違反

エンロン弁護士は，顧客に対して特別な誠実義務 (special fiduciary duty) を負っており，違背する場合にはテキサス州法に基づき顧客に対して責任が生じる[14]。

(iii) 経営執行幹部の誠実義務違反への幇助

エンロン弁護士は，経営執行幹部 (officers) のエンロンに対する誠実義務違反を幇助 (aiding and abetting) した場合には，テキサス州法に基づく責任が顧客に対して生じる[15]。連邦証券（取引）法に基づく幇助責任については，セントラル・バンク事件の最高裁判例によって原則的に免責されてきた。この点については，本節(5)で詳説する。

(iv) 弁護士行動規範の違反

エンロン弁護士は，エンロンの執行幹部が不正な目的をもって商取引を行うことを知った場合には，テキサス州の弁護士行動規範懲戒規程（以下，単に「テキサス州弁護士倫理規程」という）[16] 1.12条に従ってエンロンの最善の利益となるよう必要な行動をとり合理的な是正措置を講じなければならない。この規定は旧ABA弁護士行動規範モデル規程 (2000) における弁護士責任をより明確にした規定であり，Ⅶ章2節で詳説するSOX法307条，SEC連邦規則205章および新ABA規程 (2003年) に類似する規定となっている。弁護士が1.12条に違反すれば，規程に定める懲戒措置が発動されるほか，依頼者にとっては違反行為を前提に法務過誤 (legal malpractice premised upon a failure to comply with Texas Rule 1.12) の責任を問える可能性が生じる。

(B) エンロン弁護士の倫理義務

エンロン弁護士がテキサス州弁護士倫理規程に基づいてとるべき行動の概要を図表15に示す。弁護士が企業の不正行為を認識した場合に弁護士がとり得る最後の選択的手段は，社内弁護士の場合には，担当業務の辞退，究極的には

第Ⅵ章　エンロン事件における弁護士の役割と責任　175

[図表15]　　　　　エンロン社内外弁護士の倫理義務

弁護士とエンロンが依頼関係にある（注1）

↓

弁護士が会社の不正行為もしくは
経営執行幹部の誠実義務違反（注2）を"知得"（注3）する

↓

不正行為が実質的な損害を会社に与える

　　　　　　　　弁護士がなんら是正措置を講ぜず
　　　　　　　┌─────────────────────────┐
↓　　　　　　　　　　　　　　　　　　　　　　　　│
弁護士が是正措置（注4）を講じる　　　　　　　　　│

↓　　　　　　　　　　　　　　　　　　　　　　　　│
会社が不正行為を是正せずに継続する　　　　　　　│

↓　　　　　　　　　　　　　　　　　　　　　　　　│
弁護士が犯罪／詐欺行為に加担しないための任意的手段　│
　　　　　　　　　　　　　　　　　　　　　　　　　↓
┌──────┬──────┬──────┐　　弁護士責任の発生
↓　　　　↓　　　　↓　　　　　　　　（注8）
弁護士が依頼関係を辞任　弁護士が業務辞退　弁護士が辞職
　（注5）　　　　（注6）　　　　（注7）

（注1）　エンロンと依頼関係（representation）にない場合には、弁護士倫理規程の適用はない。
（注2）　テキサス州法に定める注意義務に従う。ビジネス判断の原則による場合には違背とはしない。
（注3）　テキサス州弁護士倫理規程1.12条の"acutual knowledge"：立証は現実には難しい。
（注4）　テキサス州弁護士倫理規程のガイダンス：①再考を求める、②セカンド・オピニオンをとる、③エンロン社内の上層部の判断を仰ぐなど。エンロン社外への情報開示は、犯罪と詐欺的行為の場合に限る（テキサス州倫理規程1.05条）。
（注5）　テキサス州倫理規程1.12条参照。
（注6）　テキサス州倫理規程1.15条参照。
（注7）　テキサス州倫理規程1.15条参照。
（注8）　テキサス州倫理規程1.12条違反。

辞職、社外弁護士の場合には依頼関係の辞任である。

(2)　依頼企業（顧客）のステーク・ホルダーに対する責任

　弁護士のリーガル・サービスの過誤に起因して企業が倒産し株主、債権者など第三者に損害を与えた場合に、当該第三者に救済手段はないのであろうか。

エンロンに対するリーガル・サービスの中核は，SPE取引および財務諸表の開示についての助言・勧告（口頭もしくは意見書形式）であった。

(A) 弁護士の賠償責任を問う法理と立証の困難性

弁護士と直接の契約関係をもたない株主や無担保債権者である第三者が，弁護士に対して直接に責任を追及するための法理としては，準拠する州の不法行為法（tort law : negligence, fraud）あるいは過誤法務法（malpractice law）基づく救済手段が考えられる。エンロン訴訟の準拠法は，①証券詐欺（securities fraud）[17]については連邦証券（取引）法およびテキサス州証券（取引）法，②それ以外の詐欺あるいは過失についてはテキサス州法，③過誤法務についてはテキサス州法となる可能性が高い。エンロン事件に関与するほとんどのロー・ファームや企業内外の弁護士が住所地，法律実務，弁護士免許許諾地がテキサス州であるためだ。

エンロン株主が，上記のいずれかを根拠に弁護士の民事責任を問おうとする場合，常に立証の高い壁に遭遇する。例えば，①過失による不実表示（negligent misrepresentation claim）[18]：エンロン弁護士が過失により提供した情報を合理的に信頼した株主に損害を与えたとの立証，②詐欺的不実表示（fraudulent misrepresentation claim）[19]：エンロン弁護士が詐欺的行為により提供した情報を合理的に信頼した株主（エンロン401(K)年金プランに加入した株主など）に損害を与えたとの立証，③職業専門家としての過誤法務（attorney malpractice based on negligence）：エンロン弁護士が過失によりエンロンもしくはエンロン従業員株主（employee shareholders）に提供した情報を合理的に信頼した株主に対しても義務を負っているとの立証，が求められる。

一般的にいって，①は株主が立証し勝訴する可能性はほとんどなく，③も極めて低く，②は僅かに勝訴の可能性があるといわれる[20]。しかし，仮に勝訴した場合でも弁護士損害賠償責任保険（professional liability insurance）の除外危険（excepted risk）に該当すれば，保険金からの補填はない。

(B) 株主クラス・アクションにおける社内外弁護士のケース

エンロン弁護士の法的責任の有無については，ひとえに原告の立証にかかっ

ている。民事事件の株主クラス・アクションでハーモン判事は，法律家被告である①テンプル氏，②デリック氏，および③カークランド・アンド・エリスに対する原告株主の訴えの全部または一部について2002年末から2003年春にかけて却下（dismissal）する。却下理由は，①テンプル氏：従業員個人が詐欺行為に実質的に加担することによって証券（取引）法に反する違法行為を行ったという立証が充分でない（2003/1：原告株主の請求を却下），②デリック氏：(i)詐欺的取引行為を知っていた，(ii)虚偽の陳述をした，(iii)ワトキンス書簡の忠告を聞かずヴィンソンを起用し続けたのは欺もう（deception）である，とする原告株主の主張について証拠が充分でない（2003/3：原告請求の一部却下），③カークランド：顧客は，エンロン自体でなく企業会計情報の公開義務がないエンロンＳＰＥを顧客としており，顧客以外の第三者に実質的な責任を負うような虚偽表示や過失を犯した証拠はない。すなわち③の場合には(i)顧客と弁護士関係によって保護された範囲，(ii)過誤法務（malpractice）の責任は顧客に対してのみ負うとする一般原則，これらを超える行為をしたとは認められない（2002/12：原告の請求却下），以上のように立証の壁に阻まれる。

他方，被告ヴィンソン・アンド・エルキンスについてハーモン判事は，セントラル・バンク事件の連邦最高裁判例に基づいて株主原告の訴えを却下すべきとのヴィンソンの再三の申立にも拘らず，カークランドの場合とは対照的に，却下を認めなかった（理由は本節(6)参照）が，2007年1月になって被告から外される。もしヴィンソンが，被告に留まっていれば，ディスカバリー段階から正式事実審理（trial）の場で争うはずであった。他方，MegaClaims訴訟では3,000万ドルでエンロン社（債権者委員会）と和解する（2006/6/12）。

上述の訴訟判決（訴えの却下）は，いわば門前払い判決である。正式事実審理に入った場合には，立証の壁はより高くなる。原告は，①被告が重要な事実を故意に虚偽表示もしくは看過し，②原告がその虚偽行為を信頼し，③虚偽表示もしくは看過によって損害を蒙った，との因果関係を立証しなければならないからである。

(c) **債権者グループの訴訟にみるエンロン社内外弁護士の民事責任**

出訴期限（2003/12/2）の直前に公表されたバッソン最終レポート（11/24）と同日に，エンロン無担保債権者（unsecured creditors）のグループ（代理人弁護士：ミルバンク）は，エンロン社内外弁護士を訴えるべく連邦破産裁判所に緊急申立（emergency request）を行う。ヴィンソン，アンドリューおよびカークランド，並びに元ゼネラル・カウンセルのデリック氏を継続中の訴訟の被告に追加することが容認（12/1）される。申立理由には，バッソン・レポートの結論に基づいて①社内外弁護士の過誤法務，②エンロン執行幹部の誠実義務違反の幇助が挙げられている。

　バッソン最終レポートは，247頁から成る付属書C（Appendix C : "Role of Enron's Attorneys"）において，SPEの設立運営にエンロンの社内および社外の弁護士が果たした役割について①ヴィンソンおよびアンドリュー，②デリック前ゼネラル・カウンセル以下図表5に示す5名の社内弁護士，が不正なSPEを容認したと指摘する。すなわち，①過失に基づく過誤法務（legal malpractice bosed on negligence），②テキサス州弁護士倫理規程1.12条に基づき企業不正に是正措置を講じなかったという過誤法務，③自らの執行幹部（officers）としての誠実義務違反，④エンロン執行幹部の誠実義務違反への幇助（aiding and abetting），いずれかの請求理由を根拠づける証拠がある，と結論する。上記5人のエンロン社内弁護士は，いずれも執行幹部の地位にあり自らも誠実義務を負う立場にあった。

(3) 弁護士の倫理規程上の責任

　本節(1)および(2)に述べたように，法律家に対して"法的"責任を追及するには常に立証の壁が高い。エンロン訴訟においても，社外弁護士の法的サービスについて民事賠償あるいは刑事犯罪の責任を問うことは至難である。だが，カークランド，デリック氏およびテンプル氏らは，クラス・アクションにおける連邦証券（取引）法違反からは免れたが，職業法律家としての倫理基準（professional ethical standards）に違反したとの疑惑までが自動的に払拭されたわけではない。また，エンロンの社内外法律家の行為が，道義的ないし社会的責任を問われる

ことは別問題である。これらの法律家がエンロンSPEの設立と運営に助言し，そのSPEを使ったエンロン債務の簿外化によって投資家を欺く結果になったことは否定できない。

　Ⅶ章3節で詳説するABA弁護士行動モデル規程(ABA Model Rules of Professional Conduct) は，州の法曹協会や裁判所が採択することによって法律家に対して拘束力をもつ規範である。規程違反があれば弁護士資格の剥奪を含む制裁規定が働く。ABAモデル規程1983年版は，弁護士が依頼者（顧客）である企業の"組織外"に対して警鐘を鳴らすことを求めておらず，人体に死亡ないし重傷を与えるおそれがない限り企業不正行為を外部に恣意的に開示することを制限する。ところが，2003年の改訂規程ではこの厳格な守秘義務が若干緩和されることになる。

　エンロンの社内外弁護士が企業不正を知った時期は，1980年代後半から1991年末にかけてであると想定できる。大多数がテキサス州の資格をもつエンロン弁護士は，企業運営に違法もしくは不適正な行為を知得した場合に，テキサス州1989年倫理規程の1.12条（組織を依頼者とする弁護士の報告義務：ABA規定の1.13条に相当）および1.05条（守秘および開示：ABA規程の1.6条に相当）の規定と解釈に従って弁護士の行動規範に律せられる。テキサス州1989年倫理規程の守秘義務と報告責任は，ABAモデル規程2003年版に先駆けてABAモデル規程1983年版を既に修正していた。Ⅶ章3節(4)および(5)で詳説する。

(4) 弁護士の社会的責任

　仮に法律家の行為に法律上あるいは弁護士倫理上の責任を問うことが難しくても，道義上あるいは社会的な責任は別である。例えば，Ⅳ章3節(2)(A)で述べたエンロン脱税疑惑について，エンロンとそのリーガル・アドバイザーに対して法律の文言（letter of law）の違反を問えなくても道義上（spirit of law）の責任は問われる。法律家は倫理に沿った企業文化（ethical corporate culture）と企業法務環境（legal health）の形成に重要な役割を担い，経営トップに苦言を呈しなければならない立場にある。

エンロン経営に助言した弁護士に対しても，法的責任あるいは弁護士倫理義務があるか否かの議論は別として，企業不祥事の防止のためにもっと積極的な行動をとるべきであったとの批判がある。弁護士のもつ公益性と社会正義の実現という使命にかんがみて，社会の自然な感情であるといえよう。2002年7月に公表された「企業責任についてのABA中間報告」[21]においても，「弁護士は，エンロンの社外取締役および会計士と協力して企業の最善の利益となるような積極的行動が不足していた。不正行為を知ったときには，取締役会への報告を含めて是正措置を講ずるべきであった」と自省している。エンロン事件以降，企業の適法性および社会的妥当性を担保するために弁護士のゲート・キーパーとしての役割が強調されるようになる。

エンロンの社外弁護士は，企業不正行為の原因となったSPEを使ったエンロン企業活動について法的サービスを提供することによって多額の経済的利益を得ており，法人税を回避するためのタックス・シェルタリングについて8,700万ドルもの相談料を受領している。そして，エンロン事件の収拾にあたっても，いまなお巨額のリーガル・フィーを懐に入れている。

(5) 従たる行為者としての責任

株主クラス・アクションを担当するヒューストンの連邦地方裁判所ハーモン判事は，株主クラス・アクションの被告10行の金融機関による「訴えの却下申立」(motion to dismiss) に対する訴訟判決 (2003/3/12) において，被告金融機関について，①証券(取引)法でいう違反者 (perpetrators) にあたらないとして原告株主の訴えを却下したグループ，②単なる幇助者 (aiders and abettors) ではなく実質的な実行者に該当するとして原告株主の請求どおり公判に処すべきとするグループ，この2つに区分けする。前者のグループには，バンク・オブ・アメリカ，ドイツ銀行およびリーマン・ブラザーズ，後者のグループにモルガン・チェース，シティグループ，メリル・リンチ，バークレー，クレディ・スイス・ファースト・ボストンおよびCIBCが含まれていた。後者のグループに対するハーモン訴訟判決は，1994年のセントラル・バンク事件の連邦最

高裁判例[22])以来,「株主は,従たる行為者に対して訴えを提起できない」と一律に断じてきた判例を覆すリベラルな判決である。

　セントラル・バンク事件では,原告(First Interstate Bank)が証券詐欺の幇助(aid and abett)を理由に被告(Central Bank)を訴えた事件において,連邦最高裁は,不実表示を自ら行っておらず幇助したというだけでは詐欺行為の責任を負うべきレベルに到っていないと,5対4のきわどい多数決判決で判示し,セントラル・バンクを免責とする。それ以前30年間にわたって下級審と控訴審において幇助にも責任ありとしてきた判例を覆すものであった。ところが,SEC提訴事件においては翌1995年,幇助を再び認める判断が示されるなど論争の的になっていた。

　証券詐欺事件において株主は,幇助者に対しては訴訟提起ができないとするセントラル・バンク事件以来,とくに弁護士がその恩恵を享受してきた。ところが,ハーモン判事は,株主クラス・アクションの訴訟判決(2002/12/20)において,幇助者であることを理由に訴えの却下申立を行ったカークランド・アンド・エリスおよびヴィンソン・アンド・エルキンスに対して,上述金融機関の場合と同趣旨の理由に基づいて,前者の主張は容認するが,後者の申立についてはセントラル・バンク事件の判例を拡張解釈して却下したのである。

　通常,社外であれ社内であれ弁護士は,企業経営者および営業や管理の業務執行を行う"主たる行為者"(primary actor/ player)に対して助言者としての役割(advisory capacity)を担う。この助言者としての立場では,牽制機能を発揮する場合においても,明確な法律違反でもない限り主たる実行者を強制することはできない。もし弁護士が企業犯罪あるいは不正行為に手を貸したにしても多くの場合,幇助犯あるいは共謀犯(conspirator)である。

　連邦証券(取引)法においては証券詐欺の教唆・幇助行為についての直接の規定はない。裁判所は,セントラル・バンク事件の連邦最高裁判決以来8年間,証券詐欺事件においては弁護士や会計士など職業専門家を幇助者に過ぎないとして免責する判決をしばしば下してきた。その意味で,ハーモン判決は,弁護士や会計士が直接に不実表示を実行していなくとも,実質的に"主たる行為者"

になり得ることを示した点で，下級審とはいえ従来の連邦最高裁のリーディング・ケースを覆す画期的な判断を示したことになる。

(6) 弁護士責任論からみたヴィンソンとカークランドの違い

本節(5)で述べたようにハーモン判事は，株主クラス・アクションの被告とされていたカークランドに対するエンロン株主側からの審理請求を却下した。他方，ヴィンソンについは，単なる書類の起草を行う幇助者に留まらずエンロンと共同実行者（co-perpetrator/ co-author）の役割を演じたとして，2007年1月になるまで却下申立を認めなかった。ハーモン判事の判断は，弁護士の助言行為が補助者ではなく遂行者となり得ることを示唆する。このハーモン判決が，① 控訴に耐えられるか，② 立法上の措置を要するか，については今後の展開をみなければならないが，Ⅶ章で詳説するように企業弁護士（corporate lawyers）に新たな役割を求めるSOX法やSEC連邦規則の制定およびABAモデル規程の改定もあって，今後の証券詐欺事件では法律家を主たる実行者に準じてみるケースは増加するであろう。

連邦証券（取引）法に基づいてエンロン株主から提訴されたヴィンソンとカークランドの概要とエンロンとの取引関係については図表2に示したとおりである。ここでは，ハーモン判事によって異なった判断を下された両ファームが果たした弁護士としての役割に，どのような相異があったかについて図表16により検討してみたい。

ハーモン判事は，上記の相異を踏まえて「ヴィンソンがエンロン経営幹部とともに証券詐欺の実行（"making" a fraud）に実質的に加わった（"substantial participation"）」として公判（trial）に付すとの判断を下す。通常，訴訟途上で行われる訴訟判決が控訴審で覆されることは稀であるが，ヴィンソンおよび投資銀行3行（モルガン・チェース，クレディ・スイスおよびバークレー）は，「ハーモン判事の判断は職権の濫用にあたる」として第五巡回控訴裁判所に対して職務執行令状（writ of mandamus）による訴訟判決の取消を求める。第五巡回控訴裁判所の選択肢には，① 申立の審議を拒否する，② 申立は考慮するがなんらの

[図表16]　　　　　　　ヴィンソンとカークランドの相違点

項　　目	ヴィンソン・アンド・エルキンス	カークランド・アンド・エリス
1. 主要な顧客	エンロン本社	エンロン SPE：Chewco, Raptors, Star Wars, Jurassic Park 等
2. 顧客の市場公開性	公開会社	非公開の関係会社／事業部
3. SECに対する顧客の財務報告義務	あり（エンロン）	なし（SPE）
4. 企業不正行為および被告としての位置づけ（エンロン／エンロン執行幹部）	従たる行為者→実質的に「主たる実行者」	従たる行為者
5. 顧客に対する関係（メイン／アドホックの別）	メイン・ロー・ファーム	アドホック・ロー・ファーム
6. 虚偽情報を含む顧客書類の作成と開示についての裁判所の判断（2002/2/20の訴訟判決）	実質的な共同作成者（co-author）：株主など一般に対する開示活動にも立ち会った	幇助者に過ぎない：作成には直接タッチせず、対外的な開示活動にも立ち会わなかった
7. 二大クラス・アクションにおける被告代理人弁護士（ロー・ファーム）および所在地	John Villa (William & Connolly) in Washington D. C. Joe Jamail (Jamail & Kolius) in Houston	Lawrence Urgenson / John Spiegel (Murger, Tolls & Olson) in Los Angels

決定も下さない，③ハーモン判事に他の手段をとるよう示唆する，④ハーモン判決を取り消す，の4つがある。控訴審は，2003年3月11日に①を選択し申立を却下する。

3．エンロン事件の被疑者による免責特権の主張

　裁判所や議会から召喚を受けて証人（witness）となる者は，真実を供述しなければならない。宣誓（oath）のうえ虚偽の供述を行った場合には，偽証罪（perjury）に問われる。何人も法廷手続に入ると有利不利を問わず，原則としてすべての情報を開示する義務があり，これを拒む者は法廷侮辱罪（contempt of court）

を構成する。その例外は，法律家としての独立の職業的地位を根拠にコモン・ローで認められる弁護士秘匿特権（"Attorney-Client Privilege"）と合衆国憲法第五修正条項（Fifth Amendment）で認められる自己負罪拒否特権（privilege against self-incrimination）である。

(1) 弁護士・顧客関係における秘匿特権（Attorney-Client Privilege）

弁護士秘匿の基本理念は，弁護士に開示された秘密の保護によって，依頼者が弁護士の適切な法的助言を得ようと真実を開示することを奨励し，ひいては法律を遵守させることにある。そのために弁護士が知り得た情報（information）とそれに基づいた作成物（product）に秘匿が義務づけられるとともに，権利として秘匿が保障される。弁護士秘匿特権の法理の根拠となったディスカバリー制度がないシビル・ローの国においても類似の制度として「専門職業上の秘密」（secret professional）という概念[23]がある。近年，ヨーロッパのシビル・ロー国においても，"attorney-client privilege"という英語は，法律家に対して専門職業上の秘密の担保についての権利と義務を示す用語として広く使用されている。

「秘匿特権」（attorney-client privilege）には，① 狭義の"attorney-client privilege"と ② "work-product privilege"が含まれる。"attorney-client privilege"（弁護士・顧客関係による秘匿特権）とは，弁護士が法的助言をするために依頼者である顧客から得た秘密情報について，法廷や仲裁廷に対して開示義務の免責を主張できる権利である。元来，この権利は顧客に帰属するので，顧客が放棄すれば効力を失う。一方，"work-product privilege"（事件関係作成書類の秘匿特権）とは，顧客の依頼によって行った仕事の成果物につき特定の場合に限り開示義務の免責を主張できる権利である。顧客でなく弁護士に専属する権利であり，権利自体には attorney-client privilege とは対照的に免責に制約が課されてはいるが，免責の対象範囲は，attorney-client privilege よりも広い。両者を総称して "attorney -client privilege" と広義に使われることも少なくないので，本書はこれに従う。なお，この伝統的な秘匿特権が近年（とくにエンロン事

件以降),試練の時期を迎えていることについては,Ⅴ章2節(4)において触れた。秘匿特権の適用対象者の範囲については,Ⅷ章1節(2)で詳説する。

　弁護士秘匿特権は,弁護士の秘匿にとって必ずしも絶対的な保護ではない。保護が及ばない例外として,①顧客が誠実義務を負っている相手方に対しては秘匿特権の保護が及ばない[24],②顧客が詐欺的行為を行った場合に一定の開示が許される。また,エンロン事件は,弁護士秘匿特権の適用除外[25]が"将来の"犯罪・詐欺行為に必ずしも限定されないことを示唆する。

(2) 自己負罪拒否特権 (Fifth Amendment)

　自己負罪拒否特権(合衆国憲法第五修正条項:Fifth Amendment)は,1789年の10カ条からなる合衆国市民の基本的人権に関する憲法修正条項に定める権利章典(Bill of Right)の1つである。自らを罪に陥れる供述は強制されないとの原則に基づき,自身もしくは他人の事件において自己に不利となる審問に対し答弁を拒否できる権利をいう。この憲法上の特権の受益者は,弁護士のみならず広く一般人である。2002年2月7日に議会公聴会に召喚されたエンロンの経営幹部11人のうち,レイ前会長兼CEOを始めとして前執行幹部(executives)の大部分が自己負罪拒否特権に基づき議会証言を拒んだ。ただ,スキリング元CEOのみが自己負罪拒否特権を援用せずに議会公聴会の召喚に応じた。

　アーサー・アンダーセンの企業内弁護士のテンプル氏は,Ⅳ章2節(6)(B)に述べたとおり,当初の議会召喚(2002/1/24)では「Eメールには文書破棄の意図はなかった」と証言するが,刑事事件での証言録取書(deposition)以降の手続に入ると,一貫してFifth Amendmentの権利を行使する。

　他方,スキリング氏は,2002年2月の連邦議会委員会に召喚されて以来,自己負罪拒否特権を行使することなく不知と無罪を主張する。

---

1) Jim Derrick's e-mail message dated Thursday, October 25, 2001 11 : 55 PM to all Enron Worldwide: Important Announcement regarding Document Preservation.
2) Nancy A. Temple's e-mail message to David B. Duncan dated 10/16/2001 08: 39PM re Press Release draft.

3) New York Times (2002/6/18), Op-Ed colum: by Stephen Gillers, Dean of New York University Law School.
4) 高柳「前掲論文」580～581頁参照。
5) GAAP基準（Generally Accepted Accounting Standard）を形式上整えることによって借入金を非公開とする法的要件を充足する。すなわち、① SPEの50％超を所有しない、② SPEの少なくとも3％の debt and equity もしくは total assets が外部投資家により出資される、③外部投資家がSPEをコントロールし利益とリスクの責任をとる、以上の要件を充足すれば、連結財務諸表に記載しなくてもよい。
6) カリフォルニア電力取引事件担当弁護士の議会証言者は、すべてエンロンの社内外弁護士であった。すなわち、① Stephen Hall: Director, Legal Service of UBS Warburg, LLC (Acquirer of Enron's Electricity business) (Portland); Former Enron North America's outside law firm counsel of Stoel Rives LLP (Portland), ② Gary Ferges: Enron's Outside trial law firm of Brobeck, Phleger & Harrison, ③ Jean Frizzel: Enron's litigation law firm of Gibbs & Burns (Houston), ④ Christian Yoder: Director of Legal Department of UBS Warburg, LLC (Acquirer of Enron's Electricity buisiness) (Portland); Former in-house counsel of Enron North America, ⑤ Richard Sanders: Enron's Vice President and Assistant General Counsel of Enron Law Department (Houston). Ⅳ章3節(2)(B)を参照。
7) Stoel River's Memorandum dated December 8, 2000 re Traders' Strategies in the California Wholesale Power Markets' ISO Sanctions (from Christian Yoder and Stephen Hall).
8) ワトキンス女史は、テキサス州に内部告発者を保護する法律がなかった時期に、勇気ある内部告発者（whistleblower）を演じたとして、タイム（"Time"）誌の2002年度の「時の人」（"Persons of the Year"）に、他の2人（ワールドコムのクーパー女史およびFBIのロゥリー女史）とともに選ばれ、同誌の表紙（December 30, 2002-January 6, 2003）を飾る。彼女は2002年11月までエンロンに留まった後、コーポレート・ガバナンスのコンサルタントとして独立し、全米各地での講演会に招かれたり、"Power Failure:The Inside Story of the Collapse of Enron" (March, 20003) を Mimi Swartz 氏と共著する。
9) ロジャーズ氏は、法務部門の Vice President and Associate General Counsel、エンロンの In-house Lawyers のなかで No.3のポジションであり、Corporate Law Department の Head；上司2人と同じくテキサス大学ロー・スクール出であるが、ヴィンソン出身ではない。
10) New York Times June 27, 2004, by Kurt Eichenwald.
11) 詳細な証言および出席弁護士については、図表13を参照。
12) FDI v. M Maht, 907 F. 2nd. 546 (5th Cir. 1990) 参照。
13) FDIC v. Nathan 804 F. Supp 888 (S. D. Tex. 1992).
14) Kimleco Petroleum, Inc. v. Morrison & Shelton, 91 S. W. 3rd 921, 923 (Tex. App. 2002). なお、Restatement (Third) of the Law Governing Lawyers § 49 & 16 参照。
15) テキサス州には、弁護士に対する顧客の訴訟原因が、誠実義務違反の幇助あるいは過誤法務かを区別する基準を示す判例は未だないが、テキサス州以外の州では、前者とす

る判例が存在する。なお，Restatement (Third) of the Law Governing Lawyers § 56 参照。
16) Texas Disciplinary Rules of Professional Conduct § 1.12.
17) 虚偽の事実の開示により他人を欺もうして錯誤におとしいれエンロン株を購入させる行為。
18) テキサス州最高裁判例として Me Camish, Martin, Brown & Loeffler v. V. F. E. Appling Interests。なお，Restatement (Second) of Torts S 552 参照。
19) テキサス州最高裁判例として Earnest & Young, LLP v. Pacific Mutual Life Insurance Company.
20) Anthony J. Sebok "Can Former Enron Shareholders sue the Compnay's Lawyers and Accountants?" FindLaws, March 4, 2002 参照。
21) Ⅶ章3節(2)参照。
22) Central Bank of Denver, N. A. v. First Interstate Bank of Denver, N.A. 511 U. S. 164 (1994).
23) 高柳「前掲書」59～73頁参照。
24) Garner v. Wolfinburger, 430 F. 2nd 1092 (5th Cir. 1970).
25) 過去の犯罪・詐欺行為についての法的助言内容には秘匿特権が働くが，将来の犯罪・詐欺行為についての法的助言には働かないとする例外（United States v. Zolin, 491 U. S. 554, 562-63, 109 S. Ct. 2619, 105 L. E. 2nd. 469 (1989)）。

第 VII 章

エンロン事件の反省：弁護士規制の強化

　エンロン事件は，企業に法的助言をする法律家に対して多くのインパクトを与えた。その最も重要な1つが弁護士規律の強化である。

1. 弁護士規制強化の背景

　エンロン事件など一連の企業不祥事によって危機に瀕したコーポレート・アメリカを再興すべく，合衆国議会は，13の委員会（両院合同委員会を含む）において公聴会を実施し，各方面から証人を召喚し証言を求めた。主な委員会とその主要課題は，①下院のエネルギー・商業委員会：エンロンとアンダーセンの関係，経営破綻の実態，②下院の商業・科学・運輸委員会：企業のガバナンス，行政の監視，③下院の財務委員会：不正会計，不正証券取引，④下院のエネルギー委員会：消費者とエネルギー市場への影響，⑤上院の政府活動委員会：政府の責任，規制上の問題点，⑥上院の銀行・ハウジング・都市問題委員会：金融・ファイナンス，⑦両院合同の租税委員会：脱税の防止，である。

　合衆国議会（下院）エネルギー・商業委員会では，エンロン事件における弁護士の役割についての検証が行われ，コーポレート・ガバナンスのゲート・キーパーとしての弁護士の役割が強調されて，企業改革法であるサーベンス・オックスレー法（SOX法）[1]およびSEC連邦規則[2]の立法へと発展する。

2. サーベンス・オックレー法（SOX法）およびSEC連邦規則

　SOX法は，議会公聴会，ホワイト・ハウスの内部検討会，民間団体の提言など広範囲な検討プロセスを経ながらも異例のスピードで立法化した企業改革法である。上院と下院がほぼ全会一致[3]，大統領が即座に法案を署名したことをみても，社会の要請が如何に強かったかを物語る。

　SOX法の中心課題はコーポレート・ガバナンスの改革[4]にあるが，弁護士の役割についての規定（307条）も重要な位置づけとなっている。307条は，企業不正を知った弁護士が企業内組織の階層に従って順次上級機関に報告し，是正されない場合には取締役会までの報告を義務づける。弁護士の守秘義務と不正行為の警告・開示責任との調整をどうはかるかが主要課題となる。そこでSOX法は，弁護士の守秘義務の例外として取締役会に対する報告を義務づけ，企業不正を知った弁護士の報告義務の具体化を証券取引委員会（SEC：U. S. Security Exchange Commission）が制定する連邦規則（federal regulation）に委ねる。

　SOX法307条に定める企業内組織階段方式による報告義務は，ABA所属の訴訟弁護士（litigation lawyer）やカリフォルニア州法曹協会所属弁護士などからの根強い反発があるものの，法曹界一般においてはポスト・エンロン状況からみてやむを得ぬとする見方が大勢であった。だが，SOX法の委任を受けて作成されたSEC連邦規則案については，強い拒否反応が出る。

(1) 弁護士の報告義務についての立法経緯

　「弁護士の報告義務」についてのSEC連邦規則の立法経緯はおよそ次のとおりである。

　　2002年7月30日：SOX法成立。同法307条の「弁護士の職業行動基準に関する規則」を施行するために，SEC手続に関与する弁護士を規制するミニマム・スタンダードについて連邦規則（SEC連邦規則）を制定するようSECに求める。

2002年11月21日：SEC，SEC連邦規則案（連邦規則集205項）を公表。30日以内（12月18日まで）にコメントを提出するよう一般関係者に求める。

2002年11月〜12月：ABA，LSEW，日弁連などの各国の法曹協会，IBAなど国際法曹協会から，SEC連邦規則案，とくに①企業の違法行為が改まらない場合に，弁護士は企業代理を辞任し，専門職業的配慮から辞任した旨，SECに報告する（Noisy Withdrawal：騒々しい辞任方式），②SEC連邦規則の適用を外国弁護士にも及ぼす（域外適用），これらに対して反対ないし修正意見が相次ぐ。

2002年12月17日：SEC，各国からのコメントを受けてSECのピット委員長を議長とする円卓会議をワシントンD. C. にて開催。会議は「監査人の独立」（Auditor Independence Roundtable）と「弁護士の行動」（Attotney Conduct Roundtable）の2部構成で行われ，後者の会議には日本を含む世界各地域の法曹界からの参加者がSOX法307条およびSEC連邦規則について意見を述べる。

2003年1月23日：SEC，内外から殺到したコメントを検討のうえ，SEC連邦規則の最終規則を採択。SECは，①「外国弁護士」については原則的に適用除外とし，②「騒々しい辞任方式」については採択規則から除外したものの撤回せずに継続検討課題とする。そのうえで，一般からのコメント受付期間を延長するとともに，「騒々しい辞任方式」に代わって企業が選択採用できる「騒々しい辞任代替方式案」を提示すると発表する。採択された部分のSEC連邦規則は，連邦合衆国官報に掲載後180日経過後に発効する。

2003年1月29日：SEC，「騒々しい辞任代替方式案」を提示。「騒々しい辞任方式」と併せて60日以内（2003/4/7）にコメントを提

出するよう一般関係者に求める。
2003年 2月 6日：採択部分のSEC連邦規則（Part 205 of 17 C. F. R.）官報に掲載。
2003年 8月 5日：採択部分のSEC連邦規則が施行となる。なお，「騒々しい辞任方法」および「騒々しい辞任の代替方式案」については，SECにて継続検討とする。
2007年 6月30日：SEC,「騒々しい辞任方法」および「騒々しい辞任の代替方式案」について，具体的なアクションなし。

(2) SEC連邦規則に対する各国法曹界の"概念的"コメント

SECは，2002年11月公表のSEC連邦規則（案）について，上述したように広く一般関係者にコメントを求めたところ，法曹界をはじめとして各国各界からの167件ものコメントが寄せられた。とりわけ，「企業外への報告義務」(reporting-out) および「外国弁護士への域外適用」(ex-territorial application) に強い反発が噴出する。SEC連邦規則の制定自体に対するアメリカ法曹界の概念的コメントは，① 2世紀にわたり(i)国別，(ii)地域（州）別，(iii)法曹協会別に，自律的な弁護士規制を行ってきた「弁護士自治」の伝統に反する，② 司法機関，法曹協会，中立機関の何れでもない行政当局（SEC）が，立法者，法の施行者，監視者，検察そして判事の帽子を被るのは不当であり，SOX法307条の委任範囲を超える，③ 弁護士は顧客の利益のため「守秘と忠実」(confidentiality and loyalty) の義務を擁護し，裁判官，陪審員および捜査当局は公共の利益を擁護 (public interest) するという，「法の実務者」(practicing lawyer) と「法の強制者」(law enforcer) とに役割分担するアメリカ司法の論理に反する，というものである。

一方，アメリカ法曹界には，「騒々しい辞任方式」を含めSEC連邦規則を支持するグループがあることも無視できない。その立場は，「顧客に対する守秘義務は重要ではあるが，詐欺師である顧客の秘密までなぜ守らなければならないのか」という素朴な疑問に発している。コーネル大学のクランプトン（Roger

C. Crampton），ボストン大学のコニアック（Sisan C. Koniak）およびヴァージニア大学のコーエン（George M. Cohen）の3名の教授をリーダーとする企業倫理と証券諸法の専門家55人のグループは，「騒々しい辞任」についてのSEC連邦規則案を支持する[5]。

(3) SEC連邦規則についての"個別的"議論の経緯

SEC連邦規則案について激論が闘わされた具体的事項の経緯について，図表17に示す。

[図表17]　　　弁護士の役割についてのSEC連邦規則制定の経緯

重要項目とSEC原案	法曹界からのコメント	最終（採択）規則
1 企業内報告義務： 担当弁護士は，企業の不正行為（違反行為）を企業内組織の階層に沿って上層部へと報告し，究極的には取締役会に報告する（企業内組織階段方式）	① 弁護士を規律する連邦規則の制定は，企業不祥事により失われた市場の信用を回復するため，やむを得ぬ措置である（ABA, ACCA, IBA, LSEW等） ② 現ABA倫理規程（1.13）でも解釈により対応でき，既に多くの弁護士が階段方式報告を実行している（ABA, IBA等） ③ ABA弁護士行動モデル規程は，階段方式を明確にするため改訂すべき（ACCA等）	原案通り採択 →→ ABA弁護士行動モデル規程（ABA Model Rules of Professional Conduct）の改定論議が再浮上する （注）ABA (American Bar Association), ACCA (American Corporate Counsel Association, 現 ACC：American Corporate Counsel), IBA (International Bar Association), LSEW (Law Society of England and Wales).
2 強制辞任とSECに対する報告義務： （「騒々しい辞任方式」） ① 企業内で違反行為が是正されない場合，担当弁護士は，(i)企業の依頼関係を辞任する，(ii)SECへの提出文書を否認する，(iii)辞任と否認をSECに通知する ② SECへの通知は，弁護士秘匿特権の侵害を構成しない	（「騒々しい辞任方式」） ① 社外（企業外）および社内（企業内）弁護士によるSECへの強制報告義務は，弁護士の生命線ともいうべき秘匿特権を弱化させ「弁護士／顧客関係」を悪化させる（ABA, ACCA, IBA等） ② 弁護士秘匿特権は，各国同一ではないので，その適用免除が機能するか否かは一律に判断できない（IBA等） ③ SECは，外国弁護士の秘匿	（「騒々しい辞任方式」） 多くの要請に応えてコメント提出期限が60日間延長され，決着が先送りされる。併せて，「騒々しい辞任方式」に代わる「選択的規則案」（SECへの報告は，弁護士でなく企業の責任とする）が公表されており，そのままとなっている（2007/6/30現在） （注）騒々しい辞任：弁護士が周囲に辞任の赤旗を掲げることによって，①顧客に問題解決を期待し，②利害関係人による調査

		特権侵害の適用を免除する権限はない (ABA, ACCA, IBA, SEW等) ④ 企業外への報告 ("reporting out") は、SOX法の委任範囲を超えている (ACCA等)	を促す行為。静かな辞任 (silent withdrawal) と対照的。
3	SEC連邦規則の域外適用： SEC連邦規則の対象となる「弁護士」の定義は、① アメリカ (州) で資格を取得した弁護士、② 本国とアメリカの双方での資格を取得した弁護士、③ 本国のみで資格を取得した弁護士のすべてを含む	アメリカの法律と法慣行の教育訓練を受けずに資格を授与された外国弁護士にアメリカ法違反の判断を期待するのは不合理 (IBA, ABA, ACCA, LSEW等) である。アメリカ以外の弁護士には適用除外 (少なくとも暫定的に) とすべき (IBA等)	(i) アメリカ国外で法律実務を行う資格を得た者で、(ii) アメリカ証券諸法についての法律実務や法的助言を提供しない弁護士 ("non-appearing foreign attorney") には適用除外とする。しかし、SEC手続業務を行う外国弁護士は、アメリカ弁護士に相談している場合を除き、母国の法律で禁じられていない限度においてSEC連邦規則に従う
4	法律実務の対象範囲： ① SEC管轄の上場企業の社内弁護士および社外弁護士の「法律実務」を対象とする ② 直接にSEC業務を担当してなくても、「法律実務」の対象となる ③ 担当弁護士を監督する弁護士 (supervising lawyer) も適用対象とする	SEC管轄のアメリカ企業の社内弁護士および社外弁護士が(i)取引交渉、(ii)契約書作成、あるいは(iii) SEC提出の添付書類 (例えば営業報告書の作成) に携わったことでSEC規則の適用となるのは広過ぎる (IBA, ABA, ACCA, LSEW等)	顧客／弁護士関係 ("attorney-client relationship") が存在しないような非法律業務を弁護士が手掛けてもSEC連邦規則適用の対象とはしない。また、SEC規則が適用になる弁護士は、法的助言の対象となった書類がSECに申請もしくは提出されるであろうと顧客から告げられた者に限る
5	QLCC：Qualified Legal Compliance Committee ① 少なくとも1名の監査委員会メンバーおよび2名以上の独立取締役から構成されるQLCCを設置して、企業内組織階段方式に代わって違反行為の調査を行える ② 弁護士が報告した違反行為の証拠を調査 (inquiry) をする権限および責任をもつ ③ 企業に対し違反行為の是正措置を指示する	① QLCCのコンセプトは評価する (IBA, ACCA等) ② 監査委員会と独立取締役をもたない企業はQLCCを設置できないので、担当弁護士は取締役会に報告すれば「SEC業務の辞任」と「不適正書類の取り下げ」の義務から解放されるとすべき (IBA等) ③ 取締役で構成される委員会 (例：監査委員会) に報告すれば担当弁護士は義務を果たしたとすべき (ACCA等) ④ QLCCをオプションではなく、唯一の報告ルートとすべ	① QLCCのコンセプト採用 ② QLCCの設置はオプション ③ QLCCが設置されれば義務を引継ぐ ④ QLCCはオプションとする ⑤ QLCCを新たに設置する代わりに監査委員会もしくは他の委員会に兼務させることができる

④ SECに違反行為を報告し，SECに提出した不適正な書類を取り下げる ⑤ 取締役会，CLO, CEOに対して調査結果と是正措置を報告する ⑥ 企業が是正措置をとらない場合，QLCCの各メンバー，CLOおよびCEOは，違反行為と提出書類の取り下げをSECに報告できる ⑦ CLOは，担当弁護士から違反行為の証拠につき報告を受けた場合に，その処置をQLCCに付託することができる ⑧ 担当弁護士は，QLCCに報告すればSECへの報告義務が不要となる→ 辞任（noisy withdrawal）の負担が軽減	き（ACCA等） ⑤ QLCCを有しない企業はどう対応するのか （注） CLO： Chief Legal Officer (General Counsel であることが多い)	
6 制裁： ① SEC連邦規則に違反した弁護士は，(i)差し止め，(ii)損害賠償，(iii)排除命令，(iv)活動停止処分，(v)SECに対する法律実務の禁止，の制裁に服する ② 弁護士が辞任・取り下げ，あるいは守秘義務に反した場合には，SEC連邦規則の違反に問われる	過誤法務（malpractice）についてSEC規則の違反を問われた場合，(i)連邦の規則違反と州の法律・規則違反，(ii)SEC規則と母国法違反，という二重の責任を負うことになる，(iii)ロー・ファームに属する弁護士個人が責任を問われた場合にロー・ファーム自体の責任がどうなるのか	弁護士やロー・ファームに対し過誤法務の民事責任を追及できるのは，SECのみに限定し，それ以外の管轄の懲戒には服さない
7 規定の"文言"： ① 違反行為の認定：弁護士の報告義務は，企業が(i)「現実に違反不正行為を犯した」ことを「知った」場合だけでなく，(ii)「犯すおそれがある」	①―⑤の"文言"についての定義が明確でなく，法的安定性に欠ける	①―⑤ "reasonable belief", "security laws", "fiduciary duty", "similar material violation"などの用語の定義について，既存の制定法，判例法，ABAモデル規程等を引用もしくは参酌して，(i)定義を明確化する

	("will occur") と「合理的に信じる」("reasonably belief") 場合 ② 違反の態様についての "fiduciary duty" ③ 違反の程度についての "material" violation of ; "similar material violation" ④ 違反の対象についての "security laws" ⑤ 違反行為者の範囲についての "issuer"（証券発行会社		か，(ii)用語を変更（例えば "material" の削除）する
8	コメント提出期限：発表（2002/11/21）から30日以内	過コメント提出期限：あまりに短い期間なので延長すべき	コメント提出期限：60日間の延長（2003/4/7まで）

(4) 施行済みのSEC連邦規則の概要

図表17に示す議論を経て，2003年1月23日にSECの規則案の一部が採択され，合衆国官報掲載180日経過後の2003年8月5日に施行となる。この時点で，① 騒々しい辞任方式（noisy withdrawal）という弁護士の企業外報告（reporting-out）の条項が先送りされ2007年6月末現在凍結状態，② 外国弁護士に対する適用が原則的に除外される。そのために法曹界の反対論は比較的沈静化する。施行となったSEC連邦規則の骨子は次のとおりである。

(A) 報告義務の発生

「SEC手続業務」[6]に従事する社内外弁護士（以下，総称して「担当弁護士」という）は，証券発行会社（担当弁護士が法的サービスを提供する会社の子会社等の支配会社を含む），その役員，従業員もしくは代理人（以下，総称して「会社」という）によって，① 証券（取引）法の重大な違反，② 誠実義務違反，もしくは③ 類似の重大な違反が(a)発生した，(b)発生中である，もしくは(c)発生するおそれがある，と合理的に思料する証拠を認識した場合には，次のとおり報告義務を負う（205条）。

(B) 企業内組織階段方式

B-1 通常の報告ルート（205.3(b)条）

(a) 担当弁護士は，① 最高法務責任者（CLO：Chief Legal Officer，これに準じる者を含む）もしくは ② CLO および CEO の両者，に重大な違反となる証拠を報告しなければならない（205.3(b)(1)条）。

(b) CLO は，重大な違反とされる証拠を適切な方法で調査し，① 会社に重大な違反なしと合理的に認める場合には，その判断基準を担当弁護士に通知し，② それ以外の場合には，会社に適切な回答をさせるよう合理的なすべての手段を講じなければならない（205.3(b)(2)条）。

(c) 担当弁護士は，合理的期間内に CLO ないし CEO から適切な回答があったと合理的に思料する場合以外には，監査委員会（または独立取締役のみからなる他の委員会）→取締役会へと，社内組織の階層に沿って順次，上級機関に対して階段式に（up-the-ladder）報告しなければならない（205.3(b)(3)条）。

(d) CLO の依頼により証拠調査を行った担当弁護士は，SEC 手続業務に携わったとみなされる。ただし，調査結果を CLO に報告し，さらに CLO が取締役会もしくは「法律遵守委員会」（QLCC）[7]に報告した場合には，担当弁護士は「企業内組織階段方式」に従って上級機関に報告する義務はない（205.3(b)(6)条）。

(e) 担当弁護士は，① 会社に多大の損害を及ぼすおそれのある重大な違反行為の防止，② SEC に対する偽証や詐欺行為の防止，③ 弁護士サービスを利用して会社や投資家に多大な損害を及ぼすおそれのある重大な違反行為の是正のため，SEC に秘密情報を開示することができる（205.3(d)(2)条）。

B-2 バイパス・報告ルート（205.3(b)(4)条）

担当弁護士は，CLO もしくは CEO に対して重大な違反証拠を報告することが無益であると合理的に思料する場合には，バイパスして監査委員会（または独立取締役からなる他の委員会）もしくは取締役会全体に対して直接に報告することができる（205.3(b)(4)条）。

B-3 法律遵守委員会（QLCC）の使用による報告ルート

(a) 担当弁護士は，重大な違反証拠を CLO/CEO でなく QLCC に報告することができる（205.3(c)(1)条）。

(b) CLOは，担当弁護士から会社による重大な違反証拠の報告を受けた場合，自ら証拠調査を行わずに，法律遵守委員会（QLCC）に付託することができる（205.3(b)(2)条）。

(c) QLCCは，証拠調査の必要の有無について決定し，必要と決めた場合には，その旨，監査委員会もしくは取締役会に通知する（205.2(k)(3)(ii)(A)条）。証拠調査は，CLOもしくは弁護士に依頼してもよい（205.2(k)(3)(ii)(B)条）。

(d) QLCCに依頼されて証拠調査を行った担当弁護士は，調査結果を社内階段方式に従って上級機関に報告する義務はない（205.3(b)(7)条）。

(e) QLCCは，証拠調査を行い重大な違反を認めた場合は，多数決決議をもって会社に対し適切な対応を求め，CEO，CLOおよび取締役会に対して適切な是正措置をとるよう求めなければならない（205.2(k)(iii)(A)(B)条）。

(f) QLCCは，会社が適切な対応をとらなかった場合には，多数決決議をもってその旨"SEC"に対し報告することができる（205.2(k)(4)条）。

上記の「施行済みSEC連邦規則」の手続を図示すると，図表18のようになる。3ルート（基本ルート以外の選択は担当弁護士ないしCLOの裁量による）のうち，今後，どのルートが実際に採用されるであろうか。バイパス・ルートは，CLOないしCEO自身に不正行為関与の疑いがあるような特殊なケースであろうから，通常の報告ルートとQLCC報告ルートのいずれかが実質的な選択肢になる。通常ルートを選択するには，① 通常の報告ルートは，「重大な違反」，「回答の適正」などの要件について，合理的思料（reasonable belief）の心証形成が担当弁護士に求められる，② 社内弁護士であれ社外弁護士であれ，通常の報告ルートでの判断は具体的事案についての自己の専門知識と専門分野から離れれば離れるほどバラツキが出る，③ そのような隔離を埋めようと担当弁護士に情報を提供するには，企業に過大な資金と時間の負担がかかる，④ 合理的な判断をしたと思われる場合でも，後日，SECによって覆されることもある，⑤ QLCCへ持ち込むと(i)企業からの直接の圧力が軽減する，(ii)社内弁護士の負担が軽減する。

上記の視点から見る限り，QLCCルートの選択が無難なようにみえる。しか

[図表18] 弁護士の企業内組織階段方式報告義務
(不正行為の発生要件と証拠提出義務)

担当弁護士は，証券発行会社（役職員，代理人，支配企業を含む）による
　　① 重大な証券（取引）法違反
　　② 連邦法または州法に基づく誠実義務違反，もしくは
　　③ 証券発行会社による類似の違反
　上記の違反行為があると合理的に思料する場合

担当弁護士は，上記違反行為が
　　① 発生した，
　　② 進行中である，
　　③ 発生しようとしている，
と合理的に思料する場合には，「基本ルート」，「バイパス・ルート」または「QLCCルート」に従って報告しなければならない。

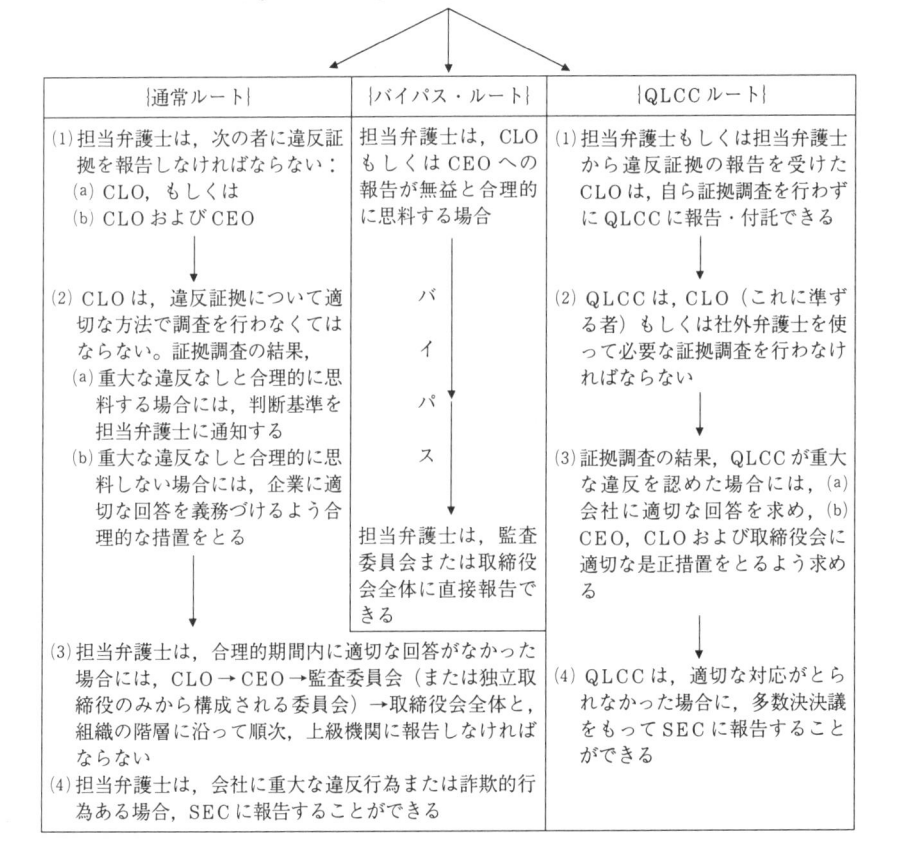

通常ルート	バイパス・ルート	QLCCルート
(1) 担当弁護士は，次の者に違反証拠を報告しなければならない： (a) CLO，もしくは (b) CLOおよびCEO	担当弁護士は，CLOもしくはCEOへの報告が無益と合理的に思料する場合	(1) 担当弁護士もしくは担当弁護士から違反証拠の報告を受けたCLOは，自ら証拠調査を行わずにQLCCに報告・付託できる
(2) CLOは，違反証拠について適切な方法で調査を行わなくてはならない。証拠調査の結果， (a) 重大な違反なしと合理的に思料する場合には，判断基準を担当弁護士に通知する (b) 重大な違反なしと合理的に思料しない場合には，企業に適切な回答を義務づけるよう合理的な措置をとる	バイパス 担当弁護士は，監査委員会または取締役会全体に直接報告できる	(2) QLCCは，CLO（これに準ずる者）もしくは社外弁護士を使って必要な証拠調査を行わなければならない
		(3) 証拠調査の結果，QLCCが重大な違反を認めた場合には，(a) 会社に適切な回答を求め，(b) CEO，CLOおよび取締役会に適切な是正措置をとるよう求める
(3) 担当弁護士は，合理的期間内に適切な回答がなかった場合には，CLO→CEO→監査委員会（または独立取締役のみから構成される委員会）→取締役会全体と，組織の階層に沿って順次，上級機関に報告しなければならない (4) 担当弁護士は，会社に重大な違反行為または詐欺的行為ある場合，SECに報告することができる		(4) QLCCは，適切な対応がとられなかった場合に，多数決決議をもってSECに報告することができる

し，QLCCの設置には相当のコストがかかる。責任についても，CLOから会社経営者に移動するので，少なくともQLCCメンバーの責任と権限が明確になるまでは，QLCC委員のなり手を見つけることが難しいかも知れない。リーガル・コストと企業，CLOおよび担当弁護士への負担などの諸要素が勘案され今後の方向性が出るものと思われる。

(C) **監督弁護士と被監督弁護士**

(a) 他の担当弁護士を監督する弁護士（監督弁護士）[8]は，監督を受ける担当弁護士（被監督弁護士）がSEC連邦規則を遵守するよう，顧客である会社と依頼関係にある立場として合理的な努力をしなければならない（205.4 (a)(b)条）。

(b) 監督弁護士は，被監督弁護士から重大な違反行為の証拠を知らされた場合には，SEC連邦規則に従って報告義務を果たさなければばならない（205.4 (c)条）。

(c) 被監督弁護士は，監督弁護士の指揮監督の下で行動したことを理由として，SEC連邦規則の遵守義務を免れるものではない（205.5 (b)条）。

(d) 被監督弁護士は，監督弁護士が重大な違反行為に対応しなかったと合理的に思料する場合には，(i)社内階段方式に従って措置を講じるか，もしくは(ii) QLCCに付託しなければならない（205.5条(d)）。

(D) **SEC連邦規則の違反に対する制裁**

(a) 担当弁護士がSEC連邦規則に違反した場合には，他の証券（取引）法違反者と同じ制裁（差し止め，排除命令を含む）に服する（205.6 (a), Release No. 34-47276 at 38)）。

(b) SEC連邦規則に違反した弁護士は，弁護士登録した管轄地の懲戒規定に服するか否かとは関係なく，SEC手続業務についての弁護士行為の停止もしくは禁止となるような行政措置の対象とする（205.6 (b)条）。

(c) SEC規則を善意に遵守した担当弁護士は，これに矛盾する州法や他の管轄機関の懲戒に服することはない（205.6 (c)条）。

(5) 騒々しい辞任（Noisy Withdrawal）に関するSEC連邦規則（案）の骨子

本節(4)で概括したSEC連邦規則は、既に施行済みであるが、図表19に掲げるように内外の法曹界から厳しいコメントが相次いだ「騒々しい辞任」方式（強制的な辞任とSECへの報告）については、新たにSECから代替（選択）案が提言（2003/1/29）される。この2つのSEC案は、2007年6月末日現在、ペンディングとなっており、再度の企業犯罪スキャンダルでも発生しない限り成立の可能性は低くなったと推測できる。これら規則（案）の概要は次のとおりである。

(A) 基本（通常）報告ルート

(a) 会社が担当弁護士の指摘に対して適切な対応をとらず、もしくは合理的期間内に回答しなかった場合に、担当弁護士が重大な違反行為が(i)続行している、もしくは(ii)発生しようとしていて、会社の利益と財産に実質的な損害を及ぼすおそれがあると合理的に思料する場合には、

　(i) "社外"の担当弁護士は、① 専門職業的配慮に基づいて会社との依頼関係を直ちに辞任し、② 1営業日以内に専門職業的配慮により辞任した旨、書面にてSECに報告し、③ SEC宛てに提出した不適切な関係文書を迅速に否認しなければなければならない（205.3 (d)(1)(i) & (ii)条）。

　(ii) "社内"の担当弁護士は、① SEC宛て提出した不適切な関係文書を1営業日以内に否認する意図を告げ、② SECに提出した関係文書を迅速に書面にて否認しなければならない。また、CLOは、新任の担当弁護士に対して前任者が専門職業的配慮に基づき業務辞任したと告げなければならない（205.3 (d)(1)(ii)条）。

(b) 担当弁護士は、会社に重大な違反行為が既に発生し（ただし、続行はしていない）、会社の利益と財産に重大な損害を及ぼすおそれがあると合理的に思料する場合には、

　(i) "社外"の担当弁護士は、① 専門職業的配慮に基づき会社との依頼関係を直ちに辞任し、② 専門職業的配慮により辞任した旨、書面にてSECに報告し、③ SEC宛てに提出した不適切な関係文書を迅速に否認する

ことができる（205.3(d)(2)(i)条）。

(ii) "社内"の担当弁護士は，①SEC宛て提出した不適切な関係文書を営業日1日以内に否認する意図を告げ，③SECに提出した関係文書を書面にて否認することができる。また，CLOは，新任担当弁護士に対して前任者が専門職業的配慮に基づき業務辞任したと告げることができる（205.3(d)(2)(ii)条）。

(c) CLOは，担当弁護士が会社との依頼関係の辞退もしくは業務辞任した場合には，その旨，後任担当弁護士に告げなければならない（205.3(d)(1)(iii)条および205.3(d)(2)(iii)条）。

(d) 上記(a)および(b)のSECに対する報告は，弁護士―顧客関係から生じる秘匿特権を侵害するものではない（205.3(d)(3)条）。

(B) 騒々しい辞任の代替（選択的）報告ルート

基本（通常）報告ルート（騒々しい辞任方式）に代え，次のような選択的報告ルートを採用できる。

(a) 担当弁護士の報告義務（205.3(d)条）：

担当弁護士が①会社より適切な回答を得られず，②会社の利益と財産に実質的な損害を及ぼすおそれがある，と合理的に結論する場合には，

(i) "社外"の担当弁護士は，会社との依頼関係を辞退し，辞退は専門職業的配慮に基づくことを書面にて会社に報告しなければならない（205.3(d)(1)(A)条）

(ii) "社内"の担当弁護士は，違反に係わるすべての参加や助力から手をひき，適切な回答を得られなかった旨，会社に書面で報告しなければならない（205.3(d)(1)(B)条）

(iii) 担当弁護士が，管轄に服する裁判所，行政当局の命令によって禁じられている場合には，会社との依頼関係の辞退ないし業務辞任を要しない（205.3(d)(2)条）

(iv) 担当弁護士が，重大な証拠を報告したために解任されたと合理的に信じる場合には，その旨，CLOに報告しなければならない（205.3(d)(3)条）

(v) CLOは，担当弁護士が会社との依頼関係の辞退または業務辞任し，あるいは解任された場合には，その旨，後任担当弁護士に告げなければならない（205.3 (d)(4)条）。

(b) 秘匿特権（205.3 (d)(3)条）：

SECに対する上記の報告行為は，弁護士／顧客関係から生じる秘匿特権を侵害するものではない。

(c) 会社の報告義務：

(i) 会社は，会社との依頼関係の辞退ないし業務の辞任について担当弁護士より通告を受けた場合には，2営業日以内にSECに報告しなければならない（205.3 (e)条）。

(ii) 会社が報告を怠った場合には，担当弁護士は専門職業的配慮によって辞退もしくは業務辞任した旨，SECに報告することができる（205.3 (f)条）。

以上のSEC連邦規則（案）の「騒々しい辞任方式」および「騒々しい辞任の代替方式」の目的は，①証券発行会社が担当弁護士またはQLCCによる違反行為の報告に対して適切な対応措置をとらないために，重大な違反行為が続行もしくは発生することによって企業の利益と財産に実質的な損害を及ぼすおそれがある場合に備える「基本案」と，②基本案が受け入れられぬ場合に選択できる「代替案」の2つについて規定するものである。「騒々しい辞任方式」および「騒々しい辞任の代替方式」の概略を比較すると，図表19のようになる。両方式とも，図表18の手続に続くプロセスである。

(c) 騒々しい辞任方式および代替方式に対する法曹界のコメント

ABAとACCA（現ACC）は，「騒々しい辞任」について，基本方式（attotney reporting）も代替方式（company reporting）にも反対の立場を維持するとの意見書[9]をSECに提出する。代替方式にしても，弁護士の会社との依頼関係の辞退ないし業務辞任は，企業機密の開示を強いられる結果となり，弁護士（advocate）というより巡査（policeman）の役が求められていて基本方式と大差ないとみる。

しかし，これら反対論から従来のコメントにあった①SECは企業外への開

示を決める権限はない、②証券関連の担当弁護士の行動を州ベースでの懲戒規定によって適切に監督できる、といった強弁論はやや後退する。強制規定でなく任意による辞退・辞任 (permissive attorney withdrawal) であれば受け入れ可能とする意見も少なくない。前述の55人学者グループ[10]は、法廷外の弁護士は顧客を指導するカウンセラー (counselor) 役を期待されているとして、基本方式も代替方式についても支持を表明する。

(D) NYSE／Nasdaq 上場基準改定

ニューヨーク証券取引市場 (NYSE) およびナスダック証券取引市場 (Nasdaq)

[図表19]　　　　　「騒々しい辞任方式」と「代替方式」

騒々しい辞任の「基本方式」	騒々しい辞任の「代替方式」
担当弁護士が、重大な違反行為が(i)進行中(ii)発生間近か、もしくは(iii)既に発生、であることによって会社の利益と財産に実質的な損害を及ぼした、または及ぼすおそれがあると思料する場合： (1) "社外"弁護士である担当弁護士は、 　① 専門職業的配慮により会社との依頼関係を辞退し、 　② 辞退をSECに届け出て、 　③ 不適切な文書の提出を否認しなければならない（上記(i)および(ii)のケース）、または否認することができる（上記(iii)のケース） (2) "社内"弁護士である担当弁護士は、 　① 不適切な提出文書を否認する意図をSECに通告し、 　② 直ちにSECに対して提出文書否認（注）の手続を完了しなければならない（上記(i)および(ii)のケース）、または否認することができる（上記(iii)のケース） (3) CLOは、担当弁護士が専門職業的配慮により依頼関係の辞退もしくは業務の辞任をした旨、新任の担当弁護士に告げなければならない	担当弁護士が、重大な違反行為が(i)既に発生、(ii)進行中もしくは(iii)発生間近、によって会社の利益と財産に実質的な損害を及ぼすおそれがあると思料する場合： (1) 担当弁護士は、 　① 専門職業的配慮により会社との依頼関係を辞退もしくは業務辞任し、 　② 依頼関係の辞退もしくは業務辞任を企業に報告しなければならない 　③ ただし、管轄裁判所や行政当局の命令によって禁じられている場合には、依頼関係の辞退または業務辞任を要しない 　④ 重大な違反行為の証拠を報告したために解任されたと信ずる場合には、CLOに報告する (2) "会社"は、担当弁護士より会社との依頼関係の辞退もしくは業務辞任の通知を受けた場合には、その旨SECに報告しなければならない (3) 会社が報告を怠った場合には、担当弁護士は専門職業的配慮によって依頼関係の辞退もしくは業務辞任した旨、SECに報告することができる (4) CLOは、担当弁護士が依頼関係の辞退、業務辞任もしくは解任された旨、新任の担当弁護士に告げなければならない

（注）提出文書の否認：弁護士が詐欺的行為に使われると合理的に判断すれば、事実と法律の面で正しい意見であっても否認 (disaffirm) する。

は，SEC連邦規則で定めるコーポレート・ガバナンス改革を反映してそれぞれの「コーポレート・ガバナンス提案」(Corporate Governance Proposal)を2002年8月に新上場基準（案）として公表し一般関係者からのコメントを求める。これらの改定提案は，SECの承認（NYSE：2004/11/3, Nasdaq：2003/11）を得て効力が発生する。弁護士の報告義務を直接に規制する条項こそないが，国際企業法務に携わる社内外の弁護士の業務に係わる事項，とくにコーポレート・ガバナンスについての項目（ディスクロジャー・プロセス，独立取締役の厳格化，監査・指名・報酬委員会の独立性，企業倫理綱領の整備・公表，監査委員会による弁護士の直接雇用，内部告発者の保護など）が数多く存在する。その意味で，これら基準が証券手続担当弁護士を含む企業弁護士の役割なり行動に大きな影響を与える。

3. ABA弁護士行動モデル規程の改訂

(1) ABAルールの位置づけ

　企業内に不正行為があった場合，担当弁護士が当事者に警告を発しても治癒されないときには，法律家の社会的責任（lawyer's duty to society）として当局（regulators or law enforcement officials）に事実の開示をすべきとの主張がある。いいかえれば，会計や財務上の不正行為があった場合に，当該不正行為の開示義務を法律家の守秘義務に優先させるか否かという議論である。このような情報開示と守秘との衝突をどのように調整するかについては，欧米でややスタンスが異なる。

　アメリカでは，企業内弁護士あるいは開業弁護士を問わず，たとえ詐欺的と疑える行為があっても，顧客（企業内顧客を含む）に対する守秘義務を優先させるという考え方が伝統的に強い。ABA弁護士行動モデル規程[11]は，むろん，弁護士には詐欺的行為や犯罪行為への関与を禁じているが，顧客の違法行為によって企業が危機的状況に陥るおそれがあるにしても，当該懸念事項を当局に通報することは原則的に許されない。ただ，企業内顧客が死亡や重傷に繋がる犯罪行為をなそうとしている場合に限り，義務としてではないが開示を許容す

るという厳格な守秘であった。

他方，イギリスを含むヨーロッパでは，顧客に対する守秘義務はアメリカほど厳格ではなく，企業不正行為については例外として開示が許される。イギリス法律協会倫理綱領[12]によれば，重大な損害が生じるとソリシター（solicitor）が疑いをもった犯罪ないし詐欺的行為については，開示義務を守秘義務に優先させている。

幾多の改訂[13]を経て採択されたABAモデル規程は，ガイドラインでありそれ自体が強制力をもつものではない。しかし，2004年時点で44州の裁判所，法曹協会あるいは立法府[14]がモデル規程通りもしくは一部修正のうえ採択して実質法を形成しており，法律家に強い影響力をもつ。

(2) ABAモデル規程（2000年版）改訂論議の経緯

興味深いことに，エンロン経営破綻直前の2001年8月，弁護士守秘義務を財務会計上の詐欺的行為に限って緩和する提案（ABA内に設けられたEthics 2000委員会の提言）についてABAでは賛否両論が激しく対立していた。このABA内での自発的議論の結果，委員会（委員長：Delaware's Chief Justice Norman Veasey）レベルでは承認されたが，最終決定権のある代議員（the House of Delegates：540名）大会で否決される。理由は，「法律家の守秘義務の緩和は，弁護士秘匿特権を後退させる。依頼者から開示されるべき情報が隠されてしまうので法律家にとっての自殺行為」との訴訟弁護士（litigation lawyers）の主張が渉外弁護士（transaction lawyers）の支持を退けたためであった。皮肉にもその僅か4カ月後，エンロン事件が発覚する。それから1年の間にアメリカを代表する企業の不祥事が相次ぐ。

ABAの保守的立場に業を煮やした合衆国議会では，エンロン・スキャンダルを契機に再燃したアメリカ社会の法律家批判が勢いづく。そして，2世紀にわたる州法レベルでの弁護士自治の伝統を破って2002年7月に連邦法としてSOX法（Sarbanes-Oxley Act of 2002）が成立する。エンロンとの関係がいろいろと取り沙汰されたブッシュ大統領さえも法案（Bill）に即座に署名し，法律家

の多い立法者（law-makers）も賛成せざるを得なかった。エンロン倒産後，1年足らずでのスピード立法であった。SOX法は，弁護士が不正行為を知った場合には「企業内の組織階層に従って順次上位機関に報告する」（企業内組織階段方式）（up-the-corporate-ladder reporting）義務を含む最低限の義務づけを連邦規則で行うようSECに委任する。SEC連邦規則のルール化の経緯と内容については，本章2節において詳説した。

　SECは，弁護士の"企業内"報告（reporting-in）に加えて"企業外"報告（reporting-out）義務を規定した連邦規則草案が激しい論議を巻き起こす。そのうえ，SEC連邦規則を外国弁護士にも域外適用しようとしたために，外国の法曹界にまで論争の波が広がる。その結果，1年前に決着がついたはずのABAモデル規程改定論議を再び白熱化させる。II章2節(3)(B)で述べたように，SPE取引は違法との疑惑をもったエンロンのシニア・カウンセルのミンツ（Jordan Mintze）氏にしても，もしSOX法で定めたような階段型報告のシステムが確立していたら，この問題を取締役会に直訴する道も開けていたはずとの見方も出て改定論を後押しする。

　2003年3月31日に公表されたABAタスクフォース（ABA Task Force on Corporate Responsibility，委員長：James H. Cheek, III）の「企業責任についてのABAタスクフォース最終報告書」[15]は，ABAモデル規程の1.13条と1.6条の改定を再び勧告する。勧告の趣旨は，秘匿特権をある程度弱化してでも弁護士による告発（lawyers' whistle-blowing）の禁止を緩和することにある。

　この最終報告書は，弁護士秘匿特権を若干緩和することになってもABAモデル規程を改訂すべきとするほか，①企業に対する信頼を回復するためにコーポレート・ガバナンスを改革する，②企業の法律遵守を担保するために必要な企業弁護士（corporate counsel）によるチェック・アンド・バランス機能を強化する，③取締役会の監督の下で有効な法律遵守を担保するためにCLOないしゼネラル・カウンセルによる主導的役割を強化する，④企業不正行為についてのCLOと取締役会との情報交換を促進する，⑤企業不正行為についての社外弁護士とCLOとのコミュニケーションを緊密化する，⑥企業犯罪ないし詐欺

的行為を防止するため企業法律家の内部告発を許容する, などを提言する。

2003年8月11日, ABAの政策決定機関である代議員大会は, 大激論の末, 小差（賛成：218, 反対：201）で改定案を承認する。エンロン事件を始めとする一連の企業スキャンダルが, 2年前の反対決議を逆転したのである。かくして, ABAモデル規程は, 8月12日付けで改訂が発効する[16]。ABAの改訂を様子見していたSECは, 懸案の「騒々しい辞任」についてのSEC提案の取扱に向けて再び始動するものと思われたが, 2005年5月末現在, 立法措置はなされていない。

(3) 弁護士の守秘義務と報告責任

企業弁護士の守秘義務と報告責任については, ABAモデルの規程（2000年版）の1.13条（顧客が組織の場合における弁護士の報告義務）および1.6条（弁護士守秘義務）のほか, 1.16条（企業代理の辞任）が関連する。が, 弁護士が企業の不正行為を知った場合に, どのように対処したらよいかについて具体的な指針が明示されていなかった。懸念される企業不祥事を企業組織の階層に沿って上層部に上げても経営トップが取り合わない場合には, 上記条文の解釈によると, 弁護士のとるべき手段は, ①不正行為について参画や助力を拒んだ上で職に留まる, ②1.16条に従って会社からの依頼を辞退あるいは業務を辞任する, もしくは③1.16条には義務づけられていないが, 社内弁護士の場合には辞職する, といった弁護士のキャリアに影を落とすような気の進まない選択肢だけが残されているようにみえる。従来のABAモデル規程は, 社外に情報開示する権限を弁護士に認めておらず, 社外に向かって不正行為に警鐘を鳴らす（whistle-blowing）という告発の選択肢はなかった。

さらに弁護士の守秘義務を定める1.6条によれば, 従来のABAモデル規程では死亡や重傷に繋がるような犯罪行為となる場合に限り義務としてではなく裁量として開示を許すという厳格な守秘義務となっていた。しかし, 各州がモデル規程を採択する際に, 上述の「Ethics 2000委員会」や「ABAタスクフォース最終報告書」での提言, あるいは「イギリス法律協会（LSEW）倫理綱領

16.02条」にあるように，犯罪行為や会計財務上の詐欺的行為によって第三者に重大な損害を及ぼすおそれがあるような場合には例外的に当局への開示を許容するとして，ABAモデル規程に既に修正を加えていた州もあった。エンロン事件の教訓は，このような動きを加速することになる。

　企業不正情報についての弁護士の守秘義務と報告責任の相克は，古くて新しい問題である。歴史的にみると賛否の議論は，企業の不祥事の発生ごとに時計の振り子のように揺れ動いてきた。

① SECは，1934年代に制定された証券取引法102条(e)項によって不正行為を働いた弁護士に対してSEC業務を停止させる権限をもつ。

② このSECの業務停止権限は1970年代までほとんど行使されず，1981年の行政事件訴訟（In the matter of Carter, Johnson）において2人のニューヨーク州弁護士が依頼者の守秘義務違反行為を幇助したとするSECの主張が撤回された際に実質的に放棄される。

③ 1982年，SECは102条(e)項を新しく解釈して，依頼者による違法行為の意図を知った弁護士に対して，違法行為を回避ないし終結させるために業務辞任（resignation of the engagement）するか，取締役会への報告を含むあらゆる合理的な努力をすることを求める。弁護士の倫理違反に対する措置は，各州の懲戒規定に委ねるべきで，SECは裁判所の判決を徹底するための手段として違反弁護士に対してSEC業務の停止を命ずることができるとの見解を示す。

④ 1980年代初頭の金融関連企業の不祥事（Lincon Saving事件において弁護士が提訴された）の際，多くの州が"経済犯罪や第三者に重大な経済損矢"を与えることを阻止するためであれば秘匿特権の例外として守秘事項の開示を認める規定を採択していた。しかし，ABAは，大論争の末，1980年モデル条項（DR-101(C)(3)）を厳格化して"死亡や重傷"に繋がるような緊急な場合に限って開示を認めるとする（ABAモデル規程1983年版）。また，スペクター上院議員（Sen. Arlen Specter）が，企業犯罪のおそれある場合の法律家の開示義務について"Lawyer's Duty of Disclosure Act of

1983"の法案を提出したが，成立に至らない。
⑤ 弁護士の守秘義務を定める1983年モデルABA規程1.6条について，2001年にEthics 2000委員会提案が行った改訂提案（犯罪または詐欺的行為の場合を守秘の例外とする）が，ABA代議員大会（政策決定機関）により218対201の票差で退けられる。
⑥ 2001年に始まったエンロン・スキャンダルなど一連の企業不祥事の発生によって，弁護士規制およびABAモデル規程の改定についての上記議論を再浮上させABAタスクフォースが発足する。そして過去20年間で守秘義務の緩和についての3度目の提案がようやく採択となる。

(4) ABAモデル規程2003年版

ABAタスクフォース最終報告書において提言されたABAモデル規程改訂の重点は，次の2項目にある。

(A) **組織を依頼者とする弁護士の報告義務**(Rule 1.13 : the organization as a client)

ABAルールの改訂条文では，弁護士が企業不正を知った場合に，企業内の上部機関に報告する義務を明確にする。すなわち，企業内の組織に沿ってゼネラル・カウンセル，CEO，最終的には取締役会へと組織の階段に従って（"up the ladder"）報告を上げる。

2000年モデル規程の条文でも階段式報告が可能であるとする解釈論もあるが，否定論も少なくない。しかし，既に42の州が明文で規定していることもあって，モデル・ルール上も文言上明確にすべきこととする。

(B) **弁護士守秘義務**(Rule 1.6 : confidentiality and related disclosure)

企業の犯罪や詐欺的行為が治癒されない場合に，犯罪もしくは詐欺的行為を防止するために社内外の弁護士が"企業外"の然るべき組織（SEC等）に対し守秘義務の例外（crime-fraud exception）としての報告（"reporting out"）を許容しようとする改定である。，2002年末現在，① 弁護士の裁量（強制ではなく）による"社外"報告を許容する州は37州（テキサス，ニューヨーク，オレゴンの各州を含む），② 強制による社外報告を義務づける州は4州（フロリダ，ニュージャー

ジーおよびウィスコンシンの各州），③社外報告を禁止する州が10州（カリフォルニア州など。ただしカリフォルニア州は2004年改訂で①に緩和），である。また，犯罪もしくは詐欺的行為が企業に与えた損害を"是正"するために，18州（テキサス州を含む）が任意的な開示を容認し，3州（ハワイ，オハイオおよびオレゴンの各州）が強制的開示を義務づける。

ABAモデル規程2003年版は，強制的（compulsory）報告義務（違反の場合には制裁措置が発動）を課すものではなく，社外報告の是非を担当弁護士の判断に委ねる。SECからみれば一歩前進のABA改訂案となる。SECの対応については本章2節において詳説した。

守秘（confidentiality to maintain silence）は，他人の秘密を預かる専門職業家の基本的な義務である。とくに弁護士の場合には，依頼者が真実を述べて弁護士の助言を得ることによって，法律を遵守させるという特別な意義がある。そのために弁護士が依頼者の秘密について「沈黙を守る約束」（pledge of silence）を遵守できるよう，秘匿特権ないし専門職業上の秘密として法律により保障されている。むろん，弁護士は社会正義の実現に寄与すべき立場から公（public）に対しても責務がある。しかし，この責務は，「倫理性に由来する守秘義務と独立性に由来する秘匿特権」と「公の義務」（lawyer responsibility to the public）との間でバランスをとって行動すればいいという単純な問題ではない。この点で職業専門家である公認会計士（CPA：Certified "Public" Accountant）が，監査企業の財務会計が監査基準に合致しているか否かについて，依頼者から独立して守秘義務に関係なく公に対して報告する義務を負う場合とは異なる。

(5) 弁護士行動（倫理）規程の適用（社内弁護士 v. 社外弁護士）

アメリカ法曹協会およびイギリス法律協会が定める倫理綱領は，社外（開業）弁護士にも社内（企業内）弁護士にも等しく適用される。一方，ヨーロッパ大陸の多くの国では，欧州弁護士会評議会（CCBE）やヨーロッパ企業内法律家協会（ECLA）の弁護士倫理行動規範をモデルとしながらも，社外（開業）弁護士とは別に企業内法律家倫理綱領を定めているところが多い[17]。ABAモデル

規程についても，後年のABA規程のプロトタイプとなったABAモデル規程（1983年版）の制定時，社内外の弁護士について別々の規定ぶりを設けようとの議論があったが，結局一本化された経緯がある。

　日弁連（日本弁護士連合会）は，2004年11月に制定した弁護士職務基本規程において，組織内弁護士が企業による法令違反行為を知った場合に，組織内の階層に沿って上部機関への報告義務を明記（第50条）する。他方，ABAモデル規程（1.13条）の報告義務は，上述のように組織内外の弁護士を区別していない。日弁連の規程が組織内弁護士のみを明記したことで課題（解釈上，組織外弁護士が含まれるか否か）を残す。

4. 弁護士の守秘と報告義務についての諸規則の比較

　企業不正（犯罪ないし詐欺的行為）についての情報を得た弁護士が，守秘義務の例外としてどの程度の情報開示が許容されるか，諸規定の現状を要約すると，図表20のようになる。

　いずれの国や州の倫理規程，法律，規則あるいは規程をみても，弁護士の守秘義務が優先であり，不正行為の報告が許されるとしても例外措置に過ぎない。問題は，例外の範囲をどのように設定するかである。一方，公認会計士の場合には，不正会計を株主やステーク・ホルダーに対し"public"にする責務を担っており，上述のとおり守秘義務の例外は弁護士の場合に比べて広い。内部告発の旗手（golden girl of whistle-blowers）として賞賛され一躍ヒロインとなったワトキンス女史に対して，企業不正をエンロン取締役会，さらにSECに対して会計士の倫理として報告すべきであったと指摘する声があるのは，こうした会計士の立場を反映している。彼女が所属するテキサス州公認会計士協会（Texas State Board of Public Accountancy）の倫理規程は，誠実性と客観性（integrity and objectivity）を義務づけている。

　弁護士の守秘義務と報告責任との相克についての議論は，弁護士のアイデンティティに根ざす。弁護士（職務）のアイデンティティは，① 法律専門教育，②

[図表20]　　　　　企業不正の場合の弁護士守秘義務の例外

(犯罪/詐欺的行為の場合)

弁護士倫理規程＼アクション	ABA 2000年規程	ABA 2003年規程	SOX法 2002年 (連邦法)	SEC 2002年規則 (連邦規則)	SEC 2003年(案) Noisy Withdrawal	テキサス州 1989年規程	カリフォルニア州 2004年規程
企業内報告 (階段式)	(任意)	強制	強制	強制	強制	強制	任意
企業外報告 (犯罪・詐欺的行為の場合)	任意	任意	SEC連邦規則に委任	任意	強制	任意	任意
企業外開示の具体的ケース	死亡/重傷のおそれある場合	死亡/重傷のおそれある場合のほか,犯罪/詐欺的行為	―	死亡/重傷のおそれある場合のほか,犯罪/詐欺的行為の場合(QLCCの場合には多数決による)(注1)	死亡/重傷のおそれある場合のほか,犯罪/詐欺的行為の場合(注2)	死亡/重傷のおそれある場合のほか,犯罪/詐欺的行為の場合	死亡/重傷のおそれある場合
企業外報告者	弁護士	弁護士	弁護士	弁護士	弁護士 or 会社	弁護士	弁護士
提出文書の否認取下	―	―	―	―	強制	―	―
辞任 (辞任・辞退)	―	―	―	―	強制	―	―

(注1)　QLCC：社内法律遵守委員会，本章2節(4) B-3参照。
(注2)　基本は弁護士，選択的に会社。

法曹資格審査，③弁護士自治，④職務の公益性，⑤法律実務の独占を基盤として形成される特別の職業的地位である。アイデンティティの両面には独立性と倫理性とがあり，前者が秘匿特権，後者が守秘義務の基盤となっている[18]。このアイデンティティには，①社内弁護士と開業弁護士，②個人開業弁護士とロー・ファーム，③アソーシエート弁護士とパートナー弁護士，④社内弁護士と法務部門，⑤ゼネラル・カウンセルとカウンセル，それぞれのケース

によって強弱がみられるようである。

　弁護士の企業顧客は特定のCEOなど執行幹部ではなく，企業自体であるとする有力説にたてば，不正疑惑行為を終局的には取締役会に報告すべきとする議論は説得力をもつ。場合によっては，会社の所有者である株主（総会）に対する報告も許容できるかもしれない。SOX法307条の文言は，企業内報告に留まっているが，弁護士自治に連邦法が介入したという意味で歴史的転換であるとして論議を呼んだ。

　一方，SOX法の委任をうけて作成されたSEC連邦規則（草案）では，企業内報告で不正行為が治癒しない場合に業務辞退とSEC業務の取消を行い，その旨をSECに報告するよう義務づけていた。ABAモデル規程（2003年版）は，企業不正を防止するために担当弁護士の裁量によって"企業外"への例外的開示を許容する。このような第三者に対する開示の容認は，弁護士のアイデンティティに多大の影響を及ぼすため，賛否両論が渦巻くことになる。

　SEC連邦規則原案に寄せられた法曹界のコメントをみると，企業内弁護士と開業弁護士との間に若干の温度差がみられる。この温度差は，顧客企業との雇用契約（employment agreement）の存在の有無によって両者の置かれている立場の相違（retain v. employ）と弁護士のアイデンティティの微妙な差に由来するようである。

　文字どおり騒々しい議論を巻き起こした「騒々しい辞任方式」（"noisy withdrawal"）についてのSEC連邦規則（案）をみても，開業弁護士（社外弁護士）と企業内弁護士（社内弁護士）を区別して扱う部分がある。すなわち，企業が不正行為を改めない場合に，社外弁護士については企業との依頼関係の辞退とSEC提出文書の否認を求める。他方，社内弁護士については，業務の辞任（withdrawal）と提出文書の否認を求めるが，辞職（resignation）までは要求していない。ABAモデル規程についても，既述したように1983年版草案において一般論として両者を分けて規定すべきか否かで見解が分かれたが，結局，統一規程とすることで決着し今日に至っている。エンロン事件を契機に社内弁護士と社外弁護士の相違について，改めて議論を深めることになるであろう。

第Ⅶ章　エンロン事件の反省：弁護士規制の強化　215

1) Sarbanes-Oxley Act of 2002 15 U. S. C. 7245.
2) Securities and Exchange Commission's Rules for Implementation of Standards of Professional Conduct for Attorneys, 17 CFR Part 205.
3) 賛成投票は，上院：99対0，下院：423対3，両院での成立後4日後にブッシュ大統領署名。
4) コーポレート・ガバナンス改革の主な条項は，①企業財務報告についてのCEOおよびCFOの署名と責任（906条），②取締役および上級執行役員に対する個人融資の禁止（402条），③取締役および上級執行役員のブラックアウト期間中における自社株取引の制限（306条），④CEOおよびCFOのボーナスおよびその他報酬の返還（304条），⑤企業の定期報告書に対するSECのレビュー強化（408条），⑥監査法人による重要指摘事項，OBS取引などをディスクロジャーの対象に追加（406条），⑦監査委員会の独立性強化（301条），⑧同一企業に対する監査業務およびコンサルタント業務の提供禁止（202条），⑨監査法人のローテーションの強制（203条），⑩PCAOB（企業会計監視委員会）による監査人の監督（101条），⑪内部告発者の保護（301条），などである。
5) "Shifting Tactics on SEC Proposal" by Gary Young, The National Law Journal (April 17, 2003) 参照。
6) 「SEC手続業務」（"appearing and practicing before SEC"）：証券発行会社（issuer）の依頼を受けて，①SECとの折衝，②SEC業務に関して会社を代理する行為，③連邦証券（取引）法もしくはSEC連邦規則に係わる書類の作成・提出・助言などの行為，④連邦証券（取引）法もしくはSEC連邦規則に基づく業務についての法律相談。ただし，(i)①から④を除き，弁護士/顧客関係にある会社に対する法的サービス以外の業務および(ii)外国弁護士への適用については，原則的に適用除外とする（205.2(a)条）。
7) 法律遵守委員会（QLCC : Qualified Legal Compliance Committee）：
　会社は，「法律遵守委員会」を任意に設置することができる。また，監査委員会もしくは他の委員会に法律遵守委員会を兼ねさせることができる（205.2(k)条）。委員会は，①少なくとも1人の監査役会委員と2人以上の独立取締役から成る委員構成とする，②秘密報告の受領，保存および重大な違反の証拠検討についての手続を予め書面化する，③会社の取締役会によって適正に設立され，(i)重大な違反行為の証拠をCLOおよびCEOに報告する（本文197頁のB-2に記する「バイパス・パス」の場合を除く），(ii)重大な違反行為についての証拠調査が必要か否かについての決定ができ，必要と判断した場合に取締役会に通知し，さらに要すればCLOもしくは社外弁護士を起用して証拠調査を開始する，(iii)証拠調査を必要と判断するときには，追加の専門家を起用する，以上の権限と責任を有する，(iv)重大違反の証拠について会社が対応するよう多数決決議をもって勧告する，(v)CLO，CEOおよび取締役会に対して調査結果を通知し，適切な是正措置を講じるよう通知する，(vi)多数決をもってその他のすべての是正手段を講じる権限と責任を有し，そのなかには会社が勧告に応じなかった場合にSECに対し通知する権限を含む，以上の要件を充足するものとする。
8) 「監督弁護士」とは，CLOやパートナー弁護士のように，監督的立場に立つ弁護士であり，SEC手続に関与する弁護士に対して監督もしくは指揮を執る弁護士をいう（205.4(2)条参照）。「被監督弁護士」とは，他の弁護士の監督・指揮の下で会社代理をする弁護士（Deputy General CounselのようにCLOの直接の監督もしくは指揮の下に

ある者を除く）をいう（205.5 (a) 条参照）。
9) ABA April 2, 2003 letter to SEC, ACCA April 7 2003 letter to SEC および IBA April 3, 2003 letter to SEC 参照。
10) 先の55名グループは，その後参加者が減り41名となる（反対者が脱落したわけではなく，自然減）。
11) Rule 1.6 of ABA Model Rules of Professional Conduct (2000) の1.6条は，1983年規程によって従来の「守秘義務不可侵論」の例外として初めて創設されて以来，幾多の例外拡張論に耐えてきた。
12) Chapter 16.02 of Law Society Professional Conduct 参照。
13) Canon of Professional Ethics (1908) → Code of Professional Responsibility (1969) → Model Rules of Professional Conduct (1983) と表題を変える。
14) カリフォルニア州規程の例：2003年に議会で成立（2004年7月に発効），2004年に州法曹協会で採択，同年6月に州最高裁判所で採択。
15) "Final Report of the American Bar Association Task Force on Corporate Responsibility" (April 29, 2003) は，SOX法の立法過程における「法律家の役割」についての議論を踏まえ作成された "Preliminary Report on Corporate Responsibility" (July 27, 2002) を発展させたものである。
16) ABA 2004 Edition "Compendium of Professional Responsibility Rules and Standards" by Ameican Bar Association 参照。
17) CCBEモデル倫理綱領は，欧州15カ国が採用。なお，高柳「前掲書」，50〜57頁参照。
18) 高柳一男「企業内弁護士の役割と責任」"企業に進出する弁護士の将来" 大阪弁護士会（2003/9月）31〜32頁参照。

第 VIII 章

エンロン事件の企業法務への教訓

　エンロン事件は，前章までに議論してきたように，企業法務に数多くの教訓を残した。エンロン事件の教訓は，企業内法律家（社内弁護士）や開業弁護士（社外弁護士）という個人のみならず，企業法務部門およびロー・ファームに対しても示唆に富む。

　企業法務とは，企業活動から生じる法律関連事務の総称である。企業が適法性と社会的妥当性の枠組みのなかで活動するよう監視することにより，企業の法的利益を擁護することを目的とする。そのために，企業法務の遂行者である社内弁護士と社外弁護士は，①契約法務，②組織法務，③紛争処理法務，④知的財産法務，⑤遵守法務などの分野において，①法的助言，②法的代理，③法的審査，④ビジネス部門との協業，⑤経営執行トップとの連携などの手段を通じて，サービス機能と牽制機能を発揮する。

　とりわけ企業内法律家は，① proactive な助言・勧告，②迅速な fact-finding，③企業全体の情報に基づく判断，④ cost-effective な法務コストなどの利点を有していることから，企業法務の主役を担う。企業内法律家の中軸を成す社内弁護士は，①職務専念，②命令服従，③経済的依存，という立場に置かれ，社外弁護士に比べて弁護士としてのアイデンティティが薄まり易い立場にある。

1. 弁護士・顧客関係

　弁護士（個人およびロー・ファーム／法務部門）と顧客（個人および組織）との間には，依頼関係（client-attorney relationship）が形成される。両者の合意に基づき生じる実体法（substantive law）上の信認（信頼）関係であり，受任者である弁護士には①依頼（representation）の範囲内で法的サービスを提供し，②弁護士倫理（professional ethics）を遵守する義務が生じる。

(1) 社外弁護士（ロー・ファーム）と依頼企業

　ヴィンソン・アンド・エルキンスのエンロン担当弁護士は，①エンロン法務部門に派遣されて常勤する者，②ヴィンソン事務所でエンロン業務にのみ専任する者，③他の顧客担当と兼務でエンロンからの依頼業務を行う者，以上を含めるとピーク時で100名以上，所属弁護士数の3割を超えた。エンロン破綻前10年間をみても約20名のヴィンソン弁護士がエンロン法務部門に転職した。エンロンとヴィンソンの関係は，社外弁護士と依頼企業との関係を形成する方式として近年アメリカにおいて盛んに用いられるようになったパートナリング（partnering）に相当する。そのなかでも，両者は最も親密な関係といわれていた[1]。

　法的サービスの品質，コストおよび納期の面でパートナリング関係を上手く機能させるためには，合理的な競争関係を残し，コンフリクト（conflict of interest：利害の対立ないし利益相反）関係を排除しなければならない。エンロンとヴィンソンとの関係は，既に述べたように相互依存関係が強すぎた。このような環境においては，社外弁護士の法的助言にとって最重要である品質を低下させるおそれがある。つまり，エンロンは，ヴィンソンの法的助言に厳しい注文をつけることを躊躇するようになり，ヴィンソンに過誤法務（malpractice）の責任を問うことは一層難しい状況にあった。

　ワトキンス上席副社長は，SPE取引の法的妥当性を証する鑑定意見書（opinion letter）を社外弁護士からとり付けるようレイ会長に要請した際，新たに依頼す

るロー・ファームは，エンロンとＳＰＥ間の取引についてコンフリクトの関係にあるヴィンソンでなく，それ以外の弁護士を登用すべきであると進言していた。しかし，進言は受け入れられず，依頼先は依然としてヴィンソンであった。この依頼関係について，ヴィンソンは「ワトキンス氏が指摘した疑点について，さらに調査が必要か否かに関してのみ検討することとし，会計処理についてアンダーセンの調査報告の後追いに時間を費やさないように」とエンロンから指示されたと主張する。これに対して，経営危機に陥った後にエンロンに起用されたロー・ファーム (Wilmer Cutler & Pickering) は，「エンロンは急いで検討して欲しいと依頼したに過ぎない」と反論する。

このような背景のもと，ヴィンソンは「社外の弁護士や会計士にさらに広範囲な調査を依頼する必要はない。ＳＰＥ (Condor/ Whitewing and Raptor) のスキームおよびＳＰＥ取引は，"創造的かつ攻撃的" (creative and aggressive) ではあるが，アーサー・アンダーセンが承認したことでもあり，エンロンに不正な行為はなかった」とする9頁の「ヴィンソン意見書」[2]を提出する。

エンロンとヴィンソンとの蜜月関係は，エンロン倒産2カ月後に終焉を迎え，30年にわたる取引関係が事実上，消滅する。きっかけは，エンロンが倒産処理業務にも引き続きヴィンソンを起用するとの連邦破産裁判所に対する申請を自発的に取り下げたことにあった。以後，両者は責任問題についての見解に相異が出始める。合衆国議会（下院）のエネルギー・商業委員会 (Commission of Energy and Commerce : Sub-committee on Oversight and Investigations : 2002/3/14) の「弁護士の役割についての公聴会」における，両者の証言は，既に図表13に示したように対照的である。

(2) 弁護士秘匿特権（守秘義務）

弁護士秘匿特権の概念については，Ⅵ章3節(1)において述べた。エンロン事件を契機として秘匿特権の享受対象者をどこまで広げるかという議論が再燃する。イギリスやアメリカにおいては，開業弁護士のみならず社内弁護士に対しても秘匿特権を認める幾つかの判例[3]が確立している。ただし，秘匿特権が

許されるのは法律事項についてのみであるので，法律事項と非法律事項（ビジネス事項）の両面に日頃接している社内弁護士は難しい状況に置かれる。

対照的にヨーロッパ大陸においては，欧州裁判所（ECJ）による1982年のAM＆S判決[4]以来，各国内法レベルでの扱いがどうあっても，ECレベルでは企業内法律家および外国弁護士（非EC弁護士）の秘匿特権を否認してきた。

ところが，エンロン事件を契機としてヨーロッパ大陸においても企業内法律家に対して秘匿特権を否認した20年前のAM＆S判決の呪縛から解き放そうとする動きが加速し始める。この動きは，SOX法やSEC連邦規則の立法化に対して，弁護士秘匿特権の弱体化を懸念する国際法曹界から強い抵抗があり，弁護士秘匿特権の重要性が再認識されたことに端を発した。

なお，アメリカでは，弁護士資格をもたない外国企業の企業内法律家に秘匿特権を認めるか否かについては，アメリカの下級審に対立した判例[5]があるが，次第に容認する方向に動いている。他方，ヨーロッパ大陸においては前記のAM＆S判決の壁もあってECレベルでは否定説が強く，加盟各国レベルでは賛否両論が拮抗している。

(3) 弁護士選定のコンフリクト・チェック

エンロンのゼネラル・カウンセルおよびCEOは，Ⅵ章1節(4)で詳説したとおりワトキンス書簡によってヴィンソン・アンド・エルキンスの起用にコンフリクトありと指摘されたにも拘らず，聞く耳を持たなかった。とくにエンロン倒産後においては，債権者など多くの関係者が係わるため，それらの弁護士とエンロン弁護士との利害が衝突することが少なくない。そこで弁護士相互間の利益相反をチェックするコンフリクト・カウンセルを起用するなどの措置がとられる。弁護士選定のコンフリクト問題が生じた主な例を示すと次のとおりである。

(A) ヴィンソンのケース：当初，エンロンは，ヴァイル・ゴッチャルの理解も得て，ヴィンソン・アンド・エルキンスを倒産処理弁護士のリストに入れて連邦破産裁判所に申請していたが，コンフリクトを指摘する内外の声

に配慮し取り下げる。

(B) デービス・ポークのケース：アーサー・アンダーセンの社外弁護士であるために，連邦破産裁判所よりエンロン弁護士の就任を却下された。また，デービス・ポーク (Davis Polk & Wordwell) は，チャブ (Chub Corporation：エンロン訴訟の被告である Federal Insurance Company の親会社) の代理人であることを理由に，エンロンに対する最大債権者の1つ (J. P. Morgan Chase) による10億ドル訴訟の代理人就任を裁判所より却下される。

(C) ミルバンクのケース：2002年1～3月，一部のエンロン債権者 (Exco Resources) からミルバンクがエンロン債権者の弁護士に就任することに対して異議申立が出される。理由は，(i)倒産前にエンロンの仕事をして1780万ドルの収入を得た，(ii)エンロンのSPEに加担したとされるモルガン・チェースにリーガル・サービスを供給していた，であった。連邦破産裁判所は，(i)ミルバンクは，事務所内に防火壁 (Chinese wall) を設け担当弁護士間の情報交換を封じる，(ii)この守秘措置を監視するためのコンフリクト・カウンセル (Squire Sanders) を起用する，を確認した上で異議申立を却下する。

(D) ヴァイル・ゴッチャルのケース：ヴァイル・ゴッチャルは，PG & E社 (Pacific Gas and Electric Co.) の子会社の倒産事件の代理人弁護士を務めていた。企業再生中であるエンロンとPG & E両社は，お互いに相手方に対して大口債権 (エンロン請求額：5億ドル，PG & E請求額：2億ドル) を有しており係争中であったために，PG & Eからヴァイル・ゴッチャルのエンロン弁護士への就任に異議が出る。結局，ヴァイルは，(i)社内に防火壁を設ける，(ii) PG & E／エンロン間の紛争の仕事から手を引く，(ii)コンフリクトある案件にはトーグ・シーゲル (Togut, Segal & Segal) を起用する，として当事者間で決着する。そこで，連邦破産裁判所のゴンザレズ判事は，防火壁とコンフリクト・カウンセルの仕組みをチェックするために，ヴァイルとアンダーセンとの関係 (アンダーセン／アクセンチュア間の31カ月にわたる仲裁事件の担当ほか) などを慎重に検討した上で，ヴァイルの就任を承

認する。ヴァイルは，以後自らにコンフリクトのおそれある場合には，カドワラーダー（Cadwalader, Wickerman & Taft）あるいはヴェナブル（Venable, Baetjer and Howard）をコンフリクト・ロイヤーに起用する。

(E) アルストンのケース：アルストン・バード（Alston & Bird）のパートナー弁護士であるバッソン（Neal Batson）氏は，連邦管財局（U. S. Trustee's Office）により，長期に渡る厳格なコンフリクト・チェックを経て2002年5月に連邦破産裁判所によりエンロン事件の検査官（examiner）に選任される。しかし1年後，検査官の所属ロー・ファームのアルストンがエンロン事件の利害関係人である Bank of America, Royal Bank of Canada, UBR Warburg, PricewaterhouseCoopers および KPMG を顧客としていたことが判明し，コンフリクト関係が明らかになる。そのため，これらの金融機関および会計事務所についての検査官の仕事を他の検査官（Harrison Goldin 氏）に引き継ぐ。

　上記の例は，弁護士の選定にあたってコンフリクト・チェックの重要性を示唆する。コンフリクト・チェックを怠ったために禍根を残したケースは，エンロン事件でのヴィンソンのケースを始めとして枚挙に暇がない。

(4) 社内弁護士の基本スタンス

　エンロン事件は，企業内法律家に対しても幾つかの教訓を示唆した。第Ⅳ章2節(6)で詳説したアーサー・アンダーセンによるエンロン関連文書の破棄事件は，社内弁護士がEメールで伝達した単なる日常的な助言と思える行為（ローヤリング）が陪審員によって犯罪と断じられ，巨大企業が崩壊に追いやられた。企業不祥事の場合には，公の意見（public opinion）を反映すべき陪審員法廷が，起訴"後"明らかになった事象に影響されて公開会社（public company）の運命を左右することもあり得るとの教訓を残したのである。以後，エンロン幹部が被疑者となった刑事裁判やエンロンが被告となった民事裁判において，エンロン経営破綻の犠牲者が溢れエンロン嫌悪感が広がるヒューストンの法廷から事件の影響が比較的少ない裁判地に移送すべきとの要請が多発する。

アーサー・アンダーセン弁護士の行為が違法か否かの議論は別として,企業を守るために雇われている社内弁護士がメモなどの文書を作成する際に,①なにを記載すべきか,②どの程度記載するか,③どの段階で違法性の判断をするか,などについてさまざまな教訓を与える。また,エンロン事件は,法律家が監査法人など他の専門家の意見が常に適切であるとして行動してはならないことを教えた。企業内法律家としても,常に長期的な視野をもって法律の文言(letter of the law)だけでなく法の精神(spirit of the law)を参酌しつつ自らの行動と発言を行い,企業内顧客に対して客観的な(objective)助言をしなければならない。エンロン事件によって企業法務環境がどのように変わろうとも,企業内法律家の基本スタンスは変わるものではない。

プロフェッションとしての倫理[6]に拘束されている企業内弁護士の役割は,単に法的サービスの提供に留まらず,自らの見識をもとに牽制機能を発揮してCEOを頂点とする経営判断者に対して警鐘を鳴らすことである。企業内法律家は,企業法務部門にとって不可欠な情報について開示が制限されたり内容がねじ曲げられたりする行為があれば,プロフェショナルとして目に見える行動をとることが求められる。エンロンのように経営トップに権限が集中していればいるほど,その任務は重い。

企業内法律家は,ポスト・エンロン環境を注意深くフォローして,コーポレート・ガバナンス,企業倫理など社内ルールの改善に積極的に関与するとともに,自身のあり方についての問い直しが求められている。

(5) 「弁護士に相談した」との抗弁の有効性

法律問題についての検討と助言(review and advice)を記したリーガル・オピニオン(legal opinion:弁護士意見書)は,法律を遵守しようとする依頼者の作為不作為の行動に法的承認(legal approval)を与える効果がある。しかし,違法ではないが適法であると断定できない場合には,弁護士意見書に代わり覚書(memorandum)を作成して専門家としての賛意(professional blessing)を示唆するに留めることが少なくない。慎重なロー・ファームが意見書を出状する場合

には,担当弁護士ないしパートナー弁護士の判断と署名では足りず,パートナー会議での承認を要する。意見書は弁護士責任の根拠となり得るからである。Ⅳ章3節(2)(B)で述べたカリフォルニア電力価格操作疑惑についての合衆国議会公聴会においても,エンロンの社内外弁護士は,「覚書(memorandum)は正式な法律意見書ではない」とする立場をとる。議会や法廷でエンロン事件の責任を問われた経営トップや社外取締役は,異口同音に「弁護士など職業専門家(プロフェショナル)に相談し"了承"を得た」との抗弁をする。合衆国議会公聴会で証言に立ったエンロンのゼネラル・カウンセルにしても同様である。

このように「弁護士がOKといった」,すなわち,「カウンセルの意見を信頼した」(reliance on the counsel's judgement)とする抗弁はどの程度有効であろうか。一般的にいえば,「弁護士に相談したとの抗弁」(advice-of-counsel defense)は決して絶対的なものではないが,刑事告訴(criminal charge)のための犯罪事実を認定する際,故意に(willfully or intentionally)証券詐欺やインサイダー取引をしたのではないと主張できる点で,有効な防御手段となり得る。とくに,"評判の高い"ロー・ファームから得た事前の了承は起訴を回避するか,起訴されても陪審員による有罪評決を回避する効果があるといわれる。この抗弁の有効性の背景は,企業が犯罪防止のため善意の努力をしたにも拘らず犯罪行為が発生してしまった場合に,司法や行政当局は刑事訴追を控える傾向があるとの一般論に基づく。エンロンは,ヴィンソン・アンド・エルキンス,アーサー・アンダーセンという"評判の高い"専門ファームから助言を受けていたが,助言者自身が助言の過誤を理由に民事訴訟を起こされるという皮肉な結果となる。

「弁護士に相談した」との抗弁が有効となる条件は,①被疑者が弁護士にすべての関連事実を話したうえで,弁護士の助言に従ったこと,②法的助言が著しく根拠を欠くものでないこと,③助言事項が弁護士の専門分野と乖離していないこと,④検察の要請があれば弁護士秘匿特権を放棄すること,が挙げられる。取引はすべての関連法規に従って行われるべきといった抽象的な弁護士意見を得ただけでは,その有効性は低いといえる。合衆国議会両院合同租税委員

会の報告書は,「エンロンは"should"レベルの法律意見を求めた」と批判する。ヴィンソンが主張しているように,ワトキンス書簡についてエンロンが詳細な事実を開示せず依頼（representation）を限定してリーガル・オピニオン[7]を求めたとすれば,弁護士に相談したとのエンロンの抗弁は有効には働かないことになるであろう。

SOX法およびSEC連邦規則の制定を契機に弁護士の活動の場は拡大することが予想される。取締役やCEO,CFOなど経営執行部トップの責任が強化されたことに伴って,彼らが独自に弁護士を雇用するケースが増加する。また,これらの新しい法律では企業に不正行為があった場合に弁護士の報告義務の要否判断が容易でないために,弁護士が報告を怠ったとして制裁されることを回避しようと弁護士が弁護士を雇う場面もさらに増加するであろう。

2. 法務部門マネジメント

エンロン事件は,企業法務部門のマネジメントに対しても幾つかの教訓ないし警告を与える。

(1) 企業法務の名宛人

社内弁護士（法務部門）と社外弁護士（ロー・ファーム）の助言と代理を中心とする企業法務は,誰の「最善の利益」(best interest)のために提供されるべきなのか。すなわち,社外弁護士の企業顧客（corporate client）ないし社内弁護士の企業内顧客（in-house client）の終局的な依頼者（ultimate client）は誰かという企業法務の名宛人の問題が,エンロン事件を契機として改めて問われる。

企業法務の名宛人には,①企業（会社）,②取締役会（取締役）,③Chairman,④CEOなど経営執行部トップ,⑤実際の依頼者（個人）,⑥株主,⑦行政当局（SEC）,⑧司法当局（裁判所）などが挙げられる。法的サービスの授受についての当事者関係について図表21に示す。

社外弁護士の顧客の場合には,名宛人が実際に依頼をした個人でなく企業自

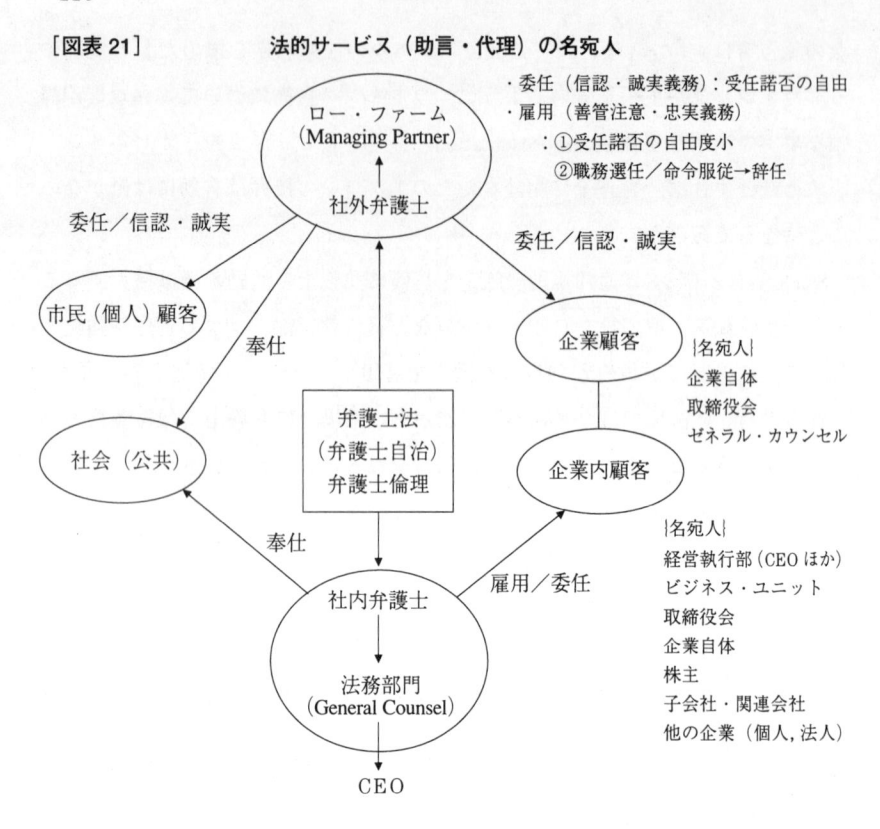

[図表21]　　　　法的サービス（助言・代理）の名宛人

- 委任（信認・誠実義務）：受任諾否の自由
- 雇用（善管注意・忠実義務）
  　：①受任諾否の自由度小
  　　②職務選任／命令服従→辞任

ロー・ファーム
(Managing Partner)
社外弁護士

委任／信認・誠実　　　　　　　　　　　委任／信認・誠実

市民（個人）顧客　　　　　　　　　　　　企業顧客

　　　　　　　奉仕

弁護士法
（弁護士自治）
弁護士倫理

社会（公共）　　　　　　　　　　　　　企業内顧客

|名宛人|
企業自体
取締役会
ゼネラル・カウンセル

　　　　　　　奉仕　　　　　　雇用／委任

社内弁護士

法務部門
(General Counsel)

CEO

|名宛人|
経営執行部（CEOほか）
ビジネス・ユニット
取締役会
企業自体
株主
子会社・関連会社
他の企業（個人，法人）

体であることは，比較的理解し易い。が，実際の依頼人と同じ企業組織内に身を置く立場の社内弁護士の場合には，誰が名宛人なのかを意識することは必ずしも容易ではない。

　社内弁護士の企業内顧客は誰かについてACCAがエンロン事件10カ月後に行ったアンケート調査[8]によると，企業：64％，CEO以下の経営執行部：20％，株主：13％，取締役会：3％であり，企業自体を名宛人とする投票が過半数を超えた。しかし，SOX法の成立3カ月後の時点においても，企業内弁護士のコンセンサスとして固まったとは言い難い状況にある。社外の開業弁護士からみれば，依頼窓口が誰であれ企業自体が名宛人とのコンセンサスは形成し易いと思われる。雇用契約のもとでの職務権限規定と弁護士としての倫理

規程という，二重の責務に服する社内弁護士にとっては悩ましい問題であるが，エンロン事件を契機として顧客は少なくも個人ではなく依頼企業であるとのコンセンサスが早急に形成されてゆくに違いない。さらに社内弁護士の顧客は，一義的には取締役会であるが究極的には株主であるとする見解も少なからず示唆されている[9]。名宛人が依頼企業の「株主」という第三者となると，議論が熟するまでにはなお時間を要するであろう。

上述するように理屈のうえからは，企業法務の名宛人は依頼者個人ではなく，企業の最高意思決定機関である取締役会あるいは株主の総体である株主総会であるとしても，弁護士が現実に接する依頼人はCEOなど経営トップであり，事業部長など企業運営にあたるリーダーである。これらの役職員からの具体的依頼を受けて「企業の最善の利益」のために行動しなければならないところに社内弁護士の難しさがある。

(2) ゼネラル・カウンセルとCEOとの関係

一般的にいえば，企業の不正行為は，倫理に適った行動，忠実義務，健全な経営など企業環境の育成，維持または推進にしくじった経営トップの責任である。その企業経営者と緊密な関係を保つ社内弁護士は，企業の役職員に法律や倫理を遵守させることによって，健全な企業文化を醸成するための重要な役割を担っている。弁護士が顧客企業に対して負う責任は，CEOなど経営執行幹部（executives）個人ではなく企業自体ないし取締役会に対してであることは，各国の弁護士倫理規程のうえからも比較的明確である。

しかし現実には，企業は経営者や管理者を通じて活動し，これらの企業リーダーはゼネラル・カウンセルや社外弁護士の助言や勧告を信頼して行動する。ゼネラル・カウンセルは，経営トップと緊密なコミュニケーション関係を築き上げて信頼される助言者（trusted advisor）として頼りにされる一方で，CEOに法令や倫理規範を遵守させるよう法律の執行者（officer of the court）ないし企業倫理の舵取り役（navigator of the ethics）という難しい立場に置かれる。

(A) ゼネラル・カウンセルに対する指揮命令系統

ゼネラル・カウンセルはCEOに雇用され，企業組織上，その多くの所属（報告先）[10]がCEOである。欧米のゼネラル・カウンセルの報告先は，5割（ヨーロッパの場合）から9割（アメリカの場合）がCEOまたはChairman直轄となっている[11]。ゼネラル・カウンセルが経営トップに直属することは，法務が伝統的に果たしてきた実務レベルから脱して戦略レベルでも機能することを示唆し，社外弁護士と差別化できる点でもある。反面，所属する経営トップに不適切行為がある場合には，指揮命令系統上，その対処が難しくなる。このような場合にゼネラル・カウンセルは，本章2節(1)で議論したように「職務の名宛人は，経営トップ個人ではなく企業自体である」ことを基本にして行動し，対立が解消しなければ辞任ないし辞職(resignation)も覚悟しなければならないであろう。

(B) エンロンのゼネラル・カウンセル

エンロンのゼネラル・カウンセルは，Ⅵ章1節(4)(A)で述べた合衆国議会（下院）エネルギー・商業委員会の公聴会での遣り取りをみると，会長，CEOあるいは取締役会の何れに報告を求められているのか必ずしも明らかでないが，CEO直属であったと思われる。エンロンのゼネラル・カウンセル(GC)は，ChairmanとCEOに対してどのような関係にあり，社外弁護士の選任についての権限と責任はどのようになっていたのであろうか。レイCEOとデリックGCは，「ワトキンス書簡」と「ヴィンソン意見書」についてどのように協議し具体的対応をしたのであろうか。ちなみに，ヴィンソンがデリック氏に宛て出状した書簡（ワトキンス書簡についての予備調査報告）には，「本報告書の内容については，レイCEOに対して口頭にて報告済み」と記されている[12]。

バッソン最終レポートによれば，デリック氏は，①SPE(LJM1)について取締役会に対して報告する前に事実関係と準拠法について習熟していなかった，②特別な問題が提起されない限り，エンロンのビジネス取引への実質的な関与を怠った，③特別な問題が提起されても取締役会に報告することは稀であった，④権限を委譲した部下の弁護士が適切に業務を行っているかの確認を怠った，⑤ワトキンス書簡の内容とヴィンソンの参画について適切に把握していなかっ

た，などの点で過誤法務があったと指摘されている。
  (C) ゼネラル・カウンセルの役割についてのABA提言
  2003年3月に公表されたABAタスクフォース報告書[13]は，エンロン事件の教訓に基づいて株式公開会社のゼネラル・カウンセルについて次のような提言をしている。
  ① ゼネラル・カウンセルは，取締役会の監督のもとでリーガル・コンプライアンスのシステムの有効な実施を担保することに主たる責任をもつ。
  ② ゼネラル・カウンセルの選任，留任および報酬は，取締役会の承認事項とする。
  ③ 社内弁護士および社外弁護士によるすべての報告は，ゼネラル・カウンセル直結とすることをまず確立し，これら弁護士は企業に潜在するもしくは実行中の(i)法律違反行為，もしくは(ii)誠実義務違反行為をゼネラル・カウンセルに報告する。
  ④ 取締役会（または傘下の委員会）が雇用する弁護士が独立性を維持しつつ特別調査と独自の助言ができるよう，依頼者に直接に報告するシステムを担保する。
  ⑤ ロー・ファームおよび法務部門は，企業との依頼関係を規律する弁護士行動規範の遵守を徹底するための手続を採択する。
 (D) SOX法施行以降のゼネラル・カウンセルの立場
  SOX法307条（弁護士の専門職業規則）およびSEC連邦規則205章（弁護士の専門職業行動基準）の施行後におけるゼネラル・カウンセル（GC）は，① CLO（Chief Legal Counsel）として社外弁護士の助言ないし勧告を受ける企業の責任者，② QLCC（Qualified Legal Compliance Committee）の役割との調整，③部下の弁護士を監督する責任，④部下の弁護士がGCをバイパスして直に監査委員会もしくは取締役会に報告する場合の対応，⑤企業会計原則など専門外の知識の習得，⑥監査委員会（QLCC機能を兼務する場合を含む）に対し法的サービスを直接提供する社外弁護士との調整，⑦ガバナンスおよびコンプライアンス（企業情報の開示など）への参画，などの責務を負うことになり，フラストレー

ションが多い立場に置かれる。

(3) 法務部門における人事および指揮命令系統

　顧問的立場にあるロー・ファームから社外弁護士をゼネラル・カウンセル始め企業内弁護士に，リクルートすることには，潜在的なコンフリクトがある。エンロンの場合には，トップ4を始めとして多くの社内弁護士が地元のテキサス大学ロー・スクール出である。それだけであれば，ヒューストン所在企業という地域性を表しているに過ぎないが，トップ3始め20人以上がメインのロー・ファームであるヴィンソンの出身者で固めていたことは潜在的コンフリクトが大きい。また，エンロン法務部門の上級幹部でありカリフォルニア電力価格操作事件を担当したサンダース氏 (Richard Sanders) は，準メインのブレイセル・アンド・パターソン出身である。このように，エンロン法務部門と依頼関係が深いロー・ファーム出身者がキー・ポジションを占めていた。

　エンロン法務部門組織の指揮命令系統は，集中型 (centralized) というより，Ⅱ章2節(1)で述べたように実質的には分散型 (decentralized) 組織であったようだ。社内弁護士は，自身の属するビジネス・ユニット（子会社，事業部など）の長に報告し，ゼネラル・カウンセルには間接報告義務 (dotted-line reporting responsibilities) を負っていたようだ。株主クラス・アクションなど数種の訴訟の被告となったデリック氏を弁護するガンター主任弁護士 (J. Clifford Gunter of Bracewell & Patterson) は，「極度に分散されていたために，大規模な組織で何が行われているのかについて精査することができなかった」と弁明している[14]。法務部門が企業不正に断固たる姿勢をとれなかったのは，分散型であったためか，デリック氏に指導力が欠けていたためなのか，上記発言だけでは定かではないが，何れもが原因だったように思われる。

　ゼネラル・カウンセルと部下との関係では，経営トップのフロアである本社ビル50階に陣取ったデリック氏は，49階のロー・デパートメントに顔を出す機会は極めて少なく，コミュニケーションが希薄となり統率力が充分ではなかったようだ。デリック氏の部下にしても，上記のガンター弁護士の言によれば，誰

ひとりとしてヴィンソン・アンド・エルキンスの登用について，デリック氏に対してコンフリクトありと警告する社内カウンセルはいなかったという[15]。

エンロンの社内弁護士のなかには，疑惑のSPEに自ら投資して得た財産を差し押さえられたベテラン女性のモドウ（Kristina Mordaunt）氏もいたし，ロー・スクールを出たばかりの新入女性社員のジュニア・カウンセルで最初に担当したSPE（Southampton）の仕事で50万ドルの個人的利得を得た者（Anne Yeager）氏もいた。前者はエンロンを解雇され，後者は株主より懲罰的損害賠償を請求され自己破産状態に陥った。また，会社から40万ドルを横領したとして提訴された英国エンロン社の社内ソリシター（ih-house solicitor）のボック（Von Bock）氏もいた。これらの出来事について，組織が集中か分散か，デリック氏が事実を知っていたか否かに拘らず，エンロン法務部門トップとしての監督（supervision）責任と指導力（leadership）が問われる。

他方，次のような社内弁護士としての本来の任務を行ったケースも指摘しておくべきであろう。

① 中堅レベルのシニア・カウンセルであったミンツ（Jordan Mintze）氏は，Ⅱ章2節(3)(B)でも触れたとおり，SPEパートナーシップの適法性に疑問をもち，デリック氏に相談せず独断でヴィンソン以外のロー・ファーム（Fried Frank）に相談した。「問題のパートナーシップ取引は見直すべきである」との意見を得た。

② 同じく中堅レベルのカウンセルであったジスマン（Stuart Zisman）氏は，「SPE取引は貸借対照表を操作したとみられ，リスクが極めて高い」と警告した。

③ カリフォルニア電力プロジェクトの違法性に気づいた社外弁護士（Stephen Hall of Stoel Rives）氏および社内弁護士（Christian Yoder）氏は，エンロン法務部門トップに中止すべきであると進言した。この事実は，合衆国議会上院委員会（Senate Commerce Committee）の公聴会で明らかになる。

法務部門組織を分散化するか集中化するかは企業の方針によることであるが，エンロンの場合には分散化の弱点が現れたケースといえよう。エンロンCFO

の管理下にあるグローバル・ファイナンス（EGF：Enron Global Finance）に所属の社内弁護士についてみると，ファストウ氏のお気に入りであったモドウ氏は別として，モドウ氏の後継者でファストウ氏に異議を唱えたセフトン（Scott M. Sefton, Division General Counsel）氏およびそのスタッフ弁護士のエフロス（Joel N. Ephross）氏は外され，ファストウ氏に忠実な者だけを周辺に配置したといわれる[16]。

エンロン倒産の翌2002年の7月に経営破綻したタイコ（Tyco International：従業員数全世界に26万人）は，起訴された前ゼネラル・カウンセル（GC）の後任となった新しいGCのもとで，法務部門の再構築を行う。すなわち，① 260名（弁護士120，パラリーガル60）の部門組織を集中型に改組，②すべての社内弁護士の報告先をビジネス・ユニットの長ではなくGCとする，③全世界で700名いた社内弁護士を直ちに200名に減員し，その後100人に絞る，といったドラスティックな改革を行う[17]。

いずれにせよ，法務部門の分散化 v. 集中化の組織論は，エンロン事件の教訓を踏まえてさらに深まることであろう。

(4) 部門リーガル・リスク管理

エンロン事件の教訓は，多かれ少なかれリーガル・リスクのマネージメントに係わる事項である。ここでは役員損害賠償責任保険（D&O Insurance：Directors and Officers Insurance）と社内文書取扱規定（DRP：Document Retention Policy），の2点を採り上げてみたい。

(A) D&O保険（役員損害賠償責任保険）

D&O保険は，取締役あるいはオフィサー（officers）の行為によって第三者に対し生じた賠償責任を保険会社にシフトする保険である。D&O保険は，企業不祥事に伴う株主訴訟とその和解事件において重要な役割を果たしてきたが[18]，エンロン事件でD&O保険の重要性が改めて認識される。

エンロンは，1999年にD&O保険を11の保険会社から総額3億5,000万ドルの保険を購入し，被保険者は，取締役14名とコーポレート・オフィッサー56

名である。このうちの多くの取締役と経営執行幹部が，エンロンの株主，従業員，債権者等から訴えられる。当然のことながら被告と原告双方がD＆O保険を頼りにする。保険会社[19]は，機先を制してエンロン倒産直後の2002年12月に，エンロンの財務状況の報告に重大な虚偽がありミスリードされたとしてD＆O保険の無効を連邦破産裁判所に申し立てる。

また，エンロン債権者は，倒産会社エンロンのD＆O保険金の差押を連邦破産裁判所に申し立てるが，被保険者が証券詐欺事件の被告としての防御費用に使用する権利をもつとして却下（2002/8）される。もし，D＆O保険金は破産財団に属するとの判断が出ていれば被保険者は債権者の後位に甘んじるところであった。エンロンは，上記の3億5,000万ドルのD＆O保険に加えて，エンロン年金プラン管理の誠実義務違反のリスクをカバーする特別保険9,500万ドルを付保している。このうち，エンロンは，弁護士費用として3,000万ドルの支払を申請（2002/2/28）したが，退職年金加入従業員に対する支払が先であるとして連邦地方裁判所により却下される。

エンロン事件を始め一連の企業不祥事は，①保険対象範囲(coverage)の縮小，②保険料（premium）の高騰，③免責範囲（exception）の拡大，④足切り部分(deductible)の拡張，⑤複数年契約（multi-year term）の制限，⑥免責金額内にサブ・リミットの設定，⑦社内弁護士向けに設計された保険（Employed Lawyers Professional Liability Insurance）の登場，⑧D＆O保険の付保を会社全体ではなく個別の役員に限定，⑨証券詐欺事件のSEC捜査の対応に要する費用につき保険対象を限定（非公式のSEC捜査（inquiry）に要する費用に足切り設定など）など，D＆O保険のマーケットに重大な変化をもたらした。さらに，9月11日のテロ事件での多額の保険金支払によって経営困難に陥り撤退する保険会社が増え，数社[20]による寡占状態になり保険会社が強気に転じる。株式公開会社（14,000社）のD＆O保険年間平均保険料は，SOX法成立以前の32万9,000ドルが成立直後には63万9,000ドルに跳ね上がる。

以上のようにD＆O保険は厳しい状況に置かれる。経営幹部の利益を守る立場にある企業弁護士にとって，①企業の財務状況の変化や株主訴訟の状況につ

いて保険会社にこまめに報告して，保険購入段階で虚偽申請があったとする保険会社による後日の主張を封じる，②保険証書に保険会社をミスリードする財務状況の報告がなされても，無知な被保険者を保護する分離条項（severability clause：一人の被保険者の免責行為が他の被保険者の保険金請求に影響しない）を確認する，③免責条項（exclusion）は，保険証書によっても保険文言によっても異なるので，充分に精査する，④会社も被保険者になっている場合に，保険金受領について個人被保険者が会社に優先するようにする，⑤取締役あるいは執行幹部兼務の弁護士（attorney-director, attorney-officer）の提供する法的サービスがD＆O保険の免責対象とならぬよう留意する，⑥社内弁護士（employed attorney），とくにD＆O保険の対象とならない非幹部職の弁護士（junior-level corporate counsel）は，被保険者となる保険（empoyed lawyers liability insurance, erros and omissions insurance など）を自ら手配する，といったリスク対応の必要[21]がエンロン事件の教訓から改めて認識される。社内弁護士は，会社および役員を守るだけでなく，自身を守るためにも保険設計に細心の注意を払わなければならない。

(B) DRP（社内文書取扱規程）

エンロン事件は，Ⅳ章2節(6)で述べたアンダーセン文書破棄事件が示唆したように，文書取扱問題が法律家にとって如何に大きなリスクがあるかを教えた。多くの企業には文書の保存や廃棄などを定める文書取扱規程（DRP：Document Retention Policy）が存在する。エンロンにもアーサー・アンダーセンにも規程があった。普段はキャビネの片隅で眠っていてあまり注目されることの少ない規程であるが，エンロン事件で俄かに脚光を浴びる。SECの捜査開始直後から膨大な量の関連文書がエンロン社内およびアーサー・アンダーセン社内において廃棄され，捜査官のみならず社会や陪審員の心証を害し裁判において被告の立場を著しく不利にしたからである。

エンロン関連文書の破棄については，陪審員の有罪評決によってアンダーセン崩壊が決定的になったこともあって注目を浴びる。エンロンにおいても2001年10月から国内外の事業所での大規模な破棄行為（時間当たりの重量：7,000ポン

ド）が行われた。エンロンは，ゼネラル・カウンセル名で全社員に対して「DRPに基づくものであっても，破棄を直ちに中断しすべての文書を保存して，ヒューストンのヴィンソン・アンド・エルキンス宛てに送付するように」と，Eメールで指示[22]する。その後，3回にわたりデリック氏名義でEメール指示を出したにも拘らず，破棄行為は止まらず，2002年1月15日にFBIがエンロン本社ビル内の破棄現場を封鎖するまで続く。

通常のDRPは，一定年限を経過した文書の破棄を許している。が，ひとたび刑事捜査が開始され，刑事や民事の裁判が差し迫ると，破棄行為が司法妨害（obstruction of justice）や証拠隠滅（spolization of evidence）として違法性をおびる。エンロン事件は，企業に召喚令状（subpoena）が発せられていなくても行政，立法および司法当局が捜査を開始したら，DRPで許容されていても文書破棄を中止しなければならないことを教示する。社内弁護士は，DRP規程にその旨明記するよう指導するのみならず，当局による捜査の開始についてタイミングを見誤らないよう判断しなければならない。

文書の破棄は，規程がなければ社内弁護士の個々の判断に委ねられるので，リスクが大きい。法令と矛盾しない規程の作成と保守，規程遵守の監視などについて社内弁護士の役割は重要である。エンロン事件の反省として，DRPはゼネラル・カウンセルの仕事の高順位であることが認識され，各企業がいっせいに見直し作業に着手する。DRPの管理が不備であれば，企業が民事および刑事の責任を負う可能性が増すばかりでなく，社内弁護士個人も，潜在的証拠能力のある文書の破棄と隠蔽を禁じる倫理規程（ABAモデル規程3.4条参照）の違反を問われることになる。

また，エンロン事件は，Eメール通信による法的助言は，メモ形式に比べいささか正直過ぎる情報伝達であることを印象づけた。文書は訴訟において有利にも不利にもなり得る。企業文書の80％が紙ベースでなく，電子メディア（electric media）により保存される電子化時代に，社内文書取扱規程を含めレコード・マネジメント・ポリシー全体の見直し作業が必要になる。見直しにあたっては，法律家がリーダーとなってビジネス担当およびレコード・マネジメ

ント専門家の協力を得て，文書の種類ごとに法律の要求と企業方針に沿って保存文書と保存期間（法定は別）を特定すべきであろう。規程の遵守を徹底するために社内の役職員教育も重要である[23]。

　弁護士秘匿特権を保護するには，秘匿特権を守るための実務的な対応も含まれる。例えば，① 文書の作成者欄にはリーガル・タイトル (legal title: general counsel, chief legal officer, attorney at law, esquire など) を使用する，② リーガル・ファイルと一般ファイルを分離する，③ 法的助言を受ける役職員の数を限定する，④ すべての日常情報に "confidential" の記載を拡大しない，⑤ 秘匿特権の放棄と解される行動をとらぬよう注意する，などで，そのためには社内弁護士による指導が必須である。

3. プロフェッショナル・ファーム・マネジメント

　20世紀後半になると，依頼者側の意識が向上して，弁護士サービスの内容とスピードに注文がつき，過誤法務があれば弁護士の責任が追及される。弁護士の側は，専門職業損害賠償保険 (professional liability insurance) の付保，ロー・ファームをゼネラル・パートナーシップ (general partnership) から有限責任組織のLLP (Limited Liability Partnership) への改組など，過誤法務のリスク軽減措置を強める。

(1) ファーム組織（LLP v. General Partnership）

　ゼネラル・パートナーシップは，ロー・ファームが依頼者（顧客）に誤って助言したために生じた損害について，各パートナー（equity partner）が過誤法務を犯した他のパートナーとともに個人として連帯責任 (joint-and-several-liability) を負う伝統的な組織形態である。他方，1990年代前半に新しく導入されたLLP (limited liability partnership) は，自身が直接関与しない案件については，第三者（依頼者）に対しパートナーとしての責任を免責し，過誤法務を行ったパートナーのみが個人的責任を負う。むろん，ファームが支払う賠償金を賄う

ために他の保険金や資産があれば，パートナー個人の資産（personal assets）に手をつける前にこれらを取り崩す。

このように，ゼネラル・パートナーシップは，ロー・ファーム組織が賠償責任を負いきれない場合に，パートナー個人に対しても責任の追及が可能である。そこで，企業融資をめぐり不祥事が頻発し弁護士の責任が問われた1980年代[24]，LLPがロー・ファームにも適用可能になると，弁護士個人への損害賠償請求を遮断しようと，多くのロー・ファームがLLPに改組する。

LLPの組織形態は，アメリカ型とイギリス型[25]，アメリカ型でも各州で若干の相異があるが，過誤を犯したパートナーの依頼者に対する責任は免れないという点を別にすれば，一般の有限責任の法理に近い概念である。エンロン事件で株主クラス・アクションの被告とされた2つのロー・ファームのうち，テキサス州に本拠を置くヴィンソンはLLP，イリノイ州所在のカークランドはゼネラル・パートナーシップである。会計士の場合には，アーサー・アンダーセンはLLP，アンダーセン・ワールドワイドはゼネラル・パートナーシップであった。

LLPの責任については未だ明確な判例が少なく，疑問点が少なからず残されている。例えば，①LLPおよびゼネラル・パートナーシップ双方について，マネージング・パートナーの監督責任（supervising liability）はどのようにして認定されるのか，②ニューヨークのLLPファームがシカゴで，イギリスのLLPがアメリカで過誤法務を犯した場合の責任はどのようになるか，③アメリカとイギリスの双方でLLPを有する場合に，パートナーへの利益分配と課税はどうなるか，④グローバル・ファームが複数国でLLPをもつ場合にホールディング・カンパニーのような運営が可能か，⑤過誤法務の責任は何時から（実行日か発見日か）始まるのか，といった点である。

LLP制度が導入（ニューヨーク州では1994年）された直後，ほとんどのロー・ファームがこの制度の採用の是非を検討した。経済および法律面からみればゼネラル・パートナーシップよりもLLPの方が好都合なことは間違いない。が，伝統と実績をもつ誇り高いロー・ファームのなかには，LLPがファーム文化

と顧客の期待を裏切るのではないかとの懸念を抱き，パートナー弁護士が個人責任を負えないようでは顧客の信頼を得られないとして，ゼネラル・パートナーシップを維持するところもある。法的サービスの提供は営利企業のビジネスとは異なり専門職業家として特別な個人的責任を甘受すべきとの見解もある。

他方，①過誤を犯したパートナーの仕事からも利益を得ていた他のすべてのパートナーが免責されるのは公平を欠く，②仲間の弁護士の仕事を信頼しないことになる，などの意見もある。ロー・ファームは，このようなパラドックスに悩んだ末，LLPを採用するファームとゼネラル・パートナーシップに留まるファームとに分かれた。エンロン社外弁護士のなかでは，ヴィンソン，ヴァイル・ゴッチャル，スカデン・アープス，ケイ・スーラーなどがLLPを採用し，カークランド，シャーマン・スターリング，サリバン・クロムウエルなどがゼネラル・パートナーシップであった。

エンロン事件が起きる前には，「過誤法務は保険付保可能リスク」[26]と考えられていたこともあって，LLPかゼネラル・パートナーシップかというアンビバレンスな問題は，議論に決着をつけないままにしていたロー・ファームが少なくなかった。

ところが，エンロン事件を契機としてLLP改組論争が大西洋をはさんで欧米で再び活発になる。その背景は，①エンロン訴訟において，担当弁護士，マネージング・パートナーおよびロー・ファームが現に莫大な損害賠償を請求されている，②法律家の責任リスクの増大と賠償請求額の巨大化，専門職業家保険の限界（付保範囲の限定，保険料の急騰など）[27]が明らかになる，③裁判所がロー・ファームを主犯格（primary violator）に準ずるとみる傾向が出る，④エンロン事件以降，職業専門家の過誤法務について陪審員が厳しい評決を下すとの警戒感が拡がったためだ。事件を公判前に和解で解決しようとする動きが一層強まる。その結果，エンロン事件に関与するロー・ファームのなかでは，シャーマン・スターリングなどがファーム組織の再検討に着手し，2003年に入って，サリバン・クロムウエルなどがLLPに改組する道を選ぶ。

(2) MDP対応

　MDPサービスは，要員，資金，組織などの資源の動員力が強い"ビッグ・ファイブ"（アンダーセン破綻以降は"ビッグ・フォア"）のような巨大ファームが乗り出しているため，ロー・ファームは危機感を強める。弁護士側は，「弁護士は守秘，会計士は公開を使命としているので，両者が合体することは弁護士の独立性を損なう」などの主張を根拠に抵抗し，会計士側は，「防火壁（Chinese Wall）の活用などで問題を克服できる」と反論してきた。

　エンロン・スキャンダルの発覚から僅か1年足らずで，世界の巨大なMDPファームが崩壊する。3,000人規模の弁護士を動員して"アンダーセン"のブランドでリーガル・サービスを提供してきた「アンダーセン・リーガル」を傘下にもつアンダーセン・グループは解体の憂き目にあう。

　2003年2月，欧州裁判所（ECJ：European Court of Justice）は，アーサー・アンダーセンがプライス・ウオーターハウス・クーパースとともに経営参加していたオランダのMDPファームを否認したオランダ法曹協会を支持する決定（Wouters v. Netherlands Bar）を下す。当局[28]は，エンロン事件による影響を否定したものの，注目を浴びていた裁判であっただけにいろいろと取り沙汰される。

　そこで，MDP反対派は，エンロン事件によってMDPの不合理性が明らかになったと主張する。他方，MDP支持派はエンロン事件で問題を起こしたMDPファームが消滅したことにより懸念は解消しMDPの将来が開けたと反論する。エンロン事件を契機にMDP論争は再び活発となる。エンロン事件によって，① MDP反対派は，法律と会計・監査のサービスのコンフリクトが明らかになり会計事務所と法律事務所のMDPが終焉を迎えた，② MDP支持派は，同一顧客に対する監査業務とコンサルティング業務（リーガル・サービスを含む）を分離すればコンフリクトが解消されることが明らかになりMDPの問題点が克服できた，と互いに我田引水的な主張をする。

　従来，ややもすると弁護士と会計士の縄張り争いに流れがちであった議論が，エンロン事件を契機に，① 会計士と弁護士が提供するプロフェッショナル・サ

ービス間のコンフリクト，②サービスを利用する顧客の利便性，という見地からの本質的な議論に立ち返ることが求められる。MDPに対して賛否が相半ばするアメリカと，どちらかと言うと賛成が多いイギリスおよびヨーロッパ大陸諸国において，今後，MDP論争がどう展開していくか注目される[29]。

(3) 弁護士責任訴訟における和解傾向

弁護士の過誤法務の責任を追及する訴えについては，過去20年間に被告となったほとんどすべてのロー・ファームが和解で解決してきた。その理由は，①陪審員が弁護士／ロー・ファームに対して同情的ではない，②公判で事件の内情が伝わると評判が落ちる，③事件の解決が長引くと法律実務に悪影響が出る，④エンロン訴訟でセントラル・バンク事件の連邦最高裁判決が挑戦され，弁護士に対する訴訟意欲が増す，⑤SOX法を契機として弁護士の企業不正行為についての報告義務が加重される，⑥弁護士損害賠償責任保険の付保条件が不利になる。今後も和解傾向は一層強まるものと思われる。

4. 企業組織と弁護士

社内弁護士（in-house counsel）は，社外弁護士（outside counsel）とは異なり，法律事項のみならずビジネス事項についてまで助言を求められているのが現実である[30]。とくにゼネラル・カウンセルは，リーガル・アドバイザーと組織運営のシニア・マネジャーという二重の役割を担う。すなわち，弁護士秘匿特権が適用されない非法律的機能（non-legal function）についても期待される。

社内弁護士は，法律上の助言に加えて合理的限度でビジネス上の助言を行うという意味で重畳的役割（dual roles）を担っており，社外弁護士と差別化し付加価値を高める。この二重の役割によってコンフリクト（conflict of interest）が発生し，その対処に頭を痛めることは社内弁護士にとっての宿命である。

(1) 取締役と弁護士の企業に対する責務

取締役は，企業に対して注意義務（duty of due care）と忠実義務（duty of loyalty）という双子の誠実（信任）義務（twin fiduciary duties）を負っている。注意義務は，通常の分別ある人（ordinarily prudent person）に比べて，より高い基準（higher standard）が求められる。忠実義務は，会社と取締役個人の利害が衝突する場合に，会社の利益を優先させる。利害が対立するおそれがある場合には，取締役は自らコンフリクトを回避することが求められる。一方，弁護士は，依頼者である企業に対して注意義務（duty of professional care）および忠実義務からなる誠実義務を負っている。したがって，取締役兼務の弁護士は，① 通常の一般人以上に分別ある取締役と ② 専門職業家としての特別な注意を払うべき法律家，という一層重い責務をこなさなければならない。

社内弁護士および社外弁護士の責務は，取締役の地位を兼務するか否かによって業務の質と責任が異なる[31]。

(2) 弁護士兼取締役（Lawyer-Director）

ゼネラル・カウンセルが社内取締役になるケース（general counsel-inside director）については既にⅡ章4節(2)において触れた。本節では，ゼネラル・カウンセルなど社内弁護士が取締役に就任することによって発生する多重責務（multiple duties）について検討する。弁護士兼取締役（lawyer-director）は，非弁護士が取締役に就任して取締役という単一の役割を担う場合とは異なり，複数の役割（multiple roles）を担うことになる。このうち，社内弁護士兼社内取締役（in-house counsel-in-housedirector）の場合には，社外の独立開業弁護士が取締役（outside counsel-outside director）となり企業と委任関係を形成する場合に比べると，遥かに複雑である。

社内の地位の如何に拘らず弁護士は，① 法律のプロフェッショナルとして独立性・倫理性をアイデンティティとする，② 企業の従業員規則のほか，法曹協会/法律協会や企業内法律家協会の倫理規範と懲戒規則に律せられる，③ 弁護士秘匿特権を享受する。企業に就職した弁護士が，ジュニア・カウンセル→シ

ニア・カウンセル→弁護士兼執行幹部 (lawyer-officer)→弁護士兼取締役と昇進するにつれて，一方で報酬やD&O保険の保護など待遇の改善が進み，他方で責務の多重性が顕著となり法律業務と非法律業務との区別に悩むことになる。

非取締役のゼネラル・カウンセルは，秘書役 (corporate secretary)[32] を兼務して取締役会に出席するのは別として，オブザーバー・メンバー（決議権なし）あるいは正規メンバー（決議権あり）としてボードに出席しているのか，が重要である。エンロンのゼネラル・カウンセルは，取締役ではなく秘書役も兼務していないが，オブザーバーとして適宜，取締役会に出席していた。

以上のケースは，企業が倒産・更正に入る前の取締役の責務であるが，倒産企業 (Chapter Eleven に基づく更正会社を含む) の場合になると事情が異なる。株主と債権者との間のコンフリクトが不可避となり，倒産・更正の会社における取締役の義務と責任は，株主に対するものから新たな受益者である債権者に対するものに移動するからである。したがって，社内弁護士の役割もそれなりに影響を受けることになる。

(3) 経営執行幹部としてのゼネラル・カウンセル

アメリカ企業内弁護士協会（ACCA：現ACC）が会員弁護士1,216名について行ったアンケート調査 (2002/10)[33] によると，378名のゼネラル・カウンセルが法律職以外の職務を兼務していた。その内容は，COO：33名 (8.7%)，CFO：28名 (7.4%)，CEO：24名 (6.3%)，ビジネス・ユニットの長：51名 (13.5%)，人事担当部長：94名 (6.3%)，その他のビジネス職：148名 (39.2%) であった。この調査は，ACCAが中小企業を含む6,000社の弁護士1万4,000名を抱える団体であることを勘案しても，極めてユニークなことに驚かされる。エンロンの場合には，エンロンの前身であるHNG (Houston Natural Gas) 社のゼネラル・カウンセルであったフォイ (Joe Foy) 氏が，President and COOを兼ねていた[34]。

ゼネラル・カウンセルは，企業組織において法務部門の運営の責任をもつ上級執行幹部 (senior executive) であり，経営執行を監督・監査する取締役（会）

に対しては潜在的なコンフリクト関係にある。さらに，経営トップに雇用されその指揮命令系統に属する一方で，法律家としての倫理義務に服しなければならないという潜在的なコンフリクトも抱える。

　アメリカの内部監査人協会（Institute of Internal Directors）が，エンロンの経営破綻直後に行ったアンケート調査（2002年2月集計）[35]によると，「ボードあるいは監査委員会は，企業が通常使用する社外弁護士とは別の独立弁護士を雇う権限をもっているか」の問いに対して，イエス：65％，ノー：11％，明確でない：24％との回答であり，「誰が外部の弁護士を提供するか」の問いに対しては corporate secretary：40%, other corporate legal：44%, other external legal：30% との回答であった。

　経営執行部を監査・監督する立場の社外取締役および監査委員などのボード・メンバーに対しては，企業が常時使用している社外弁護士とは別に独立弁護士を選任するオプションを与えるSOX法301条はその課題解決のささやかな一歩であろう。エンロン事件の反省から弁護士およびゼネラル・カウンセルに対する責任が強化されるなかで，ゼネラル・カウンセルの多重責務を如何に調整すべきかについての議論は，さらに深まることになろう。

5. コーポレート・ガバナンスへの法律家の関与

　エンロン組織において経営統治機能が十分に働かなかった要因として，次の事項が指摘される。
(1) エンロンは，プロジェクト・ファイナンス，BOT取引，ネット取引，デリバティブ取引など，いわば先端的でリスクの大きいビジネス分野で急成長した企業である。取締役会，監査委員会がこのような企業活動をチェックするには，時間的，人材的および知識・情報面で力不足であった。
(2) 典型的なワンマン経営であり，創業者であり政界トップとの強いパイプをもつレイ氏，新規事業を次々に立ち上げ急成長の立役者であったスキリング氏，および複雑な金融関連取引を一手に握ったファストウ氏，以上3

人の権限が突出していて, (i) 取締役会, 監査委員会などの監督・監査組織, (ii) 社内の内部統制機関（ファイナンス, リーガル, リスク・マネジメントなど）, (iii) 社外の会計監査機関, などの社内組織に対する情報の報告ルートが正常に機能していなかった

(3) とくに, 社外監査人の監督および社内の会計・財務の監視をメイン・タスクとする監査委員会の委員個人の独立性が明確でなく, 監査委員会がうまく機能しなかった。

(4) 取締役会が頼った外部のプロフェッショナル・アドバイザーであるアーサー・アンダーセンおよびヴィンソン・アンド・エルキンスによる警告的アドバイスが十分でなかった。

(5) ワトキンス上席副社長が, ワトキンス書簡において不適正経理について警鐘を鳴らしたのは, CEOに宛てたものであって, 取締役会に対してではなかった。

エンロン事件は, 社内弁護士に対して①コンプライアンスやコーポレート・ガバナンスにどう向き合うべきか, ②社外取締役の監督業務に対してどう支援すべきか, という課題を突きつける。

コーポレート・ガバナンスは, 株主を始めとするステーク・ホルダーとの関係のもとで, 企業を統治する基本的な仕組みである。重要なのは, エンロンの経営破綻に至るまでに取締役会が経営トップの業務執行をどのように監督していたか, 監査委員会 (audit committee) がどのように機能していたかである。

エンロン経営破綻の1年前の社内取締役 (inside director) は, Chairman (レイ氏), CEO (レイ氏→スキリング氏→レイ氏) およびCOO (スキリング氏→ウェイリー (Greg Whaley)) 氏の3名で, その他の10数名は社外取締役 (outside director) から構成されていた。取締役の人材は, 経験と能力, 国際性などの点で申し分なく, ボードの下には監査委員会, ファイナンス委員会, 指名委員会, 報酬委員会, コンプライアンス委員会という5つの委員会が置かれていた。

このようにエンロンにおけるガバナンスは, 組織と人事の両面で整っていたようにみえ, 事実, I章2節(1)で述べたように, 社外からの評価も高かった。

それにも拘わらず，突如，経営破綻に陥ったのは，いったいなぜであろうか。形式上では整っていた企業統括のための監査・監督機能，すなわちチェック・アンド・バランスが，実質上は上手く働かなかったためであろう。とりわけ，取締役会と監査委員会が，ファストウ氏の職位（エンロンCFOとSPE代表者の兼務）に対してコンフリクト・チェックの手立てを講じられなかったことが大きかった。エンロン崩壊の原因についてパワーズ・レポートは，取締役会と監査委員会が，① CFOであるファストウ氏をSPEのジェネラル・パートナーとして認めた，②エンロンとパートナーシップとの間の取引を許した，ことにあると指摘している。これに対して社外取締役側は，社外の会計および法律の専門家の意見を聞いたうえで承認したと反論する。

バッソン最終レポートは，職業専門家について①社外ロー・ファームのヴィンソン，アンドリューおよびカークランドの3事務所，②前ゼネラル・カウンセルのデリック氏を始めとするエンロン社内弁護士5人，③アーサー・アンダーセン，に職業上の過誤とエンロン執行部の誠実義務違反への幇助があったと指摘する。

エンロン崩壊の過程において，コーポレート・ガバナンス上，企業内の法律家が果たす役割は，どうあるべきだったか。経営の効率化と健全化を担保すべきコーポレート・ガバナンスについて，企業法務部門ないし社内弁護士は，重要な支援的役割を担っている。IBAおよびABAの"Corporate Counsel Committee"あるいはACCA（現ACC）など欧米の企業内弁護士の代表的な協会では，コーポレート・ガバナンスを重要ミッションの1つとして掲げる。このことは，コーポレート・ガバナンス問題と社内弁護士とのかかわりあいの深さを示している。とりわけ，企業活動においてチェック・アンド・バランスが機能しなかった場合には，社内法律家の出番となる。

SOX法成立後，社内外弁護士の役割についての期待が高まっている。ちなみに，2003年5月29日に発表されたACCA／NACDの共同調査[36]によれば，取締役の60％およびゼネラル・カウンセルの70％が「ゼネラル・カウンセルは，コーポレート・ガバナンスにもっと責任をもつべき」と回答している。

また，エンロン事件など企業スキャンダルに対してゼネラル・カウンセルの責任を肯定したのは，取締役の53％，ゼネラル・カウンセルの29％と見解の相違があったものの，両者の90％以上がCEOおよびシニア・マネジメントに大きな責任があるとした点では一致した。

アメリカではエンロン事件の教訓を生かすべく，再発防止の観点から立法と企業倫理との面から歯止めをしようとの動きが活発になる。ビジネス活動の規制緩和政策の一方，ガバナンス面からは規制を強化することによってコーポレート・アメリカ（Corporate America）を再構築しようとする。改革のスピードも速い。1929年に始まった大恐慌の際には，合衆国議会が主要な法律を成立させるまでに4年の年月を要した。すなわち，株式発行前に特定の財務情報の開示を会社に義務づけた証券法は，1933年の制定，株式公開会社の監督を行うSECを発足させた証券取引法は1934年の制定であった。大恐慌以来の最大規模の企業改革法といわれるSOX法がエンロン経営破綻から僅か1年弱，その半年後にはSEC連邦規則が制定されるというスピード立法であった。

エンロン事件は法曹界にも深い影を落とす。だが，エンロン事件で明らかにされた企業法務の不手際からアメリカ型企業法務は機能しないと推論することも早計だ。賛否両論が激しく対立したとはいえ，比較的透明度が高い議論を経ながら，SOX法，SEC連邦規則，ABA弁護士行動規範モデル・ルールなど一連の弁護士規範ルールの改定が進行する。エンロン事件はなお解明途上にあるが，欧米ではエンロン事件を教訓として，コーポレート・ガバナンスの見直しが進行し，それに応じて企業法務と弁護士の役割の問い直しが続く。

6．コーポレート・コンプライアンスへの法律家の取り組み

エンロン経営破綻直前に行われたACCA2001年のCEOアンケート調査によれば，経営トップが求める企業内弁護士の任務として，① 52％がコンプライアンス・オフィッサー（compliance officer），② 60％が倫理アドバイザー（ethics adviser）を"極めて重要"とした。この比率は，エンロン事件によって

さらに高まったに違いない。これは、ゼネラル・カウンセル以下の企業内法律家がコーポレート・コンプライアンス (Corporate Compliance) に果たすべき役割について経営トップの期待の大きさを示している。

一般的には、企業の役職員による職務遂行の誠実性を担保するために株式保有が奨励されている。とくにアメリカ企業では、取締役と株主の利害を整合させるため、取締役報酬の大きな部分をストック・オプションで支払うことが広く行われている。2001年初頭にエンロン危機がささやかれ始めると、エンロン経営トップ（ゼネラル・カウンセルを含む）を始めとするエンロンの社内関係者 (insiders) は、ストック・オプションを行使して得た株式の売却を加速する。

むろん、未公開の社内情報をもとに自社株を売り抜ける行為は、いわゆるインサイダー取引として法律上禁じられている。そのため株式公開企業では社内のコンプライアンス・プログラム (compliance program) によって規制の詳細を定めており、役職員は社内規則を遵守しなければならない。エンロンでは、Ⅳ章1節(4)で詳説したように、CFOであったファストウ氏、会長であったレイ氏、CEOであったスキリング氏、ゼネラル・カウンセルであったデリック氏など執行幹部および多くの社外取締役にインサイダー取引の疑惑があるとして、株主クラス・アクション、従業員クラス・アクションなどの訴訟において被告とされる。違法なインサイダー取引を防止するための情報公開 (disclosure) も不充分であった。SECの新連邦規則406条は、株式公開企業に対して、財務担当の上級幹部を規律する倫理規範の有無、無い場合には理由について定期的に開示し、規範の改訂と適用免除についても同様に開示するよう義務づける。

エンロン監査委員会（委員長：Robert Jacedicke 氏）をみても、メンバー6名（会計学の大学教授、エコノミスト、ビジネス・マンなど）[37] のうち3名が、2000年8月時点で保有株の大量売却を行っていた。SECルールは、外部監査人による顧客株式の取得を禁じているが、監査委員会メンバーについては取締役の場合と同様に自社株式の売買を禁じていない。株式保有を禁じる理由づけは難しいにしても、取締役在任中の株式売却を禁じるべきとする議論は従来から根強

かった。ついにSOX法403条は，取締役による自社株式の売買の届出を義務づけ，SEC連邦規則306条は，年金ファンド組入れ株式の取引禁止期間中は取締役および執行オフッサーの株式売買を禁じる。

企業が"有効な"コンプライアンス・プログラム[38]をもち犯罪行為の発生以前から実質的に（単なるペーパー・プランでなく）運用していれば，起訴回避の保証にはならないまでも，企業犯罪防止のため信義誠実（good faith, bona fide）に努力をしていたとの１つの証になる。少なくとも罰金や刑罰を軽減することには役立つ。このことは，司法省，SECなどの捜査ガイドラインも示唆している。

エンロンには取締役会のもとにコンプライアンス委員会が置かれ，行動規範（code of conduct）も整備されていたが，倫理基準（ethiccal standards）は有効には働かなかった。コンプライアンスや企業行動のルールがいかに整備されていても，それらが遵守される仕組みと企業文化，ならびに適切な運用がなければ目的を達することはできない。エンロン取締役会は，ファストウ氏が本社とSPE双方の代表者に就任することを安易に承認し，その後の両者の取引を監視することもほとんどなかった。エンロン法務部門と社外ロー・ファームは，SPEについてエンロンの倫理基準を看過した。エンロン事件の反省によって法務部門には，①企業活動が法律の条文だけでなく企業行動基準に厳格に従う，②経営幹部の利益ではなく，企業自体（株主）の利益を守る，そのような役割がますます求められる。

エンロン事件では，たとえ法律や規則の文言に触れていなくても，社会通念からみて問題となる行為ないし状況が多くみられた。その背景には，①監査委員会メンバーによる多額の株式保有によって，監査活動に厳しい姿勢を貫くインセンティブが働きにくかった，②エンロンが監査委員会メンバーの所属組織（大学，公益団体，政治団体など）に対して多額の寄付をしていたため，監査委員の独立性が脅かされていた，③監査委員会メンバーとエンロンとの金銭上の関係のすべてが詳細に開示されていなかった（開示された唯一のケース：ウェイクハム（John Wakeham）氏に対する月6,000ドルのコンサルタント料の支払），④2000年

度の監査委員会は，他社平均なみの5回しか開催されておらず，委員会メンバーがエンロンの複雑な金融取引のリスクについて検討する時間が足りなかった，⑤監査委員会メンバーが接触すべき執行側の責任者が明確でなく，内部監査結果の検討および社内記録へのアクセスが充分でなかった，ことが挙げられる。

エンロン事件以降，企業は法律や規則の文言（letter of law）上の遵守だけでは十分でなく，法の精神が期待する情報開示をステーク・ホルダーから求められる傾向が強まるであろう。このような社会の要請に対応するには，企業倫理を明確化しその遵守がなされる企業文化の確立に向けてCEO自らがリーダーとなり，役職員各層がこれに呼応する体制づくりが必要になる。非倫理的な企業風土の形成は経営トップの責任である。社内弁護士は，法令・規則の遵守プログラムの整備と遵守の活動により深く関与することになる。Ⅶ章3節(2)で触れたABAタスクフォース最終報告書は，「取締役会の監視のもとにリーガル・コンプライアンス・システムの効果的な遂行を担保することは，ゼネラル・カウンセルの主たる責任（primary responsibilities）とすべき」と提言する。

社内法律家は，単なる企業巡査（corporate cop）の役割に留まらない。企業法務の生命線ともいうべき予防法務の遂行者の立場から，コンプライアンス・オフィサー（compliance officer）と協力して，コンプライアンス・プログラムの作成に携わり，その遵守のフォロー・アップを行う。法律と倫理を遵守しつつビジネス目標を達成させることが現代の企業法務の主要な役割である。

7．コンフリクト問題への対応

実際，企業法務の視点からエンロン事件の教訓として学ぶべきものは数多くある。最も難しい課題の1つが，コンフリクトにどう対処するかという大命題である。ちなみに，本章5節で触れたACCA／NACDの2003年の共同調査によると，リーガル・マネジメントに加えてゼネラル・カウンセルの最も重要な任務として，株式公開企業の50％が「上級経営幹部および取締役が介在するコン

フリクト (conflict of interests) の精査」であると回答している。

(1) コンフリクトの意義

利害が対立する複数の雇い主や案件について，同時に忠実義務を果たそうとすればコンフリクトの発生は避けられない。したがって，コンフリクトが存在すること自体によって，本来的に違法であるとか，取締役，執行役員，プロフェッショナル・サービス提供者など内部関係者の誠実性や忠実性に問題がある，ということではない。企業が同時に異なった役割をこなし数多くの取引に従事する複雑な現代社会において，利害の衝突は不可避であるといってよい。要は，コンフリクトを如何に最善な方法で処理するかである。

(2) コンフリクトの態様

コンフリクトには，現実のコンフリクト (actual conflict) と潜在的コンフリクト (potential conflict) とがある。現実にコンフリクトが存在する場合，法律の文言 (letter of law) に違反する行為であれば対処は単純である。法律違反でなくとも社内規則に違反する場合には，コンフリクト基準の解釈に難しさが残るかもしれないが，対処は比較的容易である。難しいのは潜在的なコンフリクトの場合であり，現実のコンフリクトへと進化する蓋然性の程度とそのタイミングをどう判断するかがとくに難しい。現実のコンフリクトを防ぐには，潜在的コンフリクトの段階で顕在化のリスクを評価し，必要な範囲で事前措置を講じておくことが重要である。コンフリクトを判断する基準を突き詰めると，既に述べたとおり企業倫理 (corporate ethics) の問題にゆきつく。法律の文言にさえ抵触しなければよしとする問題ではない。

企業倫理上のコンフリクトが，潜在的コンフリクト→現実のコンフリクト→社内規則違反→定款違反→法令違反と進行する過程において，いかに早期に予防措置を講じられるか。また，ガバナンスや企業倫理に対する社会的要請を受けて，コンフリクトの範囲が拡大する傾向があることをいかに予測するか。これらは，リーガル・リスク・マネジメントの問題でもある。

エンロン事件の背景には，①ロー・ファームと顧客との関係，②ガバナンス機能，③エンロンとSPE間の取引関係，④アカウンティング・ファームと顧客との関係，⑤金融機関の役割，以上の面で潜在，顕在を含めて数多くのコンフリクトが存在していた[39]。エンロン経営破綻の原因は，これらコンフリクトに対して，企業経営側，企業監査側および会計や法律のプロフェッショナル・サービスの提供側において，厳格かつ迅速な対応ができなかったことにある。

(3) エンロンにおけるコンフリクト対応

潜在ないし顕在的なコンフリクトについて，エンロン社内でコンフリクト・チェックをすべき人は誰か。一般的にいえば，①CEOに対して取締役会／監査委員会，②個々の取締役（監査委員会メンバーを含む）に対して取締役会，③一般役員に対してCEOなど最上級執行役員，④下位の執行幹部に対しては上位職の執行幹部，⑤現業部門に対して内部監査部門，であろう。むろん，ワトキンス上級副社長の場合のように，下位の執行幹部がCEOなど上位の執行役員に対して直接警鐘を鳴らすこともある。第Ⅰ章2節(2)で触れたとおり，エンロン取締役会は，CFOのファストウ氏がエンロン事件発生の発端となった悪名高きLJM2の役職の兼務を承認する[40]。

もし，取締役会あるいは経営幹部レベルにおいて監督・管理機能が働かなければ，次に登場すべきは，法律の専門知識を有し倫理教育を受けたはずの企業内法律家である。既に述べたように，エンロン事件においても，シニア・マネジメントに対して警鐘を鳴らした社内弁護士もいた。

コンフリクトを規制するルールは，国によって定義，適用範囲が異なる。ABA弁護士行動モデル規程におけるコンフリクト規定は，LSEWの倫理綱領や欧州のCCBE倫理綱領に比べると，はるかに詳細[41]かつ厳格な規定ぶりである。

2001年来，コンフリクト問題に対処する各国の基準を調和し，国際規範(international code) を作成すべきとの議論が国際法曹協会（IBA : International Bar Association）の内部で提案され賛否が分かれた矢先，コンフリクト問題に厳格

な立場をとってきたアメリカでエンロン事件が起きたのは皮肉なことである。今後，コンフリクトのハーモナイゼーション議論は，新たな展開をみせるであろう。

(4) コンフリクト行為への事前および事後対応

企業内法律家の重要な役割の1つは，コンフリクト行為に対する事前および事後の対応である[42]。事前対応としては，コンフリクトに関する倫理規範の設定とその遵守に関する法的支援業務がある。

経営幹部に違法，不正行為あるいは企業の最善の利益にもとる行為・判断があった場合に，社内弁護士はどのように事後対応し責任を負うべきか。アメリカの社内弁護士は，自己の所属する州の弁護士会の倫理綱領と懲戒規定に服するが，その基本とされているのがABA弁護士行動規範モデル規程である。経営幹部職が不適切な行為をした場合に社内弁護士が是正措置を講じなければならない一般的条件は，① 社内弁護士が会社と依頼関係にあり，法的サービスを提供する相手が経営執行幹部職（officers）である，② 業務執行幹部が会社に負う忠実義務（duty of loyalty）ないし州法で相当と定める注意義務（duty of due care）に違反している，③ 違反の蓋然性が高いと社内弁護士が認識している，④経営執行幹部職による違反行為によって会社が実質的（明白かつ重大）に損害を蒙っている，以上のとおりである。これら4つの要件をすべて充足する場合には，社内弁護士は，なんらかの治療を施すべく具体的なアクション（再検討，セカンド・オピニオンの取得，企業組織でより高位の人に持ち上げるなど，アクションの形式は自らの判断による）をとらなければならない。このアクションは，企業への打撃と情報漏洩のリスクを最小化するような手段であることが必要である。

1) "One Big Client, One Big Hassle" – Special Report – The Enron Scandal, Business Week (January 28, 2002).
2) Vinson & Elkins' letter to Enron (from Max Hendrick III to James V. Derrick) dated October 15, 2001 re Preliminary Investigation of Allegations of an Anonymous Employee.
3) イギリス：Alfred Crompton Amusement Machines Ltd. v. Commissions of Customs &

第Ⅷ章 エンロン事件の企業法務への教訓 253

Excise, 1972 2QB 102, p. 129；アメリカ：Upjohn v. U. S. 383, 1981.
4) Australian Mining & Smelting Europe Ltd. EC Commission, Case 155/79, 1982, ECR (E. Comm. Ct..Rep.) pp. 1575, 1646~47. なお，高柳「前掲書」60 ～ 63頁，70 ～ 73頁参照。
5) 容認判例：Renfield Corp. v. E. Remy Martin & Co., SA., 98 F. R. D. 442.
否認判例：Honeywell Inc. v. Minolta Camera Co. Ltd., U. S. Dist., LEXIS 5954, D. N. J., 1990. なお，高柳「前掲書」70頁参照。
6) ABA弁護士行動規範モデル規程の関連条文は，1. 13（企業内顧客），1. 16（企業を代理する行為の打ち切り）および1. 6（守秘と開示）が重要である。その手順については，本章7節(4)を参照。
7) Vinson & Elkins's letter to Enron dated October 13, 2001 re Preliminary Investigation of Allegations of an Anonymous Employee.
8) "ACCA In-House Counsel Poll on Corporate Scandals" (October 21, 2002).
9) 例えば，"Ethics Handbook for In-house Counsel", published jointly by ACLA (Australian Corporate Lawyers Association/CLANZ (Corporate Lawyers Association of New Zealand), (June, 2000) 参照。
10) CLT1999年調査によれば，アメリカ企業のゼネラル・カウンセルの88.9％がCEO／Presidentに対して報告義務を負っている。また，ACCA2001年調査によると，ゼネラル・カウンセルの監督（supervise）権限をもつ経営トップは74％がCEOである。詳細については，高柳「前掲書」137頁および127頁参照。
11) 高柳「前掲書」134 ～ 135頁参照。
12) Vinson & Elkins's letter of October 15, 2001 to James V. Derrick regarding Preliminary Investigation of Allegations of an Anonymous Employee.
13) Report of the American Bar Association Task Force on Corporate Responsibility (March 31, 2003).
14) "The Case of Enron's Top Lawyer" by Mike France, Business Week Online (December 19, 2002).
15) "Enron's legal staff battered, confused-GC James Derrick is criticized- by David Hechler, The National Law Journal (February 5, 2002) 参照。
16) "What About Enron's Lawyers?", Business Week, December 23, 2002 参照。
17) "Tyco Back from the Brink" by Dianna Bertley, International Bar News (March 2004) 参照。
18) なかでも，D&O保険の活用によって和解が実現した Rite Aid 事件（2000年），Waste Management事件（2001年）および Sunbeam 事件（2002年）が注目された。
19) Royal Insurance Company of America および St. Mercury Insurance Companyの2社がD&O保険無効訴訟を提起，他の9社も2社が勝訴すれば追従すると表明。
20) American International Group, Lloyd's of London および Chubb の3社。
21) "After Enron : Maxmizing Coverage in D&O Poicies" by Leo M. Pruett, A. Thomas Morris, and Sheldon B. Sommer, ACCA Docket (September 2002), pp. 44~61 参照。
22) Enron Announcement/Corp./Enron@ENRON on behalf of Jim Derrick@ENRON

Thursday October 25, 2001 11 : 25 PM to All Enron Worldwide ; Subjct : Important Announcement Regarding Document Preservation.
23) "After the Storm : A Post-Enron Look at Document Retension Policies" by Carl D. Liggio, James G. Derouin, and J. Edwin Dietel , ACCA Docket (September 2002), pp. 26~43参照。
24) ニューヨークの Kaye Scholer が Lincoln Savings 事件で政府と4,100万ドルで和解した際に, 弁護士損害賠償保険で不足する額の約半分を109名のパートナー弁護士で補塡したという。
25) UK LLPは, パートナーシップというより法人 (corporate entity) に重点を置く。
26) 1985年以降エンロン事件まで, 約30の和解案件が2,000万ドル以上5,000万ドル以下の和解金であった。1993年当時の貯蓄貸付スキャンダルの際, ロー・ファームが訴訟回避のために支払った和解金は, ① Paul, Weiss, Rifkind, Wharton & Garrison : 4,000万ドル, ② Johns Day : 5,100万ドル, Kaye Scholer : 4,000万ドル。
27) 全米一の実績を有するとされる弁護士損害賠償責任保険会社で, ヴィンソンが加入するALAS (Attorneys' Liability Assurance Society Inc : 主要ロー・ファーム所有の相互保険会社) の保険証書 (policy) をみると, 基本保険料5,000万から7,500万ドルである。保険料は追加付保 (extra layers of insurance) として1億ドルもしくはそれ以上の保険額が用意されていたが, 購入者はほとんどいなかったという。しかし, エンロン事件以降, 購入希望者が出たものの, 過誤法務に対する保険料が高騰 (エンロン事件以降の2年間で少なくとも50%) して実質上, 取得困難となる。仮に高額な保険料を支払って追加付保部分を購入 (1億ドルの付保で1弁護士あたり5,000ドルから1万ドルの保険料) しても, エンロン事件以降, 証券詐欺訴訟における株主等の原告の格好なターゲットになってしまうという矛盾をはらむようになる。
28) Jonathan Goldsmith, Secretary-General of the Council of the Bars and Law Societies of the European Union.
29) MDPの概要と問題点については, 高柳「前掲書」239～243頁参照。
30) 高柳「前掲書」88～89頁参照。
31) 高柳「前掲論文」759頁参照。
32) 秘書役は, 株主総会, 取締役会, その他の重要会議に出席して, 議事録の作成・保管・重要書類の管理などを行う。アメリカではゼネラル・カウンセルの2～3割程度が秘書役を兼務しているといわれる。
33) ACCA Press Release, Summary of Findings: In-house Counsel Pol on Corporate Scandals (October21, 2002).
34) フォイ氏は, 1973年までゼネラル・カウンセルを務め, その後エンロンの secondary law firm の Bracewell Patterson のパートナー弁護士に転身, 1985年のエンロン設立から2000年までエンロン社外取締役を務める。その間のインサイダー取引 (株の違法売却) 疑惑により株主クラス・アクションの被告とされる。
35) Survey Results-Final "After Enron: A survey for Corporate Directors" (February 13, 2002).
36) ACCA/NACD Corporate Directors & Corporate Counsel Poll on Corporate Governance (367名のゼネラル・カウンセルと246名の株式公開会社の取締役を対象に

したアンケート調査)。
37) ① Wendy L. Gram (Director of Regulartory Service of George Washington University), ② Robert K. Jaedicke (Professor of Accounting, Stanford University), ③ Robert C. Chan (Chairman, Hong Kong Lung Group), ④ Paul V. Fesrag Pereg Pereira (Executive Vice President, Foremer CEO of State Bank of Rio de Janeriro), ⑤ John Wakeham (Former UK Secretary of State for Energy of the House of Lord), ⑥ John Mendelssohn (Professor of Texas University).
38) "有効な"コンプライアンス・プログラムとは,①企業の業態や組織形態に即したもの,②犯罪行為に対する監視システムが機能する,③懲戒規定が整備され発動される,④理解し易い表現で書かれている,⑤上位幹部職が管理責任者に指名されている,⑥役職員のトレーニング計画が実施される,などの要素をもつ。
39) 詳細については,高柳「前掲論文」904～905頁参照。
40) 1999/10/12開催のエンロン取締役会議事録には,「取締役会は,ビジネス・投資およびオフィッサーの外部ビジネスについてのエンロン行動規範に基づき,ファストウ氏がマネージング・パートナーとしてLJM2に参加することは,エンロンの利益に反するものではないとする会長室の決定を採択・承認する。担当のオフィッサーおよびカウンセルは,これに関連するすべての行為,書類について会社を代理して執行する権限を付与される……」と記録されている。
41) Thomas F. Bakewell, "Handling Conflicts of Interest at the Board Level" D. M. February 2001, pp. 10 参照。なお,ABA弁護士行動モデル規程1.7-1.8条参照。
42) 詳細については,高柳「前掲論文」905～906頁参照。

【資　料】

エンロン事件リーガル・カレンダー

2007／6／30現在

1985年：Houston Natural Gas（HNG）とInterNorthの合併により「HNG／InterNorth」が設立されInterNorth側のセグナー氏が会長兼CEOに就任（7月）。初代ゼネラル・カウンセル（注）はオルロフ氏（InterNorth側のゼネラル・カウンセル）が就任。新会社発足時の社内弁護士10名，欧州子会社のソリスター3名。
　（注）　HNG側のゼネラル・カウンセル（GC）は，1973年までPresident & COOのフォイ氏が兼務（HNG退社後ブレイスウエル法律事務所に転職）。1973年から1985年までアルサップ氏が務める（退社後スクエア・サンダース法律事務所に転出）。
1985年：レイ氏がセグナー氏に代わり会長兼CEOに就任（11月）。
1985年：HNG／InterNorth，社名を「エンロン」に変更。
1985年：エンロンの社外"メイン"ロー・ファームとして，HNG側のヴィンソン・アンド・エルキンス（1970年初頭にフォイ氏がヴィンソンを選任）を登用。ヴィンソンのエンロン担当はパートナー弁護士のデリック氏。
1990年：スキリング氏，マッキンゼイのエンロン担当よりエンロン入社。スキリング氏の推薦によりファストウ氏，シカゴ・コンチネンタル銀行からエンロン入社。
1991年：デリック氏，ヴィンソンのエンロン担当パートナー弁護士を10年間務めた後，エンロン入社，オルロフ氏の後任としてGCに就任。ヴィンソンのエンロン担当は，ディルク氏（後にマネージング・パートナー）が引き継ぐ。
1991年：コーセイ氏，アーサー・アンダーセンよりエンロン入社。
1994年：コッパー氏，エンロン入社。
1996年：スキリング氏，エンロンPresident & COOに就任。前任のキンダー氏（HNG側のChief Counsel）のキャッシュ・フロー重視の経営を売上至上主義に変更。
1997年：ファストウ氏，エンロンCFOに就任。コッパー氏とともに，エンロンOBS投資組合（SPE）の設立・運営の構想に着手。
1997年：エンロンの社内弁護士数，155名に増加。サンダース氏，ブレイスウエル（エンロンの準メイン法律事務所）よりエンロン法務部門に入社。
1998年：エンロン株，30ドル。コーセイ氏，エンロンCAOに就任。
1999年：エンロン取締役会，コンフリクト関係のあるファストウ氏のCFO職とSPE（LJM）代表との兼務について「エンロン倫理規程」の例外として承認（6月および10月）。
1999年：デリック氏，SVPからEVPに昇格（7月）。
1999年：エンロンCFOのファストウ氏，エンロンSPEの社外ロー・ファームにカーク

　　　　　ランド・アンド・エリスを起用。
1999年：エンロン法務部門の弁護士数，268名に急成長，全米規模16位にランク。
1999年：ヴィンソンの弁護士数，652名で全米規模24位にランク。
2000年：エンロン株最高値（90ドル）（8月）。
2000年：カリフォルニア電力危機発生（2001年まで続く）。
2000年：エンロンの社内および社外弁護士，電力卸売料金についてのエンロン戦略
　　　　　に法令違反のおそれありとの共同メモをエンロン上層部に提出（12月）。
2001年：スキリング氏，CEOに昇進（2月），レイ氏，会長に留まる。
2001年：エンロン株大暴落（53ドル）（4月）。
2001年：エンロン社内弁護士（Enron Global Finance（EGF））のGCのミンツ氏，上
　　　　　司の承認を得ずにエンロンSPEの法的妥当性についてフライド・フランク法律
　　　　　事務所の意見を求め，エンロンSPEは止めるべきとの見解を得る（5月）。
2001年：ミンツ氏，EGFから Enron Corporate Development のGCに配転（5月），
　　　　　その際，スキリング氏にSPE承認の稟議書にサインすべきであると警告。
2001年：コッパー氏，ファストウ氏からエンロンSPE（LJM2）の経営権の委譲を受
　　　　　けた後，エンロンを退社（7月）。
2001年：ABA代議員会，企業不正情報について守秘義務の例外措置を提案した倫理
　　　　　2000委員会の「弁護士行動モデル規程」改訂提案を否決（8月）。
2001年：スキリング氏，就任僅か6カ月にしてCEO辞任しエンロンを退社（8月）。レ
　　　　　イ会長，再びCEOを兼務。
2001年：エンロンの上席副社長のワトキンス氏，レイ会長に対して「エンロンは，SPE
　　　　　によって会計スキャンダルの波に巻き込まれ破綻するおそれがある」として，コ
　　　　　ンフリクトがあるヴィンソン法律事務所以外のロー・ファームに再調査させるべ
　　　　　きとの書簡（ワトキンス書簡）を提出（8月）。
2001年：デリック氏，ワトキンス書簡の提言を入れず，従来と同様にヴィンソンに調査
　　　　　依頼（8月）。
2001年：エンロン株価，25ドルに大暴落（9月）。
2001年：エンロンの会計監査法人のアーサー・アンダーセン，エンロン対策のためデー
　　　　　ビス・ポーク法律事務所を起用（10月）。
2001年：アーサー・アンダーセン社内弁護士のテンプル氏，エンロン関連文書の処理に
　　　　　ついて「文書取扱規程」（DRP）をオドム氏経由エンロン担当の会計士ダンカン
　　　　　氏にEメールでリマインド（10月）。ダンカン氏の指示に従って大量のエンロン
　　　　　関連文書の破棄行為がアンダーセン内部で開始。エンロンにも波及し内外のエン
　　　　　ロン事務所で文書破棄が実行。
2001年：ヴィンソン，ワトキンス書簡で指摘されたSPEについて，「エンロンには違
　　　　　法な行為はなかった」との意見書をエンロンに提出（10月）。
2001年：テンプル氏，エンロン第3四半期の大幅業績悪化についてエンロン作成のプレ
　　　　　ス・リリース原稿から「業績悪化は一過性」との表現を削除するようコメントす
　　　　　るとともに，ダンカン氏の社内メモの記述から「法務部門に相談した事実と自分
　　　　　の名前を削除するように」とEメールで指示（10月）。
2001年：エンロン，第3四半期の欠損6億1,800万ドルおよび減資12億ドルを発表（10

月)。プレス・リリースには「業績悪化は一過性」との表現はそのまま発表される。
2001年：SEC, エンロンに対して第3四半期の欠損について報告を要請 (10月)。
2001年：SEC, エンロンに対し非公式な照会調査 (informal inquiry) の実施 (10月)。
2001年：エンロン株主, エンロンおよび経営幹部に対して"初の"株主代表訴訟を提起 (10月)。
2001年：エンロン, エンロン訴訟を想定してテキサス大学ロー・スクール学長のパワーズ氏を社外取締役に起用 (10月) し, エンロン経営危機の原因を究明する調査報告をまとめるための「パワーズ委員会」を発足。
2001年：ヴィンソン, エンロン訴訟を想定して法倫理の権威者であるヴィラ氏を malpractice defense lawyer に起用 (10月)。
2001年：デリック氏,「文書破棄行為を中断しすべての文書を保存する」との指示を国内外の全社員に対してEメールで指示する (10月) が, 破棄行為は1月末まで継続。
2001年：エンロン, ファストウ氏をエンロンSPEで私腹を肥やしたとして解雇 (10月)。後任のCFOには, レイモンド・ボーウェン氏 (北米エンロン社のMD) が就任。
2001年：SEC, 業績悪化についてのエンロンに対する照会調査 (inquiry) を公式捜査 (investigation) に変更 (10月)。
2001年：テンプル氏, ダンカン氏に対して文書破棄行為を停止し, すべての文書を保存するようヴォイス・メッセージで指示 (11月)。
2001年：SEC, アーサー・アンダーセンを召喚 (11月)。
2001年：エンロン, ライバル会社のダイナジーとの合併交渉を開始。社外カウンセルにヴァイル・ゴッチャル法律事務所を会社再建のメイン・ロー・ファームに起用 (11月)。
2001年：エンロン, 過去5年間の財務報告を修正し5億8,600万ドルの損失を発表。株価, 10ドルに下落 (11月)。
2001年：エンロン, 財務役のグリッサン氏およびシニア・カウンセルのモドウ氏をエンロンSPE取引で私腹 (100万ドル) を肥やしたとして解雇 (11月)。
2001年：エンロン株主, エンロン, エンロン経営幹部およびアーサー・アンダーセンを相手に"初の"クラス・アクション (株主クラス・アクション) をヒューストンの連邦地方裁判所 (ハーモン判事) に提起 (11月)。
2001年：エンロン従業員, エンロンおよび401(K)年金プラン受託者を相手に"初の"クラス・アクション (従業員クラス・アクション) を提起 (11月)。
2001年：エンロンとダイナジー間の合併契約 (交渉) が決裂 (11月)。
2001年12月：エンロン倒産, エンロンおよび子会社 (78社) が連邦破産法11章 (Chapter Eleven) に基づき会社更生を申請 (12/2)。管轄裁判所は, ニューヨークの連邦破産裁判所 (ゴンザレズ判事)。株価20セント台に下落。
2001年12月：エンロン, ダイナジーに対して合併契約違反を理由として100億ドルの損害賠償訴訟を連邦破産裁判所に提起 (12/2)。
2001年12月：エンロン債権者委員会が発足 (12/初)。主任弁護士としてミルバンク法律事務所を起用。

2001年12月：エンロン年金管理アドバイザー（Amalgamated Bank），エンロン執行幹部およびアーサー・アンダーセンを相手として，クラス・アクションを提起し，11億ドルのエンロン資産を差押（12/5）。
2001年12月：エンロンの保険会社，D&O保険契約は無効と提訴（12/初）。
2001年12月：モルガン・チェース銀行，貸付金21億ドルの債権回収のため，連邦破産裁判所にエンロンを提訴（12/10）。
2002年 1月：司法省，エンロン事件刑事捜査のためのタスク・フォース（リーダー：カルドウェル連邦検事）を発足（1/9）。
2002年 1月：アーサー・アンダーセン，エンロン関連文書の破棄の事実を認める声明を発表（1/9）。
2002年 1月：401(K)年金プラン加入のエンロン元従業員（400名），エンロン経営幹部，アーサー・アンダーセンおよび年金管理会社を相手に，ヒューストンの連邦地方裁判所（ハーモン判事）に提起（1/9）。
2002年 1月：アーサー・アンダーセン，司法省との司法取引およびSECとの和解交渉が不調に終わる（1/上）。
2002年 1月：アーサー・アンダーセン，エンロン担当会計士のダンカン氏を解雇（1/15）。
2002年 1月：エンロン，アーサー・アンダーセンとの16年にわたる監査契約を解約（1/17）。
2002年 1月：エンロン，SPE（LJM）代表のコッパー氏を追放（1/中）。
2002年 1月：モルガン・チェース銀行，保証会社11社を相手にボンド（9億6,500万ドル）の支払を求めて保全訴訟を提起（1/中）。
2002年 1月：エンロンの準メイン法律事務所のブレイスウェル，エンロンとの関係を断絶（1/下）。
2002年 1月：エンロンの準メイン法律事務所のアンドリュー・クース，エンロンとの関係を持続すると表明（1/下）。
2002年 1月：ヴィンソンのディルク氏，マネージング・パートナー職をローズナー氏から引き継ぐ（1/下）。
2002年 1月：テンプル氏，合衆国議会（エネルギー・商業委員会）公聴会に召喚，「エンロン関連文書の破棄を指示したことはなく，当時SECがエンロン捜査を開始したことも知らなかった」と証言（1/24）。以後，テンプル氏は合衆国憲法第五修正条項に基づき自己負罪拒否特権を行使して証言を一貫して拒否。
2002年 1月：FBI（捜査ヘッド：フォード連邦検事），大量の文書破棄行為が行われたエンロン本社ビル19階を封鎖し，ヒューストンに捜査体制を敷く（1/22）。
2002年 2月：エンロン取締役会特別調査委員会，ウイルマー・カトラー法律事務所の助力を得て作成した「パワーズ・レポート」を発表（2/2）。経営破綻は，経営者，取締役，企業内弁護士，社外弁護士および社外会計監査人によるチェック・ミスによるとし，ヴィンソンには専門家としての客観的かつ批判的な法的助言を欠いたと指摘。
2002年 2月：パワーズ委員長，合衆国議会（下院）ファイナンス委員会に召喚されパワーズ・レポートについて証言（2/4）。社外弁護士の業務の失策についても指摘。

2002年 2月：エンロン，ヴィンソンを破産・更正手続のエンロン訴訟の特別法律顧問に任命する旨の連邦破産裁判所への申請を取り下げる (2/12)。エンロンとヴィンソンとの30年以上にわたる取引関係が事実上消滅。
2002年 2月：合衆国議会，スキリング氏，マクマホン氏 (元エンロン財務役)，ミンツ氏（元エンロン社内弁護士）などエンロン経営幹部10名を召喚し議会証言を求める (2/7)。
2002年 2月：レイ会長，合衆国憲法第五修正条項に基づき自己負罪拒否特権を行使して議会証言を拒否 (2/12)。
2002年 2月：合衆国議会，スキリング氏，ワトキンス氏およびマクマホン氏を再度召喚する。スキリング氏，同席して責任を追及するワトキンスおよびマクマホン氏の主張を否認 (2/14)。
2002年 2月：エンロン，SPE (Whitewing) に対して約10億ドルの資産を回収すべく訴訟を連邦破産裁判所に提起 (2/14)。
2002年 2月：エンロン，パワーズ・レポートで会計の管理ミスを指摘されたCAOのコーセィ氏を解雇 (2/14)。同時にリスク管理 (CRMO) 責任者のバイ氏を解雇。
2002年 2月：アーサー・アンダーセン，エンロン株主との和解調停が不調 (2/27)。
2002年 2月：レイ氏，エンロン Chairman & CEO を辞任 (2/24)。
2002年 2月：連邦地裁（ハーモン判事），60件以上のエンロン民事訴訟を担当する60人の原告代理人弁護士に対して，4月8日までに「株主クラス・アクション」および「従業員クラス・アクション」の二大クラス・アクションにまとめるよう訴訟指揮 (2/25)。
2002年 2月：エンロン，デリック氏の退任を発表 (2/20)。後任にヴィンソン出身のウォールズ氏がGCに昇格 (3/1)。
2002年 2月：テキサス州ブレンハム在住のエンロン株主，エンロン経営トップとアーサー・アンダーセンに被告を絞り「ブレンハム訴訟」として非クラス・アクション（個別訴訟）を提起 (3/初)。
2002年 3月：司法省，アーサー・アンダーセンを司法妨害罪で起訴 (3/14)。
2002年 3月：合衆国議会（エネルギー・商業委員会），ディルク氏（ヴィンソンのマネージング・パートナー）およびデリック氏（エンロンの前ゼネラル・カウンセル）を召喚する (3/14)。両氏は，エンロンOBS取引に弁護士が果たした役割について，基本的スタンスで対峙的な証言を行うが，詳細内容については弁護士秘匿特権に基づき証言を回避。
2002年 3月：SEC，ナイジェリアの艀プロジェクトおよびエネルギー取引を通じて行ったエンロンの売上・利益の水増し疑惑についてメリル・リンチおよび経営幹部4人を民事訴追 (3/17)。
2002年 3月：エンロン刑事事件の起訴陪審として，ヒューストン大陪審選任 (3/27)。
2002年 4月：エンロン，米国内の従業員7,000名（全体の約4分の1）をレイオフ (4/8)。
2002年 4月：アーサー・アンダーセンのダンカン氏，司法妨害（エンロン関係文書の廃棄）を認める有罪答弁を行って，司法省に司法協力を約束 (4/9)。
2002年 4月：株主による約40件のクラス・アクションを含む97件の訴訟を総額320億ドルの「株主クラス・アクション」（リード原告：カリフォルニア大学評議会，

主任ロー・ファーム：ミルバック・ワイス）に併合して提訴（4/8）。被告は，エンロン経営者（ゼネラル・カウンセルを含む），アンダーセン・グループおよび幹部，投資銀行9行，ロー・ファーム2事務所（ヴィンソンとカークランド）。ただし，ブレンハム訴訟のようにクラスへの併合を拒み個別訴訟に留まるケースも存在。

2002年 4月：401(K) 年金プラン加入のエンロン従業員（約24,000名）による約18件の訴訟を「従業員クラス・アクション」（主任ロー・ファーム：ケラー・ローバック）に併合して提訴（4/8）。被告は，エンロン経営者（ゼネラル・カウンセルを含む），アンダーセン・グループおよび幹部，投資銀行9行，ロー・ファーム（ヴィンソン）およびそのパートナー弁護士4名。

2002年 5月：エンロン，再建計画基本骨子を発表（5/2）。要は10年前の規模と現業への回帰。

2002年 5月：司法省とアーサー・アンダーセンとの最終司法取引交渉が不調となり，アーサー・アンダーセンの司法妨害（エンロン関係文書破棄）事件の陪審員裁判を正式決定（5/7）。

2002年 5月：ヴィンソンおよびカークランド，「株主クラス・アクション」および「従業員クラス・アクション」の被告から外すよう連邦地裁に申立（5/8）。

2002年 5月：合衆国議会（上院），カリフォルニア電力価格操作事件について，エンロン上層部に警告をしたとされるエンロンの社内弁護士および社外ロー・ファーム（ステル・リブス法律事務所）を召喚し，カリフォルニア電力価格操作疑惑について証言を求める（8/27）。

2002年 5月：バッソン氏，連邦破産裁判所の独立検査官に任命（5/24）。自らパートナーを務めるアルストン・アンド・バード法律事務所の助力を得て調査業務を遂行。

2002年 6月：エンロン，元従業員および債権者と従業員退職金（1人当たり5,600ドル）の支払について和解が成立（6/1）。

2002年 6月：アーサー・アンダーセンのエンロン関連文書破棄事件の陪審員審議が開始（6/5）。

2002年 6月：アーサー・アンダーセン，陪審員による有罪評決を受ける（6/15）。

2002年 6月：3名のイギリス人銀行家（NatWest Bank），SPE（Southampton）を利用して730万ドルを着服したとしてヒューストンにて刑事告発される（6/27）。

2002年 6月：合衆国議会（下院），エンロン崩壊における取締役会の役割についての報告書を公表（7/8）。エンロン社外取締役は，チェック機能を果たさなかったと批判。

2002年 7月：サーベンス・オックスレー法（SOX法：弁護士の役割についての307条を含む）成立（7/26）。

2002年 7月：ABA「企業責任の検討タスク・フォース」，弁護士の役割についての中間報告書を発表（7/27）。エンロン事件など一連の企業不祥事において，弁護士は社外取締役および会計士と協力して企業の最善の利益となるようもっと積極的な行動をすべきであったと自省。

2002年 8月：エンロン，合併契約違反で訴えていたダイナジー社と和解（8/上）。

2002年 8月：コッパー氏，従来の無罪主張を覆し，詐欺と資金洗浄の共謀につき有罪

答弁，司法省に司法協力を約束（8/22）。
2002年 8月：コッパー氏，民事責任についてもSECと和解（8/22）。
2002年 8月：アンダーセン・ワールドワイド，クラス・アクション当事者であるエンロン株主および従業員と，和解金6,000万ドルで和解（エンロン自体は当事者外）（8/27）。後に，連邦地裁（ハーモン判事）により4,000万ドルで承認（2003/11）。
2002年 8月：アーサー・アンダーセン，89年にわたる上場企業向け監査業務から撤退（8/末）。アンダーセン・リーガルを含むアンダーセン・ワールドワイド（後にAWSC Societe Cooperativeと名変）のグループ解体が進行。
2002年 8月：シティグループ銀行株主，エンロンのSPE取引で株主をミスリードしたとして，シティおよび経営トップを相手に株主代表訴訟を提起（8/下旬）。
2002年 9月：バッソン検査官，エンロン倒産について第一次バッソン・レポートを裁判所およびエンロン債権者委員会に提出（9/21）。ロー・ファームの助言が安易であった旨，指摘する。引き続き調査を進めるために世界の45のロー・ファームに対して召喚状を出状（9/下）。
2002年10月：エンロンの電力卸売りトレイダーのベルデン氏，カリフォルニア電力価格操作について有罪を認め司法省に司法協力を約束（10/1）。
2002年10月：アーサー・アンダーセン，文書破棄（証拠改ざん）につき司法妨害の罪で有罪判決（10/16）。5年間の保護観察処分と50万ドルの罰金刑。
2002年10月：SEC, 6つのSPEによる取引を通じての証券詐欺を理由として，ファストウ氏を民事訴追（10/2）。
2002年10月：アーサー・アンダーセン，連邦地裁（ハーモン判事）による司法妨害の有罪判決に対して第五巡回控訴裁判所に控訴（10/上旬）。
2002年10月：アライアンス・キャピタル（エンロン株の最大所有者）の株主，エンロン株を誤って評価したために株主に損害を受けたとして，アライアンスおよびその副会長を相手に株主代表訴訟を提起（10/初）。
2002年10月：連邦破産裁判所の「職業専門家費用委員会」，第1回報告書（10/下旬）においてエンロン倒産後1年で倒産処理リーガル・コストが3億ドルに達して倒産事件史上の最高額2億ドルを突破と予想する（実際には5億ドルを突破し，以後もなお毎月2,500万ドルペースで増加）。
2002年10月：エンロン元CFOのファストウ氏，証券詐欺，資金洗浄，司法妨害など98項目の罪状で起訴処分となる（10/31）。すべての罪状について無罪を主張。
2002年11月：カリフォルニア州司法省，70件以上の電力価格操作事件についてエンロンをFERC，州裁判所および連邦地方裁判所に提訴（11/9）。
2002年11月：SEC, SOX法を実施するための連邦施行規則（案）を公表し，世界中の関係者より広く意見を徴求（11/21）。
2002年11月：カリフォルニア電力プロジェクトを担当したロイヤー氏，脱税容疑につき有罪容認し司法省に司法協力を約束（11/25）。
2002年12月：連邦地方裁判所（ハーモン判事），カークランドからの訴えの却下申立を認め株主クラス・アクションの被告から外すが，ヴィンソンからの同様な申立を却下（12/20）。

2002年12月：ABA, IBA, ACCA, LSEW, 日弁連など，世界の法曹協会，SEC連邦規則（案）に対して，反対意見や懐疑的見解の提出が相次ぐ（12/中）。

2003年 1月：モルガン・チェース，保険会社10社と10億ドルのボンド実行請求訴訟において約6億ドルの支払で和解（1/2）。

2003年 1月：バッソン検査官，第二次バッソン・レポートを提出（1/21）。弁護士秘匿特権の保護の見地から3月5日まで封印。

2003年 1月：SEC，連邦施行規則最終案を採択（1/23），「騒々しい辞任」についての規定は「騒々しい辞任の代替方式案」とともに，懸案事項としてさらに関係者からのコメントを徴求。

2003年 1月：連邦地方裁判所（ハーモン判事），訴え却下についてアンダーセン社内弁護士のテンプル氏およびドレイフス氏の申立を認め，証拠不充分を理由に株主クラス・アクションの被告から除外（1/27）。

2003年 1月：エンロンのエネルギー商品トレイダーのリヒター氏，カリフォルニア電力価格操作の共謀と虚偽陳述の罪を認め，司法省に司法協力を約束（2/4）。

2003年 2月：メリル・リンチ，ナイジェリア艀プロジェクト事件などで史上最高の8,000万ドルの和解金支払によりSECと民事和解（2/20，契約締結は3/17）。

2003年 2月：合衆国議会（両院合同租税委員会），弁護士，会計士，銀行家の助言を受けたエンロンの脱税疑惑を非難する報告書を発表（2/13）。

2003年 2月：連邦破産裁判所（ゴンザレズ判事），株主クラス・アクションの被告にエンロンを加えるとの申立を却下（2/24）。

2003年 3月：第二次バッソン・レポートの封印解除（3/5）。エンロンとアーサー・アンダーセンがロー・ファームの意見を徴して策定した6つの会計手法は会計原則を歪曲していると指摘。ロー・ファームの役割についても批判しているが，法的責任については断定せずに以後のレポートに委ねる。

2003年 3月：エンロンEBS中堅幹部のハワードおよびクラウツの両氏，証券詐欺等の容疑で起訴処分となる（3/12）。両者とも無罪を主張。

2003年 3月：連邦地方裁判所（ハーモン判事），株主クラス・アクションのすべての被告からの「訴えの却下」申立について，一部の金融機関（ドイツ銀行）およびエンロン社外取締役に対する大部分の請求（ネグリジェンス・クレームを除くインサイダー取引および証券詐欺のすべて）について訴えを却下（3/12）。

2003年 4月：連邦地方裁判所（ハーモン判事），エンロン前ゼネラル・カウンセルのデリック氏からの訴え却下の申立を認め，証拠不充分を理由に株主クラス・アクション被告から除外（4/22）。

2003年 4月：ABAタスク・フォース，企業責任についての最終レポートを発表。企業弁護士によるチェック・アンド・バランス機能の強化と弁護士行動基準モデル規程の改訂を提言（4/29）。

2003年 5月：エンロン前執行幹部7名（EBSブロードバンド不正取引事件に関与したライス，ヒルコ，ハモン，イェーガーおよびシェルビィ，EBS担当のエンロン本社幹部のグリッサンおよびボイルの各氏）およびファストウ夫人，証券詐欺，資金洗浄等の疑惑により起訴（5/1）。

2003年 5月：ファストウ氏，新たに11項目の罪状を追加（合計109項目）され，エン

ロン元財務役（treasurer）のグリッサン氏およびエンロン前財務幹部のボイル氏と共同被告として追起訴（5/1）。
2003年 5月：SEC，エンロン（EBS）の中堅幹部2名（ハワード，クラウツ両氏）に対して証券詐欺等を理由に民事訴訟（5/1）。
2003年 5月：連邦地方裁判所（ハーモン判事）および連邦破産裁判所（ゴンザレズ判事），二大クラス・アクションについて和解を勧告（5/28）。裁判所指定の調停人（ニューヨーク連邦地方裁判所判事のダフィ氏）の辞退によりコナー（同じくニューヨーク連邦地方裁判所判事）を新調停人として調停手続が開始（6/16）。
2003年 6月：エンロンのエネルギー・トレーダーのフォーニィ氏，カリフォルニア電力危機時において電力価格を操作したとして起訴（6/4），無罪を主張。
2003年 6月：労働省（DOL），エンロン経営トップおよび社外取締役を相手に401（K）退職年金管理の過失責任を求めて訴訟を提起（6/26）。
2003年 7月：連邦地裁（ハーモン判事），二大クラス・アクションの当初公判開始予定（2003/12）を2005年10月以降に大幅延期（7/10）。
2003年 7月：第三次バッソン・レポート発表（7/28）。銀行の責任については突っ込んだ検討結果が示されたが，ロー・ファームの法的責任については結論を先送り。
2003年 7月：エンロン，5回にわたる延期を経て，更正エンロンを3つのユニットに分割して再建を図る計画を発表（7/11）。債権者の同意（ただし，98の債権者グループが異議表明）を得る手続に移行。
2003年 7月：モルガン・チェースおよびシティグループ（エンロンの二大融資銀行），エンロン財務諸表改ざんについて，SECと和解（モルガン：1億3,500万ドル，シティ：1億100万ドル）（7/28）。
2003年 8月：「SEC連邦規則205条」が施行（8/5）。「騒々しい辞任」についての基本案および代替方式案についてはSECで継続検討。
2003年 8月：ABA代議員大会，ABAタスク・フォースの勧告案に沿って「ABA弁護士行動規範モデル規程」の改訂を承認（8/11）。
2003年 9月：エンロン前財務役のグリッサン氏，エンロンSPE（Talon）についての有罪答弁（9/10）。ただし，司法協力は行わず，直ちに有罪判決後5年間の収監に服する。他の共同被告であるファストウ氏およびボイル氏との共同公判は，それぞれ別々に行われることに決定。
2003年 9月：メリル・リンチ，ナイジェリア艀プロジェクト不正取引事件について司法取引（9/17）。2005年6月末までの「起訴猶予契約」を司法省と締結し，再発防止のための業務改善に着手。
2003年 9月：エンロン，主要6銀行に対してエンロン幹部による財務諸表の改ざんに助力したとして，30億ドル超の損害賠償請求訴訟（MegaClaims訴訟）を提起（9/24）。
2003年10月：エンロン倒産・更正関連のリーガル・フィーが5億ドルを突破（10/1）。
2003年10月：ナイジェリア艀プロジェクト不正事件に関与したメリル・リンチ幹部4名，エンロン幹部2名，起訴（10/14）。
2003年10月：北米エンロン社およびエンロン・エネルギー・サービス（EES）社の元CEOのデェレイニー氏，SPE（Raptors）に関連するインサイダー取引（エン

ロン株売り抜け）で有罪答弁し司法取引（10/31）。
2003年11月：ハーモン判事，エンロン株主および従業員とアンダーセン・ワールドワイド（現AWSC）との間で成立した4,000万ドルの和解契約を最終承認（11/16）。
2003年11月：第四次（最終）バッソン・レポート，連邦破産裁判所に提出される（11/24）。レイ元会長とスキリング元CEOは，SPEの設立運営について部下の監督を怠った責任があると指摘。職業専門家の責任については，① 社外ロー・ファームのヴィンソン・アンド・エルキンス，アンドリュー・クースおよびカークランド・アンド・エリスの3事務所，② 元GCのデリック氏を含むエンロン社内弁護士5名（ロジャーズ氏，モドウ氏，セフトン氏およびミンツ氏），および③ アーサー・アンダーセンについては，過誤法務とエンロン執行幹部の誠実義務違反への幇助があったと指摘。
2003年11月：エンロン債権者（代理人弁護士：ミルバンク），ヴィンソン，アンドリュー・クースおよびカークランド，ならびに30数名の執行幹部（デリック氏を含む）に対して，過誤法務等を理由に既存の債権者訴訟（モンゴメリー損害賠償請求事件）の被告に追加する旨の申立（11/26）が承認（12/1）。
2003年12月：CIBC銀行（カナダ），エンロン財務諸表の改ざんの幇助についてSECと8,000万ドルで和解に達する（12/12）。同時に3名の上級経営幹部のうち2名についても和解成立（残りの1名は係争中）。
2003年12月：SEC，メリル・リンチ元幹部ゴードン氏がエンロン会計詐欺を幇助したとして民事訴追（12/18），同日に和解に合意。
2004年1月：エンロン再建計画，連邦破産裁判所の仮承認（1/6）が得られ，反対債権者グループの同意を得るべく説得を継続。
2004年1月：ヒットナー判事，レア・ファストウ夫人に対する5カ月の服役についての検察と被告側との司法取引を拒絶（1/6），ホイト判事のもとで並行審理中のアンドリュー・ファストウ氏の司法取引とともに，期限切れで交渉が一旦物別れ。
2004年1月：急転直下，ファストウ夫妻が有罪容認し，司法省と司法取引が成立（1/14）し，同日にSECとも和解に達する。アンドリューは，10年の禁固刑，2,380万ドルの罰金，捜査協力など，レアは，5カ月の禁固刑および5カ月の在宅留置を目途（連邦ガイドラインに従えば10～16カ月の禁固）に，4月（アンドリュー：4/19，レア：4/7）に正式判決の段取り。
2004年1月：株主クラス・アクションの被告に，アンドリュー・クースおよびミルバンクの2つのロー・ファーム，ならびにロイヤル・カナダ銀行とゴールドマン・サックスの2つの金融・証券会社が追加（1/9）。
2004年1月：コーセィ氏（エンロン元CAO），証券詐欺など6つ（その後31に拡大）の罪状で起訴されるが容疑を否認（1/22）。
2004年2月：スキリング氏（エンロン元CEO），証券詐欺，インサイダー取引など35での罪状で起訴される（2/19）が容疑を否認。エンロン株（特設欄），8セント（2/19）。SEC，スキリング氏を民事訴追（2/19）。
2004年3月：ワールドコムのエッバース前CEO，110億ドル証券詐欺を含む9つの罪状で起訴（3/2）。
2004年4月：ヒットナー判事，レア・ファストウ氏と司法省との司法取引（5カ月の

禁固刑）を再度拒否し，レアは司法取引を撤回（4/7）。
2004年 5月：レア・ファストウ氏，再び司法取引。重罪（felony）を軽罪（misdeanor）扱いとした上で，1年の禁固と1年の保護監察処分で決着（5/6）。
2004年 5月：従業員クラス・アクション，被告のうち12名の社外取締役が和解金6,920万ドルで原告と一部和解（5/12）し，連邦地裁（ハーモン判事）の承認待ち。同日に，DOLが提起中の民事訴訟についても和解金150万ドルで和解成立。
2004年 5月：リーカー氏（元エンロン秘書役），インサイダー取引により起訴されるが，有罪答弁・司法取引（5/19）。
2004年 6月：第五巡回控訴裁判所（ニューオーリンズ），書類破棄事件有罪判決の控訴審において，アーサー・アンダーセンの請求を退ける（6/16）。アーサー・アンダーセン，連邦最高裁に上告（9月）。
2004年 7月：エンロン元会長兼CEOのレイ氏，証券詐欺など11の罪状で逮捕・起訴される（7/7）。レイ氏，無罪を主張し，保釈金を支払って放免。SEC，レイ氏を民事訴追（7/8）。賠償金や和解金の支払が可能（Chapter II）となる。
2004年 7月：連邦破産裁判所，エンロン再建計画（最終）を承認（7/15）。
2004年 7月：株主クラス・アクションにおける銀行側被告のバンク・オブ・アメリカ，原告代表（カリフォルニア大学）と6,900万ドルで和解（7/2）。
2004年 8月：エンロンの投資家関連部長のケーニック氏，EBSおよびEESのコア・ビジネスについて情報隠しをしたとして証券詐欺の幇助について有罪答弁（8/25）。
2004年 8月：ニューヨーク銀行，エンロンSPE（Yosemite）取引に参加した投資家の受託者のシティグループが取引の虚偽性を知りつつ投資に引き入れたとして損害賠償請求等の訴訟をニューヨーク州最高裁に提起（8/30）。
2004年 9月：エンロン事件初の刑事裁判（個人被告）となるナイジェリア艀プロジェクト事件の公判が開始（9/20）。
2004年10月：エンロン元財務役補佐のデスペイン氏，証券詐欺（エンロンの信用格付向上のために虚偽情報を開示）について有罪容認し司法取引（10/5）。
2004年10月：リーマン・ブラザーズ，株主クラス・アクションの原告代表と2億2,250万ドル（従来の銀行側被告のうち最高額）で和解（10/29）。
2004年11月：ナイジェリア艀プロジェクト事件の陪審員評決において，メリル・リンチ幹部（ブラウン，ベイリー，ファッスおよびファースの4氏）およびエンロン幹部（ボイル氏）の5名が有罪評決を受ける（11/3）。なお，エンロンの元会計士カーネック氏は無罪評決。
2004年11月：ナイジェリア艀プロジェクト事件の陪審員，担当判事の要請を受けて，株主が被った損害額を137万ドルと査定（11/9）。
2004年12月：ワシントン法律財団，アメリカ商業会議所およびアメリカ刑事事件防御弁護士協会，アンダーセンの上告を支持し，実質審議を行うよう意見書（アミカス・キュリィ）を最高裁に提出（12/8）。
2005年 1月：株主クラス・アクション，被告のうち17名の社外取締役およびエンロンのケン・ハリソン元副会長が和解金1億6,800万ドルで原告（カリフォルニア大学評議会）との和解成立（1/7）。
2005年 1月：SEC，民事訴追していたエンロンの前CFO（レイモンド・ボーウェン

氏：ファストウ元CFOの後継者）と和解（民事罰金50万ドルおよび公開会社への取締役および執行幹部への就任の5カ年間禁止）(1/31)。
2005年 2月：ハーモン判事，株主クラス・アクションの原告とリーマン・ブラザース，バンク・オブ・アメリカおよび一部の社外取締役とのそれぞれ3件の和解を仮承認 (2/4)。正式承認のための聴聞会は4月10日の予定。
2005年 2月：エンロン元財務役補佐のデスペイン氏（先に司法取引済み），SECに対する民事罰金の30万ドルの支払いに同意するも，支払い能力なく免除される (2/8)。
2005年 3月：ワールドコムのエッバース前CEO，有罪評決を受ける (3/15)。
2005年 4月：ゴールドマン・サックス，社債（30年もの）引受契約の一方的破棄について北米エンロン社に補償（請求額：4,500万ドル）することで和解 (4/6)。
2005年 4月：EBSブロードバンド不正取引事件，陪審員審議始まる (4/9)。
2005年 4月：連邦最高裁の判事，審問会においてサーサー・アンダーセンに同情的な反応を示す (4/28)。
2005年 5月：パル・アルト市，エンロンとの電力・ガス供給契約（2億5,000万ドル）の一方的解約についてエンロンに対して2,150万ドルを補償することで和解 (5/2)。
2005年 5月：エンロン事件で起訴された3名のイギリスの銀行家，アメリカ側に引渡すべきとのクラーク英内相の最終決定に対して即時抗告 (4/6)。
2005年 5月：連邦最高裁，アーサー・アンダーセンの有罪判決を全会一致で覆し第五巡回裁判所へ差戻す (5/31)。
2005年 6月：株主クラス・アクションの被告シティ銀行，20億ドルでエンロン株主と和解成立 (6/10)。
2005年 6月：モルガン・チェース銀行，株主クラス・アクションにおいて22億ドルでエンロン株主と和解 (6/14)。
2005年 6月：エンロン，係争中のスコットランド王立銀行と①エンロンによる4,180万ドルの現金受領，②銀行による3億2,900万ドルの請求権の放棄，③エンロンによる他銀行への2,000万ドルの現金支払，との条件で和解 (6/17)。
2005年 6月：スコットランド銀行，MegaClaims訴訟においても4,180万ドルでエンロンと和解 (6/17)
2005年 7月：北米エンロン社電力担当のエンロン元副社長カルガー（Christopher Calger）氏，LJM2の取引の電子詐欺容疑について，司法省と取引 (7/13)，エンロン事件で16人目の有罪容認 (7/13)。検察は，カルガー氏を2006年公判入りのエンロン経営トップに対する公判手続における証人の1人として期待。
2005年 7月：ワールドコム元CEOのエッバース氏，禁固25年の実刑判決 (7/13)。
2005年 7月：エンロン，カリフォルニア電力危機時の価格操作疑惑について，15億2,000万ドルでカリフォルニア，オレゴン，ワシントンの各州と和解 (7/15)。実際には，破産会社エンロンの支払能力が限定されるため，大幅に目減りすること確実。
2005年 7月：司法省（検察）のエンロン・タスク・フォース三代目部長に，ベルコヴィッチ（Sean Berkowitz）氏が昇格 (7/19)，副部長には，ルムラー（Kathryn Ruemmler）検事が昇格。
2005年 7月：ブロードバンド刑事訴訟の事実審理，一部の罪状について無罪評決（192

の評決事項のうち24罪状），その他の大部分について審理無効（mistrial）（7/21）。
　（注）一部無罪：ヒルコ氏：27の罪状のうち14に無罪，シェルビー氏：8の罪状のうち4つに無罪，イェーガー氏：6つに無罪。
2005年 7月：EBSブロードバンド不正取引事件の陪審員審議，①誤審と②192件の罪状のうち24件につき無罪評決，によって実質的に終了（7/21）。
2005年 7月：2006年1月に予定されるエンロン経営トップ（レイ，スキリング，コーセィ）の公判の証人に予定されている有罪容認者（ロイヤー，ディレイニーおよびリーカーの各氏）について量刑の申渡期日が再度延期（7/22）。
2005年 8月：カナダ王立商業銀行（CIBC），24億ドルの最高額でエンロン株主と和解成立（8/5）。和解金額は，和解が遅れれば遅れるほどに増額となる。この時点で株主クラス・アクションの和解金額が70億ドル以上に達し，ワールド・コムの史上最高額（60億ドル）を超える。
　（注）株主クラス・アクション継続中の銀行は，トロント・ドミニオン，ドイツ，スコットランド，メリル・リンチおよびバークレー。
2005年 8月：株主クラス・アクションの原告，ハーマン法廷に対してメリル・リンチがエンロンの不正経理を知っていたとの決定を陪審員審議前に下すよう申立（8/5）。
2005年 8月：ワールド・コムのサリヴァン元CFO（43歳），5年の有罪判決（8/11）。
2005年 8月：モルガン・チェースおよびトロント・ドミニオン銀行，MegaClaimsにおいて，それぞれ3億5千万ドルおよび7千万ドルでエンロンと和解（8/16）。和解済み銀行は，カナダ帝国商業銀行，カナダ王立銀行，スコットランド銀行を含め5行（和解金総額：約7億3千五百万ドル）。
　（注）全米第3位の規模をもつモルガン・チェース銀行の和解金額は，①エンロン株主に対して：22億ドル，②SECに対して：1億3千五百万ドル，③エンロン（破産財団）に対して：3億5千万ドル，④ニューヨーク市に対して：2千7百万ドル，⑤合計：27億1千7百万ドル
2005年 9月：EBSブロードバンド不正取引事件，再審査（retrial）が決まる。今回は，5人の一括審議ではなく個別審議（ハワード氏およびクラウツ氏：2006年5月，イェーガー氏：6月，ヒルコ氏およびシェルビィ氏：9月）（9/12）。
2005年 9月：カークランド・アンド・エリス，エンロンおよびエンロン非担保債権者に現金520万ドルで和解に達し，連邦破産裁判所の承認が下りる（2005/9/　）。
2005年11月：テキサス州会計審議会，エンロン崩壊に導いた財務事項について監査と報告を怠ったとして，アンダーセンの前会計士7名の免許取消など懲戒処分の申立（11/3）。
2005年11月：第五巡回裁判所，最高裁で差し戻されたアンダーセンの有罪判決について，再審議するか，終審にするかの検討を開始（検察側：再審，アンダーセン側：終審を主張）（11/8）。
2005年12月：アンダーセン刑事訴訟について検察側が再審請求しないと決定（12/20）し結審。

2005年12月：エンロン元CAOのコーセィ氏，証券詐欺容疑を認めて司法取引(12/28)，刑期は84カ月を提示。残るエンロン経営トップで無罪主張は，レイ前会長およびスキリング元CEOの2名。
2006年 3月：リーマン・ブラザーズ，MegaClaims訴訟において7,000万ドルでエンロンと和解（3/ ）。
2006年 3月：SEC，エンロンの元社内弁護士：ミンツ氏およびロジャース氏を証取法違反で民事告発（3/28）
2006年 5月：レイ前会長，4つの罪状で有罪評決，スキリング元CEO，19の罪状で有罪評決（5/25）。
2006年 6月：ヴィンソン，エンロンおよびエンロン非担保債権者に現金3,000万ドル（1,050万ドル：エンロン倒産以前3カ月前に得た相談料の返還を含む）で和解（6/1）。
2006年 7月：レイ前会長，心臓発作のため急死（7/5），有罪評決が無効。
2006年 9月：元CFOのファストウ氏，禁固6年と2年の保護監察付釈放の判決（9/26）
2006年10月：連邦地裁，スキリング元CEOに禁固24年4カ月の実刑判決，罰金4,500万ドル（10/23）。
2006年11月：スキリング氏，8,500万ドルの和解金支払で元エンロン従業員と和解（11/16）。既に回収済みの1億8,000万ドルと併せて2億6,500万ドルが従業員に分配可能。
2006年11月：バークレー銀行，MegaClaims訴訟において1億4,400万ドルでエンロンと和解（11/3）。
（注）MegaClaims訴訟継続中の銀行は，シティグループおよびドイツ。
2006年12月：スキリング氏，第五巡回裁判所に求めていた「控訴中の収監停止」が拒否（12/12）
2007年 1月：アンドリュー・クース，エンロンあるいはエンロン非担保債権者から訴訟提起がないにも拘らず，両者と現金1,800万ドルで和解（1/19）。
2007年 1月：ヴィンソン，株主クラス・アクションの被告から外れる（1/24）
2007年 3月：エンロン，社名を"Enron Creditors Recovery Corp."に変更（3/1）
2007年 6月：エンロンEBSの元CEOのライス氏，有罪答弁していたエンロン幹部9人の最後として27カ月の禁固刑（6/18）。
2007年 6月：エンロンの元CFO（更正会社エンロンのPresident & COO）のマクマホン氏，証券詐欺幇助疑惑につき30万ドルでSECと和解（6/20）

(2007/6/30現在)

エンロン事件の一般参考資料

(邦文単行本)
ピーター・フサロ, ロス・M. ミラー著『エンロン崩壊の真実』(橋本碩也訳) 税務経理協会 (2002)
みずほ総合研究所著『エンロン ワールドコム・ショック』(2002)
藤田正幸著『エンロン崩壊』日本経済新聞社 (2003)

(英文単行本)
"What went Wrong at Enron: Everyone's Guide to the Largest Bankruptcy in U.S. History" by Peter C. Fusaro & Ross M. Miller, John Wiley & Sons (2002).
"Anthony of Greed-the Unshredded Truth from an Enron Insider-" by Brian Cruver, Carroll & Graf Publishers (2002).
"House of Cards: Confessions of an Enron Executive" by Lynn Brewer, Virtual Bookworm (2002).
"Enron, Rise and Fall" by Loren Fox, John Wiley & Sons (2002).
"How Companies Lie: Why Enron Is Just the Tip of the Lceberg" by Richard J. Schroth & Larry Eliott, Crown Business (2002).
"Pipe Dreams : Greed, Ego, and the Death of Enron" by Robert Bryce, Public Affairs (2002).
"Enron: A Professional's Guide to the Events, Ethical Issues, and Proposed Reforms" by CCN. Inc. (2002).
"The Totally Unauthorized Enron Joke Book" by Tim Barry (2002).
"The Smartest Guys in the Room: The Amazing Rise and Scandalous Fall of Enron" by Bethancy McLean and Peter Elkind, Penguin Putnam (2003).
"Power Failure-The Inside Story of the Collapse of Enron" by Mimi Swartz & Sherron Watkins, Doubleday (2003).
"Inside Arthur Andersen" by Susan E. Squires, FT Prentice Hall (2003).
"Conspiracy of Fools: a True Story" by Kurt Eichenwald, Broadway Books/Randam House (2005).

"Internet Sites"
http://www.chron.com/content/chronicle/special/01/enron/index.html
http://dailynews.yahoo.com/ft/Business/Enron
http://store.law.com/newswir results.asp?lqry=Enron&x=98y=0;
http://www.fortune.com/fortune/articles/0,15114.1067700.00html
http://www.llrx.com/features/enron.htm
http://www.sec.gov/spotlight/enron.htm

http://www.enronfraud.com
http://www.universitycalifornia.edu/news/enron/

"Documentaries"

"The Crooked E : The unshredded truth about Enron" by CBS Television, January 5, 2003.

"Enron: The Smartest Guys in the Room" by Southwest Film Festival, Texas (Produced by Matt Dentler), March 2005.

"Movie"

Magnolia Pictures : "Enron: The Smartest Guys in the Room" 2005.

事項・人名索引

(欧文略称は英語読みで配列)

ア 行

アーサー・アンダーセン
　　　　　　　　11, 21, 38, 92, 115
　──過誤監査和解案件　　　　143
　──の刑事訴訟対応戦略　　　160
　──有罪判決　　　　　　　　117
　──エンロン関連文書破棄/司法
　　妨害刑事事件　　　　65, 118
RICOクレーム　　　　　　　　90
IRSクレーム　　　　　　　　124
IBA　　　　　　　　　　　　16
アシュクロフト司法長官　　23, 64
アルストン・アンド・バード　49, 69, 70
attorney-client privilege（→弁護士
　　秘匿特権）
アンダーセン　　　　　　　　119
アンダーセン・グループ　　20, 38
アンダーセン・リーガル　　21, 38,
　　　　　　　　　　　44, 59, 239
アンダーセン・ワールドワイド過誤
　　監査和解案件　　　　　　143
アンダーセン・ワールドワイド（AWSC）
　　　　　　　　　　　21, 38, 44
アンドリュー・アンド・クース　28, 138
アンドリュー・
　　ファストウ氏の司法取引　　157
アンドリュー・
　　ファストウ証券詐欺事件　98, 102
Ethics 2000委員会　　　　206, 208
EBSブロードバンド不正取引事件　121
Eメール通信による法的助言　　235
ERISA　　　　　　　54, 70, 77, 89
ERISAクレーム　　　　　　　89
域外適用（→外国弁護士への域外適用）

イギリス人銀行家詐欺事件　　98, 103
イギリス法律協会（LSEW）倫理綱領
　　　　　　　　　17, 206, 208, 251
依頼（representation）　　　　218
依頼関係　　　　　　　　　　218
依頼企業（顧客）のステーク・
　　ホルダーに対する責任　　175
依頼者（顧客）　　　　　　　172
インサイダー取引　　　　35, 135
ヴァイル・ゴッチャル　48, 70, 129, 134
ヴィンソン・アンド・エルキンス
　　　　　　　14, 26, 30, 177, 183, 219
ヴィンソン意見書　　　　219, 228
ヴィンソンのエンロン依存率　　25
ウェイスト・マネジメント事件
　　　　　　　38, 119, 152, 160, 164
ACC　　　　　　　　　　16, 242
ACC/NACD合同調査　　　18, 24
ACCA（→ACC）
ABA　　　　　　　　　　　　16
ABAタスクフォース　　　　　207
　──最終報告書　　　207, 208, 249
ABAモデル規程（→ABA弁護士行動
　　モデル規程）
ABA弁護士行動モデル規程
　　　　　　　　19, 179, 205, 211, 251
ABAモデル規程1983年版
　　　　　　　　　　179, 209, 212, 215
ABAモデル規程2003年版　179, 210, 211
ABAモデル規程2000年版　　206, 208
ABAモデル規程改定論議　　　207
AM＆S判決　　　　　　　　　220
SEC　　　　　　　　　　　　15
SEC民事訴訟　　　　　　123, 136
SEC手続業務　　　　　　196, 215

SEC連邦規則205章　　　15, 19, 190
SEC連邦規則の違反に対する制裁　200
SOX法（→サーベンス・オックスレー法）
SPE　　　　　　　　　　　　2, 146
SPEの概要　　　　　　　　　　168
NACD　　　　　　　　　　　　18
NACDの取締役アクション・
　　リスト9項目　　　　　　18, 23
NYSE上場基準　　　　　　19, 204
FERC　　　　　　　　　　　126
FERCクレーム　　　　　　　　125
Fifth Amendment（→自己負罪拒否特権）
FBIエンロン・チーム　　　　　64
FBI捜査官　　　　　　　　　　64
MDP　　　　　　　　　　　　20
MDPサービス　　　　　　　　239
MDP論争　　　　　　　　　　239
LJM2　　　2, 7, 12, 146, 167, 251, 255
LSEW（→イギリス法律協会）
LLP　　　　　　　　　21, 29, 236
LLP改組論争　　　　　　　　　238
LLP v. General Partnership　29, 236
訴の却下（→訴訟判決）
エンロン事件　　　　　　　　　　2
エンロン・タスクフォース　　14, 63
エンロン幹部に対する報酬　　　　 8
エンロン関連文書の破棄　　113, 234
エンロン関連文書破棄／司法妨害刑事
　　事件　　　　　　　65, 97, 113
エンロン経営トップの弁護士　70, 105
エンロン刑事事件／民事事件のフォーラ
　　ム・ショッピング（→フォーラム・
　　ショッピング）
エンロン刑事訴訟　　　　　　75, 97
エンロン検査官の任務　　　　　　67
エンロン再建計画　　　　　　　132
エンロン債権者委員会　　　　　　62
エンロン社内外弁護士共同メモ　　169
エンロン事件の担当ロー・ファーム／
　　弁護士　　　　　　　　　69, 70
エンロン従業員委員会　　　　　　63
エンロン訴訟　　　　　　　　　73

エンロン訴訟関連文書　　　　　　95
エンロンの再建計画案　　　　　132
エンロンの準メイン・ロー・ファーム
　　　　　　　　　　　　　28, 49
エンロンのゼネラル・カウンセル
　　　　　　　　27, 42, 57, 228, 229
エンロンの社外取締役　6, 60, 94, 141
エンロン取締役会　　5, 7, 22, 251, 254
エンロンの法務部門　　　　　31, 32
エンロンのメイン・ロー・ファーム
　　　　　　　　　　　　　26, 48
エンロン法務部門の指揮命令系統　31, 57
エンロン法務部門の組織　　31, 32, 56
エンロン民事訴訟　73, 75, 81, 84, 88, 135
エンロン倫理規程　　　　　7, 37, 44
エンロン事件の連邦大陪審　　　 101
OBS　　　　　　　　　　　2, 168
オックスレー法案　　　　　　42, 45
覚書　　　　　　　　　　　　223

　　　カ　行

カークランド・アンド・エリス
　　　　　　　　29, 30, 90, 167, 183
開業弁護士　　　　　　　　　　217
外国企業の企業内法律家　　　　220
外国弁護士への域外適用　191, 192, 194
過誤法務　　　　　　　　173, 176
過失行為のクレーム　　　　　　75
過失による不実表示　　　　78, 176
合衆国議会（下院）エネルギー・商業
　　委員会　37, 39, 58, 171, 189, 219, 228
合衆国議会委員会報告書　　　15, 23
合衆国議会両院合同租税委員会　124
合衆国憲法第五修正条項（→自己負罪
　　拒否特権）
株主クラス・アクション
　　　　　　　　　50, 51, 79, 80, 88
株主代表訴訟　　　　　　　79, 84
カリフォルニア電力価格操作疑惑
　　　　　　　　　　　125, 168, 224
カリフォルニア電力取引事件担当
　　弁護士の議会証言者　　　　186

事項・人名索引　*275*

カルドウェル検事	63
間接報告	57
監督弁護士	200, 215
企業格付機関	13
企業顧客	20, 225, 226
企業責任についてのABA中間報告書	17, 180
企業外報告	207
企業内顧客	223, 225, 226
企業内組織階段方式報告義務	190, 197, 207
企業内報告	207
企業内法律家	217
企業の最善の利益	227
企業法務	217
──の名宛人	225, 226
企業倫理	250
企業倫理と証券諸法の専門家55人のグループ（→55人学者グループ）	
起訴のターゲット	110, 116, 152
基本（通常）報告ルート	201
QLCC	197, 215
QLCC報告ルート	197, 198
行政機関によるアクション	123
共同実行者	182
クラス・アクション	78, 80
──についての和解	149
──の典型的なクレーム	80
クラス期間	81
グリッサン氏の有罪容認	7, 155
ゲートキーパー（→弁護士のゲートキーパー）	
ケラー・ローバック	54
検察による刑事訴追戦略	109
コーポレート・ガバナンス	244
──改革	190, 215
──問題と社内弁護士	245
コーポレート・コンプライアンス	247
コーセイ氏（エンロン元CAO）	7, 97, 111
──の起訴	99, 107, 111
更正会社	91
公認会計士（CPA）	211, 212

55人学者グループ	193, 204, 216
個人証券訴訟法（→PSLRA法）	
個別訴訟	80, 81
コッパー氏の有罪容認	152, 153
コナー調停	56, 148
ゴルディン検査官	69
ゴンザレズ判事	67, 130, 148
ゴンザレズ法廷	130, 147
コンプライアンス・プログラム	247, 255
コンプライアンス委員会	5, 248
コンフリクト	218
現実の──	250
潜在的──	250
コンフリクト・カウンセル	220, 221
コンフリクト・チェック	251
コンフリクト行為への事前および事後対応	252
コンフリクトの精査	249

サ 行

サーベンス・オックスレー法	15, 19, 43, 45, 190
最高法務責任者（→CLO）	
詐欺行為による不実表示（→詐欺的不実表示）	
詐欺行為のクレーム	75
詐欺的不実表示	78, 176
サンビーム事件	38, 119, 160, 164
CLO	33, 40, 57, 195, 197, 207
CLT調査	26, 43
GAAP基準	186
GP（→ゼネラル・パートナーシップ）	
自己負罪拒否特権	39, 103, 116, 154, 185
市場での詐欺行為	78, 135
実行補助者	10
辞職	34, 175, 214
シティグループ	11, 92
辞任・辞退	34, 175, 193, 214
司法協力義務なしの司法取引	155
司法省企業犯罪訴追ガイドライン	101
司法取引（契約）	151, 152, 156, 157
司法妨害	235

社内取締役兼務のゼネラル・
　カウンセル 42, 241
社外弁護士兼務の社外取締役 41
社外弁護士と社内弁護士との
　共同メモ 125
社内弁護士 240
　――兼社内取締役 241
　――の過誤法務 93
　――の基本スタンス 222
従業員委員会 63
従業員クラス・アクション 50, 53, 81, 89
従業員債権者委員会 62
州証券（取引）法 78
従たる行為者 92, 180
集中型 31, 33, 56, 230
集中型か分散型か 56
主たる行為者 14, 91
守秘 211
守秘義務不可侵論 216
遵守コスト 20
証券アナリスト 12
証券詐欺訴訟 78
証券取引委員会（→SEC）
証拠隠滅 235
情報開示と守秘との衝突 205
スカデン・アープス 48, 70, 134, 138
スキリング氏（エンロン元CEO）
 7, 107, 111
　――の起訴 111
スピード立法 190, 246
正式起訴 101
施行済みSEC連邦規則 196, 198
ゼネラル・カウンセル 33, 240, 242, 249
　――とCEO 227
　――に対する指揮命令系統 227
　――の在任期間 58
　――の立場 229
　――の役割 193, 229
ゼネラル・パートナーシップ 21, 29, 236
セントラル・バンク事件
 174, 177, 180, 181
騒々しい辞任 191, 193, 201, 204, 214

――の代替方式 191, 202, 203, 204
組織を依頼者とする弁護士の
　報告義務 210
訴訟判決 28, 40, 94, 177, 180
訴訟の一時停止 29, 91, 128

タ　行

タイコ 58, 232
第一次パッソン・レポート 6
ダイナジー合併契約違反事件 51, 131
ダイナジーの合併契約違反和解案件 147
第二次パッソン・レポート 72, 125
ダンカン氏 114, 152
　――の有罪容認 152
チャプター・イレブン（Chapter Eleven）
 76, 128
注意義務 241
忠実義務 241
通常報告ルート 196, 198
デービス・ポーク 49
DRP 114, 234
D&O保険 8, 232
DOLクレーム 126
DOL和解 142
ディープ・ポケット 77, 79, 91
　――の序列 92, 93
ディルク氏 27, 171, 172
テキサス州の弁護士行動規範懲戒規程
　（→テキサス州弁護士倫理規程）
テキサス州弁護士倫理規程
 174, 175, 186
デリック氏 33, 55, 57, 93, 171, 228
テン・ビー・ファイブ 78, 135

テンプル・リマインド・Eメール
 114, 116, 117, 167
テンプル社内Eメール・メモ
 118, 167, 185
テンプル氏 39, 59, 93, 114, 137, 167, 185
倒産会社による債務弁済順位 77
倒産関連訴訟 130
倒産・更正リーガル・コスト 133

事項・人名索引 277

取締役兼務の法律家	40	刑事事件の――	67
トンプソン司法副長官	64	民事事件の――	82
		不起訴共犯者	96

ナ　行

ナイジェリア発電用艀 プロジェクト不正取引事件	99, 120, 124
二大クラス・アクション	81, 88, 92
――についての調停勧告	148
二大融資銀行（モルガン／シティ）の エンロン助力和解案件	145
日弁連	17, 212

ハ　行

パートナリング	26
ハーモン訴訟判決	180
ハーモン判事	65, 148
ハーモン法廷	67, 82, 102
陪審員	66
――審議	116
――選任のプロセス	137
――の判断	66
バイパス・報告ルート	198
バッソン最終（第四次）レポート	36, 37, 68, 95, 109, 165, 178, 228, 245
バッソン・レポート	19, 68, 95
バッソン検査官	29, 67, 72, 222
バッソン検査官に対する支払額	134
パワーズ・レポート	9, 19, 60, 61, 245
パワーズ委員会	60
PSLRA法	52, 89
被監督弁護士	200, 215
秘書役	242, 254
秘匿特権を守るための実務的な対応	236
ファストウ氏(エンロン元CFO)	102, 110
――の起訴	110
ファストウ氏夫妻の 有罪容認／司法取引	156
ファストウ夫妻	102, 156
ファストウ夫人（→レア・ファストウ）	
Fifth Amendment（→自己負罪拒否特権）	
フォーラム・ショッピング	67, 101, 130

双子の誠実（信任）義務	241
ブッシュ・プラン	15
フライド・フランク	37, 48
ブレイスウェル・アンド・パターソン	28, 55
ブレンハム株主訴訟	51, 81, 82, 83
プロフェッショナル・サービス	10
プロフェッションとしての倫理	223
分散型	31, 33, 56, 230
文書破棄司法妨害事件	113, 119
文書取扱規程（→DRP）	
ベルニック氏	35, 58, 71
弁護士機能の支援性，補助性	13
弁護士兼取締役	241
弁護士自治	16, 23, 192
弁護士守秘義務	210
――の例外	212
弁護士による告発	207
弁護士（職務）のアイデンティティ	212
弁護士（職務）の独立性	166
弁護士損害賠償責任保険	21, 176, 240, 254
弁護士に相談したとの抗弁	223, 224
弁護士のゲート・キーパー	16, 180
弁護士の社会的責任	179
弁護士の守秘義務	208
弁護士の守秘義務と報告責任の相克	209
弁護士の責任についての訴訟判決	94
弁護士の賠償責任を問う法理	176
弁護士の報告義務	190
弁護士秘匿特権	19, 184, 219
防火壁	13, 221, 239
法務統括最高責任者（→CLO）	
法務部門の分散化v.集中化	232
法務リストラ	32, 33, 58
法律職以外の職務を兼務	242
法律遵守委員会（→QLCC）	
ホルダー覚書	159, 161
ホワイト・カラー犯罪	75

マ 行

マクルーカス氏	10, 166
マクルーカス報告書	60
ミルバーグ・ワイス	52, 53
ミルバンク	48, 62
民事訴追	123
民事和解案件	140
ミンツ氏	36, 56, 207
MegaClaims 訴訟	52, 57, 87, 92, 132, 136, 177, 265
メリル・リンチ	12, 92
──のSEC和解案件	145
──の起訴猶予契約	151, 158
モドゥ氏	36, 56, 231
モルガン・チェース	11, 92
──のボンド実行和解案件	144
モンゴメリー訴訟	34, 51, 86

ヤ 行

有罪答弁（→有罪容認）	
有罪容認	150, 153, 155

ラ 行

ラーサム・アンド・ワトキンス	50
リーガル・オピニオン	223
リーガル・コスト	20
リーガル・コストの大口支払先	134
リーガル・リスク・マネジメント	250

retain v. employ	172, 214
リストラクチャリング（再建計画）	131
立証の高い壁	176
レア・ファストウ証券詐欺事件	98, 102, 156
レア・ファストウ氏の司法取引	158
レイ氏（エンロン前会長）	7, 108, 112
──の起訴	112
連邦証券（取引）法	10, 75, 78
連邦証券規制規則	75, 118
連邦証券取引法（→連邦証券（取引）法）	
連邦証券法（→連邦証券（取引）法）	
連邦破産改正法（→チャプター・イレブン）	
連邦破産裁判所	67, 130
連邦破産法	91
連邦破産法11章（→チャプター・イレブン）	
ロー・ファーム	25
ローヤリング	119, 166

ワ 行

work-product privilege	184
ワイズマン検事	64
和解	139, 240
ワトキンス氏	34, 104, 169, 186, 212, 218
ワトキンス書簡	134, 169, 170, 220, 228
ワールド・コム	80, 113, 142

高 柳 一 男（たかやなぎ・かずお）

1937 年生まれ
早稲田大学第一政治経済学部経済学科卒業（1960）
中央大学法学部卒業（1969）
現　在
　中央大学大学院法学研究科「国際企業関係法コース」非常勤（兼任）講師
会社関係（2001 年まで）
　千代田化工建設（株）取締役法務部長，取締役経営統括本部長，常勤監査役
法務関係活動
　ＩＣＣ（パリ）：国際仲裁裁判所委員（1991-2002）
　ＩＢＡ（ロンドン）：国際建設プロジェクト契約委員会・小委員会委員長（1995-1998）
　ＩＣＣ（日本）：ICC 請求払保証規則・拡大委員会委員長（1991-1994）
　日本ライセンス協会：副会長（1994-1996）
客員講師
　University of California (Berkley)："International Construction Contract Law"（1987）
　東京大学法学部「国際取引法」（1992）
　ＩＢＡ（International Bar Association）年次総会スピーカー："International Construction Contract"（1985-87, 1992-95, 2000）
主要著書（単行本）
　『国際企業法務』（単書）商事法務研究会（2002）
　『国際プロジェクト・ハンドブック』（編著・共著）有斐閣（1977）
　『国際取引法』（共著）青林書院（1993）
　"Doing Business in Japan"（co-author），Matthew Bender, New York（1987）
　"FIDIC : Analysis of International Construction Contracts"（co-author），Kluwer International/IBA, London（2005）
　『国際契約ルールの誕生』グローバル商取引法シリーズ（共著）同文館（2005）
最近の主要論稿
　「エンロン事件とアメリカ企業法務」（上，中，下），「国際商事法務」30 巻 5-7 号（2002）
　「企業法務からみたエンロン事件の教訓」「国際商事法務」31 巻 1 号（2003）
　「企業進出する弁護士の未来──企業内弁護士の役割と責任」大阪弁護士会（2004）
　「プラント輸出契約のハーモナイゼーション」（上，下），「国際商事法務」34 巻 6-7 号（2006）

エンロン事件とアメリカ企業法務

2005 年 9 月 5 日　初版第 1 刷発行
2007 年 8 月 25 日　初版第 2 刷発行

著　者　　高　柳　一　男
発行者　　福　田　孝　志

郵便番号 192-0393
東京都八王子市東中野742-1

発行所　中 央 大 学 出 版 部
電話 042 (674) 2351　FAX 042 (674) 2354
http://www2.chuo-u.ac.jp/up/

© 2005　KAZUO TAKAYANAGI　　印刷・ニシキ印刷／製本・三栄社製本

ISBN978-4-8057-0718-0